生玉秋◇编

线性代数与空间解析几何

北京大学出版社
PEKING UNIVERSITY PRESS
黑龍江大學出版社
HEILONGJIANG UNIVERSITY PRESS

图书在版编目(CIP)数据

线性代数与空间解析几何 / 生玉秋编. -- 哈尔滨 : 黑龙江大学出版社 ; 北京 : 北京大学出版社, 2015.9(2019.7 重印)
ISBN 978-7-81129-941-0

Ⅰ. ①线… Ⅱ. ①生… Ⅲ. ①线性代数-高等学校-教材②立体几何-解析几何-高等学校-教材 Ⅳ. ①O151.2②O182.2

中国版本图书馆 CIP 数据核字(2015)第 201474 号

线性代数与空间解析几何
XIANXING DAISHU YU KONGJIAN JIEXI JIHE
生玉秋 编

责任编辑 高 媛
出版发行 北京大学出版社 黑龙江大学出版社
地 址 北京市海淀区成府路 205 号 哈尔滨市南岗区学府三道街 36 号
印 刷 哈尔滨市石桥印务有限公司
开 本 720 毫米×1000 毫米 1/16
印 张 10.5
字 数 206 千
版 次 2015 年 9 月第 1 版
印 次 2019 年 7 月第 8 次印刷
书 号 ISBN 978-7-81129-941-0
定 价 20.00 元

前 言

本书是遵照 2014 年版大学数学课程教学基本要求，在 2009 年黑龙江教育出版社出版的《线性代数》基础上增订而成. 本书主要增加了向量和空间解析几何部分，也对上一版发现的错误做了改正，对某些问题的表述做了适当修改.

本书出版之前，承蒙曹重光老师、杨兴云老师对书中的向量和空间解析几何部分做了详细的审阅，肖相武老师通读了全书，张伟、远继霞和巩诚老师也提出了重要的修改意见，赵军生老师在排版方面给了编者极大的帮助，本书责任编辑高媛女士的专业编校为本书增色不少，编者在此一并致谢.

由于编者水平所限，在本书中必定会有许多不当之处，依然恳请读过此书的专家、同行和使用者批评指正.

编 者

2015 年 7 月于哈尔滨

内容简介

本书依据高等学校工科类本科“线性代数”课程教学大纲编写，同时也对其他相关专业适用．本书主要内容包括行列式、矩阵、向量和空间解析几何、n 维向量与线性方程组、二次型、特征值与特征向量和方阵的对角化．本书注重概念和理论的引入，突出主线，注意数学思想的渗透和各部分内容的联系．书中的例题和习题有利于学生线性代数能力的培养．本书结构严谨，详略适当，叙述简明生动，注重直观性和启发性，便于教和学．

上一版前言

线性代数是本科许多专业的公共基础课，但它却是一门抽象的课程，初学此课的很多同学会明显不适应这门课的思维方式，感觉与中学数学的衔接不明显. 为了让读者能够更好地适应线性代数的内容与方法，本书尝试在概念和理论的引入上稍作引导，以期使读者能够觉得这些概念和理论的产生都是自然的，是解决相应问题所必需的.

全书内容可以看做解决两个问题，一个是 n 元线性方程组的求解和解的结构问题，另一个是 n 元二次方程的化简问题. 第一个刚好是初等数学中没有解决的问题，第二个可以看成初等数学的后续问题. 为了解决这两个问题，我们建立了一系列的理论和方法. 这些理论和方法在这种背景下产生，自然能够解决这两个问题，同时它们还具有推广意义，有助于其他问题的研究和解决. 线性代数中的理论和方法不仅在数学的其他分支，而且在物理、化学、生物等很多学科中有广泛的应用.

线性代数中的一些概念、公式和习题写起来似乎很麻烦，要写很大的数表，有时还要写很多个，但正是通过这些繁复的过程，我们才会对基本理论有更深刻的理解与记忆，对基本方法有更好的掌握，使我们能更熟练或娴熟地将其应用于实际. 考虑到学时和授课对象等方面的因素，本书在内容上尽量减少理论的推导，适当加入了一些有助于理解概念与结论的例子. 在习题方面，本书各节后设练习题，各章后设习题，练习题专门针对这一节的理论与方法，通常是一些基础性的习题，每章后的习题多是综合或稍有难度的题. 本书中设置标注“*”号的部分，包括某些章节、定理及其证明、例题等，供教师根据专业、学时等情况选用，也可供学生根据自身条件与能力选用.

本书的出版得到数学学院的领导和一些教师的大力支持和帮助. 本书出版之前，承蒙曹重光教授、张显教授详细审阅了全书，提出了很多中肯的修改意见. 唐孝敏教授和张龙老师也通读了全书，提出很多宝贵意见. 赵军生院长在排版方面给了作者很大的帮助. 这些工作都对提高本书的质量有极大的帮助. 没有这些支持和帮助，作者的想法也不能付诸实现. 借此机会，对这些前辈、领导和同事致以深深的谢意！作者的愿望是美好的，想写一本引入自然、叙述流畅、体系精简的教材，但由于能力所限，在本书中必定会有许多不当之处，恳请读过此书的专家、同行和使用者批评指正.

2009 年 6 月　编者

目　录

第 1 章　行列式

求方程组的解是古典代数学的一个基本问题，在中学阶段就有所涉及．下面的方程组

$$\begin{cases} a_{11}x_1 + a_{12}x_2 = b_1, \\ a_{21}x_1 + a_{22}x_2 = b_2, \end{cases}$$

当 $a_{11}a_{22} - a_{12}a_{21} \neq 0$ 时有唯一解

$$x_1 = \frac{b_1a_{22} - a_{12}b_2}{a_{11}a_{22} - a_{12}a_{21}}, \qquad x_2 = \frac{a_{11}b_2 - b_1a_{21}}{a_{11}a_{22} - a_{12}a_{21}}.$$

而三元一次方程组

$$\begin{cases} a_{11}x_1 + a_{12}x_2 + a_{13}x_3 = b_1, \\ a_{21}x_1 + a_{22}x_2 + a_{23}x_3 = b_2, \\ a_{31}x_1 + a_{32}x_2 + a_{33}x_3 = b_3, \end{cases}$$

当

$$a_{11}a_{22}a_{33} + a_{12}a_{23}a_{31} + a_{13}a_{21}a_{32} - a_{13}a_{22}a_{31} - a_{12}a_{21}a_{33} - a_{11}a_{23}a_{32}$$

不为 0 时也有唯一解

$$x_1 = \frac{b_1a_{22}a_{33} + a_{12}a_{23}b_3 + a_{13}b_2a_{32} - a_{13}a_{22}b_3 - a_{12}b_2a_{33} - b_1a_{23}a_{32}}{a_{11}a_{22}a_{33} + a_{12}a_{23}a_{31} + a_{13}a_{21}a_{32} - a_{13}a_{22}a_{31} - a_{12}a_{21}a_{33} - a_{11}a_{23}a_{32}},$$

$$x_2 = \frac{a_{11}b_2a_{33} + b_1a_{23}a_{31} + a_{13}a_{21}b_3 - a_{13}b_2a_{31} - b_1a_{21}a_{33} - a_{11}a_{23}b_3}{a_{11}a_{22}a_{33} + a_{12}a_{23}a_{31} + a_{13}a_{21}a_{32} - a_{13}a_{22}a_{31} - a_{12}a_{21}a_{33} - a_{11}a_{23}a_{32}},$$

$$x_3 = \frac{a_{11}a_{22}b_3 + a_{12}b_2a_{31} + b_1a_{21}a_{32} - b_1a_{22}a_{31} - a_{12}a_{21}b_3 - a_{11}b_2a_{32}}{a_{11}a_{22}a_{33} + a_{12}a_{23}a_{31} + a_{13}a_{21}a_{32} - a_{13}a_{22}a_{31} - a_{12}a_{21}a_{33} - a_{11}a_{23}a_{32}}.$$

观察上面两个方程组的解，我们会发现它们都是商的形式．在上面每个方程组的解中分母都是一样的，它们分别是如下的数表中的数经过运算得来的．

$$\begin{matrix} a_{11} & a_{12} \\ a_{21} & a_{22} \end{matrix} \qquad\qquad \begin{matrix} a_{11} & a_{12} & a_{13} \\ a_{21} & a_{22} & a_{23} \\ a_{31} & a_{32} & a_{33} \end{matrix}$$

而每个方程组的第 i 个解恰好是用常数项去代替上表中的第 i 列，并用与得到分母相同的运算规则所得到的．我们希望刚才发现的这个规律能推广到 n 元一次方程组上．为此，需要研究一下方程组解的分母是由上面的数表按什么样的运算规则得到的．三元一次方程组的解的分母是六项，且每一项恰好都是第二个数表的不同行

不同列的三个数的乘积，当每一项中的数的行指标 (我们称 i 和 j 分别为 a_{ij} 的行指标和列指标) 按 1,2,3 的顺序时，其列指标按前面所带的符号分为两组

$$+: 123;\ 231;\ 312. \qquad -: 321;\ 213;\ 132.$$

很明显，只有带正号的一组中有一个标准次序的数的排列 123, 这里所说的标准次序就是从小到大的次序，其他的数的排列中都有大数在小数的前面，我们称这样的两个数构成一个逆序．把这种情况统计如下：

$$+: 无;\ (2,1),(3,1);\ (3,1),(3,2). \qquad -: (3,2),(3,1),(2,1);\ (2,1);\ (3,2).$$

我们发现带正号的三项中逆序的个数都是偶数 $0,2,2$, 而带负号的三项中逆序的个数都是奇数 $3,1,1$. 这好像在告诉我们，如果在上面的第二个数表中任取位于不同行不同列的三个数做乘积，把它们的行指标按标准次序排列后考察列指标的排法，如果其中的逆序个数为偶数就带正号，如果其中的逆序个数为奇数就带负号，三元一次方程组的解的分母恰好是所有这些项的和．这样的说法对上面的二元一次方程组显然适用．一个四元一次方程组在用消元法能解出它的唯一解的条件下，我们发现它的解与上面的二元一次和三元一次方程组的解的构成规律相同．现在，我们已经很有信心把这几个低元一次方程组的求解规律推广到含有 n 个方程的 n 元一次方程组上 (当然，上面的二元、三元和四元方程组都是有一定限制条件的，可以想象即使推广成功，也只是解决满足某种条件的含有 n 个方程的 n 元一次方程组). 我们已经发现当 n 越来越大时，方程组的解的分母的一般表达式越来越复杂，既然它们都是由方程组的系数按照某种运算规则得到的，为了推广的方便，我们有必要引进一种能够描述它的算子 —— 行列式．本章将介绍行列式的定义、性质、运算以及用行列式来解一次方程组的方法．

1.1　行列式的定义

由 $1,2,\cdots,n$ 这 n 个数组成的一个有序、无重复的 n 元数组称为一个 n **级排列**. 例如， 31524 是一个 5 级排列， 2647153 是一个 7 级排列．易知，共有 $n!$ 个 n 级排列．在一个 n 级排列中，如果有两个数其中较大者排在前面，则称它们构成了一个 **逆序**. 例如， 5 级排列 31524 中，数对 $(3,1)$, $(3,2)$, $(5,2)$ 和 $(5,4)$ 均构成逆序．称一个排列中包含的逆序个数为它的 **逆序数**. 将 n 级排列 $j_1j_2\cdots j_n$ 的逆序数记作 $\tau(j_1j_2\cdots j_n)$. 例如， $\tau(31524)=4, \tau(2647153)=11$. 称逆序数为奇数的排列为 **奇排列**，称逆序数为偶数的排列为 **偶排列**. 例如， 31524 是偶排列， 2647153 是奇排列．

定义 1.1.1 称

$$\begin{vmatrix} a_{11} & a_{12} & \cdots & a_{1n} \\ a_{21} & a_{22} & \cdots & a_{2n} \\ \vdots & \vdots & & \vdots \\ a_{n1} & a_{n2} & \cdots & a_{nn} \end{vmatrix} = \sum_{j_1\cdots j_n} (-1)^{\tau(j_1\cdots j_n)} a_{1j_1}a_{2j_2}\cdots a_{nj_n}$$

为一个 n 阶行列式，其中 $\sum\limits_{j_1\cdots j_n}$ 表示对所有 n 级排列求和.

于是

$$\begin{vmatrix} a_{11} & a_{12} \\ a_{21} & a_{22} \end{vmatrix} = a_{11}a_{22} - a_{12}a_{21},$$

$$\begin{aligned} \begin{vmatrix} a_{11} & a_{12} & a_{13} \\ a_{21} & a_{22} & a_{23} \\ a_{31} & a_{32} & a_{33} \end{vmatrix} =& a_{11}a_{22}a_{33} + a_{12}a_{23}a_{31} + a_{13}a_{21}a_{32} \\ & - a_{13}a_{22}a_{31} - a_{12}a_{21}a_{33} - a_{11}a_{23}a_{32}. \end{aligned}$$

例 1.1.1 计算下列行列式

$$\boldsymbol{D}_1 = \begin{vmatrix} 1 & -2 \\ 3 & 4 \end{vmatrix}, \qquad \boldsymbol{D}_2 = \begin{vmatrix} 2 & -5 & 3 \\ 0 & 4 & 6 \\ -3 & 3 & 1 \end{vmatrix}.$$

解 按定义有

$$\begin{aligned} \boldsymbol{D}_1 &= 1\times 4 - (-2)\times 3 = 10, \\ \boldsymbol{D}_2 &= 2\times 4\times 1 + (-5)\times 6\times(-3) + 3\times 0\times 3 \\ &\quad - 3\times 4\times(-3) - 2\times 6\times 3 - (-5)\times 0\times 1 = 98. \end{aligned}$$

例 1.1.2 计算下列行列式

$$\boldsymbol{D}_1 = \begin{vmatrix} 0 & 1 & 0 & \cdots & 0 \\ 0 & 0 & 2 & \cdots & 0 \\ \vdots & \vdots & \vdots & & \vdots \\ 0 & 0 & 0 & \cdots & n-1 \\ n & 0 & 0 & \cdots & 0 \end{vmatrix} (n \geqslant 2), \qquad \boldsymbol{D}_2 = \begin{vmatrix} 0 & 3 & 0 & 5 \\ 0 & 4 & 0 & 0 \\ 1 & 0 & 0 & 0 \\ 0 & 0 & 2 & 0 \end{vmatrix}.$$

解

$$\begin{aligned} \boldsymbol{D}_1 &= (-1)^{\tau(23\cdots n1)} \times n! = (-1)^{n-1} n!, \\ \boldsymbol{D}_2 &= (-1)^{\tau(4213)} \times 5\times 4\times 1\times 2 = 40. \end{aligned}$$

例 1.1.3　计算下列 n 阶行列式

(1) $\boldsymbol{D}_1=\begin{vmatrix} a_{11} & a_{12} & \cdots & a_{1n} \\ 0 & a_{22} & \cdots & a_{2n} \\ \vdots & \vdots & & \vdots \\ 0 & 0 & \cdots & a_{nn} \end{vmatrix}$;　(2) $\boldsymbol{D}_2=\begin{vmatrix} a_{11} & 0 & \cdots & 0 \\ a_{21} & a_{22} & \cdots & 0 \\ \vdots & \vdots & & \vdots \\ a_{n1} & a_{n2} & \cdots & a_{nn} \end{vmatrix}$;

(3) $\boldsymbol{D}_3=\begin{vmatrix} a_{11} & 0 & \cdots & 0 \\ 0 & a_{22} & \cdots & 0 \\ \vdots & \vdots & & \vdots \\ 0 & 0 & \cdots & a_{nn} \end{vmatrix}$.

解　(1)　按定义有

$$\boldsymbol{D}_1=\sum_{j_1\cdots j_n}(-1)^{\tau(j_1\cdots j_n)}a_{1j_1}a_{2j_2}\cdots a_{nj_n}.$$

当 $j_n\neq n$ 时，$a_{nj_n}=0$, 故 $\boldsymbol{D}_1$ 中除 $j_n=n$ 的项外其他项均为 0. 于是

$$\begin{aligned}\boldsymbol{D}_1&=\sum_{j_1\cdots j_{n-1}n}(-1)^{\tau(j_1\cdots j_{n-1}n)}a_{1j_1}\cdots a_{n-1,j_{n-1}}a_{nn}\\&=\left(\sum_{j_1\cdots j_{n-1}}(-1)^{\tau(j_1\cdots j_{n-1})}a_{1j_1}\cdots a_{n-1,j_{n-1}}\right)a_{nn}\\&=\left(\sum_{j_1\cdots j_{n-2}}(-1)^{\tau(j_1\cdots j_{n-2})}a_{1j_1}\cdots a_{n-2,j_{n-2}}\right)a_{n-1,n-1}a_{nn}\\&=\cdots\cdots\cdots\cdots\\&=a_{11}a_{22}\cdots a_{nn}.\end{aligned}$$

(2) 类似于 (1) 可得 $\boldsymbol{D}_2=a_{11}a_{22}\cdots a_{nn}$.

(3) 由 (1) 得 $\boldsymbol{D}_3=a_{11}a_{22}\cdots a_{nn}$.

上面例题中的行列式分别称为 **上三角行列式**、**下三角行列式** 和 **对角行列式**.

例 1.1.4　证明

$$\begin{vmatrix} a_{11} & \cdots & a_{1n} & d_{11} & \cdots & d_{1m} \\ \vdots & & \vdots & \vdots & & \vdots \\ a_{n1} & \cdots & a_{nn} & d_{n1} & \cdots & d_{nm} \\ 0 & \cdots & 0 & b_{11} & \cdots & b_{1m} \\ \vdots & & \vdots & \vdots & & \vdots \\ 0 & \cdots & 0 & b_{m1} & \cdots & b_{mm} \end{vmatrix}=\begin{vmatrix} a_{11} & \cdots & a_{1n} \\ \vdots & & \vdots \\ a_{n1} & \cdots & a_{nn} \end{vmatrix}\begin{vmatrix} b_{11} & \cdots & b_{1m} \\ \vdots & & \vdots \\ b_{m1} & \cdots & b_{mm} \end{vmatrix}.$$

证明*　记

$$
\boldsymbol{D}=\begin{vmatrix}
c_{11} & \cdots & c_{1n} & c_{1,n+1} & \cdots & c_{1,n+m}\\
\vdots & & \vdots & \vdots & & \vdots\\
c_{n1} & \cdots & c_{nn} & c_{n,n+1} & \cdots & c_{n,n+m}\\
c_{n+1,1} & \cdots & c_{n+1,n} & c_{n+1,n+1} & \cdots & c_{n+1,n+m}\\
\vdots & & \vdots & \vdots & & \vdots\\
c_{n+m,1} & \cdots & c_{n+m,n} & c_{n+m,n+1} & \cdots & c_{n+m,n+m}
\end{vmatrix}
=\begin{vmatrix}
a_{11} & \cdots & a_{1n} & d_{11} & \cdots & d_{1m}\\
\vdots & & \vdots & \vdots & & \vdots\\
a_{n1} & \cdots & a_{nn} & d_{n1} & \cdots & d_{nm}\\
0 & \cdots & 0 & b_{11} & \cdots & b_{1m}\\
\vdots & & \vdots & \vdots & & \vdots\\
0 & \cdots & 0 & b_{m1} & \cdots & b_{mm}
\end{vmatrix},
$$

其中

$$
c_{ij}=\begin{cases}
a_{ij}, & 1\leqslant i,j\leqslant n,\\
b_{i-n,j-n}, & n+1\leqslant i,j\leqslant n+m,\\
d_{i,j-n}, & 1\leqslant i\leqslant n \text{ 且 } n+1\leqslant j\leqslant n+m,\\
0, & n+1\leqslant i\leqslant n+m \text{ 且 } 1\leqslant j\leqslant n,
\end{cases}
$$

则

$$
\boldsymbol{D}=\sum_{j_1\cdots j_nj_{n+1}\cdots j_{n+m}}(-1)^{\tau(j_1\cdots j_nj_{n+1}\cdots j_{n+m})}c_{1j_1}\cdots c_{nj_n}c_{n+1,j_{n+1}}\cdots c_{n+m,j_{n+m}}.
$$

由于当 $j_k\leqslant n$ 时，$c_{n+1,j_k}=\cdots=c_{n+m,j_k}=0$，所以 $j_{n+1},\cdots,j_{n+m}$ 只需从 $\{n+1,\cdots,n+m\}$ 里面取，此时 $(j_{n+1}-n),\cdots,(j_{n+m}-n)$ 为 $\{1,\cdots,m\}$ 里面的 m 个不同的数，即 $(j_{n+1}-n)\ \cdots\ (j_{n+m}-n)$ 为一个 m 级排列，且 $c_{n+i,j_{n+i}}=b_{i,j_{n+i}-n}, i=1,\cdots,m$. 又由于第 $n+1,\cdots,n+m$ 行已从第 $n+1,\cdots,n+m$ 列选取元素，所以第 $1,\cdots,n$ 行只能从第 $1,\cdots,n$ 列选取元素，即 $j_1,\cdots,j_n$ 只能从 $\{1,\cdots,n\}$ 里面取，此时 $j_1\ \cdots\ j_n$ 为一个 n 级排列，且 $c_{ij_i}=a_{ij_i}, i=1,\cdots,n$. 于是

$$
\boldsymbol{D}=\left(\sum_{j_1\cdots j_n}(-1)^{\tau(j_1\cdots j_n)}a_{1j_1}\cdots a_{nj_n}\right)
\left(\sum_{(j_{n+1}-n)\cdots(j_{n+m}-n)}(-1)^{\tau(j_{n+1}-n\cdots j_{n+m}-n)}b_{1,j_{n+1}-n}\cdots b_{m,j_{n+m}-n}\right)
$$

$$= \left(\sum_{j_1\cdots j_n}(-1)^{\tau(j_1\cdots j_n)}a_{1j_1}\cdots a_{nj_n}\right)\left(\sum_{i_1\cdots i_n}(-1)^{\tau(i_1\cdots i_n)}b_{1i_1}\cdots b_{mi_m}\right)$$
$$= \begin{vmatrix} a_{11} & \cdots & a_{1n} \\ \vdots & & \vdots \\ a_{n1} & \cdots & a_{nn} \end{vmatrix}\begin{vmatrix} b_{11} & \cdots & b_{1m} \\ \vdots & & \vdots \\ b_{m1} & \cdots & b_{mm} \end{vmatrix}.$$

例 1.1.5　计算行列式 $\boldsymbol{D}=\begin{vmatrix} 4 & 1 & 6 & -1 & 1 \\ 0 & 3 & -4 & 2 & -3 \\ 0 & 2 & 1 & 3 & 1 \\ 0 & 0 & 0 & -3 & 5 \\ 0 & 0 & 0 & 2 & -2 \end{vmatrix}$.

解　由例 1.1.4 知

$$\boldsymbol{D}=\begin{vmatrix} 4 & 1 & 6 \\ 0 & 3 & -4 \\ 0 & 2 & 1 \end{vmatrix}\begin{vmatrix} -3 & 5 \\ 2 & -2 \end{vmatrix}=4\begin{vmatrix} 3 & -4 \\ 2 & 1 \end{vmatrix}\begin{vmatrix} -3 & 5 \\ 2 & -2 \end{vmatrix}=-176.$$

练习 1.1

1. $\begin{vmatrix} a_{11} & \cdots & a_{15} \\ \vdots & & \vdots \\ a_{51} & \cdots & a_{55} \end{vmatrix}$ 的展开式中含 $a_{42}a_{13}a_{35}a_{54}a_{21}$ 及 $a_{25}a_{31}a_{14}a_{52}a_{43}$ 的项前面应分别带什么符号？

2. 计算下列行列式

(1) $\begin{vmatrix} 2 & 7 \\ 5 & 9 \end{vmatrix}$;　　(2) $\begin{vmatrix} 2 & 1 & 2 \\ 5 & 3 & 6 \\ 1 & 1 & 2 \end{vmatrix}$;

(3) $\begin{vmatrix} n & 0 & \cdots & 0 & 0 \\ 0 & 0 & \cdots & 0 & 1 \\ 0 & 0 & \cdots & 2 & 0 \\ \vdots & \vdots & & \vdots & \vdots \\ 0 & n-1 & \cdots & 0 & 0 \end{vmatrix}$ $(n\geqslant 2)$;　　(4) $\begin{vmatrix} 1 & 2 & 5 & 6 \\ 3 & 4 & 7 & 8 \\ 0 & 0 & 2 & 3 \\ 0 & 0 & 5 & 8 \end{vmatrix}$.

1.2　行列式的性质

单从行列式的定义来计算一个一般的行列式显然比较麻烦，因此有必要深入研究行列式，寻找简化行列式计算的方法．本节介绍行列式的若干性质．

性质 1.2.1

$$\begin{vmatrix} a_{11} & a_{12} & \cdots & a_{1n} \\ \vdots & \vdots & & \vdots \\ ka_{i1} & ka_{i2} & \cdots & ka_{in} \\ \vdots & \vdots & & \vdots \\ a_{n1} & a_{n2} & \cdots & a_{nn} \end{vmatrix} = k \begin{vmatrix} a_{11} & a_{12} & \cdots & a_{1n} \\ \vdots & \vdots & & \vdots \\ a_{i1} & a_{i2} & \cdots & a_{in} \\ \vdots & \vdots & & \vdots \\ a_{n1} & a_{n2} & \cdots & a_{nn} \end{vmatrix}.$$

证明 由行列式定义得

$$\begin{aligned} 左端 &= \sum_{j_1\cdots j_n} (-1)^{\tau(j_1\cdots j_n)} a_{1j_1}\cdots(ka_{ij_i})\cdots a_{nj_n} \\ &= k\sum_{j_1\cdots j_n} (-1)^{\tau(j_1\cdots j_n)} a_{1j_1}\cdots a_{ij_i}\cdots a_{nj_n} \\ &= 右端. \end{aligned}$$

性质 1.2.2 如果行列式中有两行对应元素相同，则行列式为零，即

$$\begin{vmatrix} a_{11} & a_{12} & \cdots & a_{1n} \\ \vdots & \vdots & & \vdots \\ a_{i1} & a_{i2} & \cdots & a_{in} \\ \vdots & \vdots & & \vdots \\ a_{i1} & a_{i2} & \cdots & a_{in} \\ \vdots & \vdots & & \vdots \\ a_{n1} & a_{n2} & \cdots & a_{nn} \end{vmatrix} = 0.$$

证明参见参考文献 [1].

由上面的两个性质立即可得

性质 1.2.3 如果行列式中有两行元素对应成比例，则行列式为零，即

$$\begin{vmatrix} a_{11} & a_{12} & \cdots & a_{1n} \\ \vdots & \vdots & & \vdots \\ a_{i1} & a_{i2} & \cdots & a_{in} \\ \vdots & \vdots & & \vdots \\ ka_{i1} & ka_{i2} & \cdots & ka_{in} \\ \vdots & \vdots & & \vdots \\ a_{n1} & a_{n2} & \cdots & a_{nn} \end{vmatrix} = 0.$$

性质 1.2.4

$$\begin{vmatrix} a_{11} & a_{12} & \cdots & a_{1n} \\ \vdots & \vdots & & \vdots \\ b_{i1}+c_{i1} & b_{i2}+c_{i2} & \cdots & b_{in}+c_{in} \\ \vdots & \vdots & & \vdots \\ a_{n1} & a_{n2} & \cdots & a_{nn} \end{vmatrix}$$

$$= \begin{vmatrix} a_{11} & a_{12} & \cdots & a_{1n} \\ \vdots & \vdots & & \vdots \\ b_{i1} & b_{i2} & \cdots & b_{in} \\ \vdots & \vdots & & \vdots \\ a_{n1} & a_{n2} & \cdots & a_{nn} \end{vmatrix} + \begin{vmatrix} a_{11} & a_{12} & \cdots & a_{1n} \\ \vdots & \vdots & & \vdots \\ c_{i1} & c_{i2} & \cdots & c_{in} \\ \vdots & \vdots & & \vdots \\ a_{n1} & a_{n2} & \cdots & a_{nn} \end{vmatrix}.$$

证明　由行列式的定义得

$$\begin{aligned}\text{左端} &= \sum_{j_1\cdots j_n}(-1)^{\tau(j_1\cdots j_n)}a_{1j_1}\cdots(b_{ij_i}+c_{ij_i})\cdots a_{nj_n} \\ &= \sum_{j_1\cdots j_n}(-1)^{\tau(j_1\cdots j_n)}a_{1j_1}\cdots b_{ij_i}\cdots a_{nj_n} + \sum_{j_1\cdots j_n}(-1)^{\tau(j_1\cdots j_n)}a_{1j_1}\cdots c_{ij_i}\cdots a_{nj_n} \\ &= \text{右端}.\end{aligned}$$

由上面的两个性质又得

性质 1.2.5　将行列式某一行的 k 倍加到另一行的对应元素上，其余行不动，则行列式的值不变，即

$$\begin{vmatrix} a_{11} & a_{12} & \cdots & a_{1n} \\ \vdots & \vdots & & \vdots \\ a_{i1} & a_{i2} & \cdots & a_{in} \\ \vdots & \vdots & & \vdots \\ ka_{i1}+a_{j1} & ka_{i2}+a_{j2} & \cdots & ka_{in}+a_{jn} \\ \vdots & \vdots & & \vdots \\ a_{n1} & a_{n2} & \cdots & a_{nn} \end{vmatrix} = \begin{vmatrix} a_{11} & a_{12} & \cdots & a_{1n} \\ \vdots & \vdots & & \vdots \\ a_{i1} & a_{i2} & \cdots & a_{in} \\ \vdots & \vdots & & \vdots \\ a_{j1} & a_{j2} & \cdots & a_{jn} \\ \vdots & \vdots & & \vdots \\ a_{n1} & a_{n2} & \cdots & a_{nn} \end{vmatrix}.$$

性质 1.2.6　交换行列式的两个不同行，所得行列式与原行列式反号，即

$$\begin{vmatrix} a_{11} & a_{12} & \cdots & a_{1n} \\ \vdots & \vdots & & \vdots \\ a_{j1} & a_{j2} & \cdots & a_{jn} \\ \vdots & \vdots & & \vdots \\ a_{i1} & a_{i2} & \cdots & a_{in} \\ \vdots & \vdots & & \vdots \\ a_{n1} & a_{n2} & \cdots & a_{nn} \end{vmatrix} = -\begin{vmatrix} a_{11} & a_{12} & \cdots & a_{1n} \\ \vdots & \vdots & & \vdots \\ a_{i1} & a_{i2} & \cdots & a_{in} \\ \vdots & \vdots & & \vdots \\ a_{j1} & a_{j2} & \cdots & a_{jn} \\ \vdots & \vdots & & \vdots \\ a_{n1} & a_{n2} & \cdots & a_{nn} \end{vmatrix}.$$

证明

$$\text{左端}=\begin{vmatrix} a_{11} & a_{12} & \cdots & a_{1n} \\ \vdots & \vdots & & \vdots \\ a_{j1} & a_{j2} & \cdots & a_{jn} \\ \vdots & \vdots & & \vdots \\ a_{i1} & a_{i2} & \cdots & a_{in} \\ \vdots & \vdots & & \vdots \\ a_{n1} & a_{n2} & \cdots & a_{nn} \end{vmatrix}=\begin{vmatrix} a_{11} & a_{12} & \cdots & a_{1n} \\ \vdots & \vdots & & \vdots \\ a_{j1}+a_{i1} & a_{j2}+a_{i2} & \cdots & a_{jn}+a_{in} \\ \vdots & \vdots & & \vdots \\ a_{i1} & a_{i2} & \cdots & a_{in} \\ \vdots & \vdots & & \vdots \\ a_{n1} & a_{n2} & \cdots & a_{nn} \end{vmatrix}$$

$$=\begin{vmatrix} a_{11} & a_{12} & \cdots & a_{1n} \\ \vdots & \vdots & & \vdots \\ a_{j1}+a_{i1} & a_{j2}+a_{i2} & \cdots & a_{jn}+a_{in} \\ \vdots & \vdots & & \vdots \\ -a_{j1} & -a_{j2} & \cdots & -a_{jn} \\ \vdots & \vdots & & \vdots \\ a_{n1} & a_{n2} & \cdots & a_{nn} \end{vmatrix}=\begin{vmatrix} a_{11} & a_{12} & \cdots & a_{1n} \\ \vdots & \vdots & & \vdots \\ a_{i1} & a_{i2} & \cdots & a_{in} \\ \vdots & \vdots & & \vdots \\ -a_{j1} & -a_{j2} & \cdots & -a_{jn} \\ \vdots & \vdots & & \vdots \\ a_{n1} & a_{n2} & \cdots & a_{nn} \end{vmatrix}=\text{右端}.$$

称 $\begin{vmatrix} a_{11} & a_{21} & \cdots & a_{n1} \\ a_{12} & a_{22} & \cdots & a_{n2} \\ \vdots & \vdots & & \vdots \\ a_{1n} & a_{2n} & \cdots & a_{nn} \end{vmatrix}$ 为 $\begin{vmatrix} a_{11} & a_{12} & \cdots & a_{1n} \\ a_{21} & a_{22} & \cdots & a_{2n} \\ \vdots & \vdots & & \vdots \\ a_{n1} & a_{n2} & \cdots & a_{nn} \end{vmatrix}$ 的 **转置**. 例如 $\begin{vmatrix} 2 & 1 & 3 \\ 2 & 3 & 5 \\ 6 & 7 & 8 \end{vmatrix}$ 的转置为 $\begin{vmatrix} 2 & 2 & 6 \\ 1 & 3 & 7 \\ 3 & 5 & 8 \end{vmatrix}$. 我们不加证明地给出下面的性质.

性质 1.2.7 行列式和它的转置相等，即

$$\begin{vmatrix} a_{11} & a_{21} & \cdots & a_{n1} \\ a_{12} & a_{22} & \cdots & a_{n2} \\ \vdots & \vdots & & \vdots \\ a_{1n} & a_{2n} & \cdots & a_{nn} \end{vmatrix}=\begin{vmatrix} a_{11} & a_{12} & \cdots & a_{1n} \\ a_{21} & a_{22} & \cdots & a_{2n} \\ \vdots & \vdots & & \vdots \\ a_{n1} & a_{n2} & \cdots & a_{nn} \end{vmatrix}.$$

有了这个性质，前面所有关于行列式行的性质对列也就都成立.

例 1.2.1 计算行列式

$$\boldsymbol{D}=\begin{vmatrix} 0 & 1 & 2 & 3 \\ 1 & 1 & -1 & 2 \\ 2 & 3 & 2 & 4 \\ -1 & -2 & 1 & 5 \end{vmatrix}.$$

解

$$\boldsymbol{D}=-\begin{vmatrix}1&1&-1&2\\0&1&2&3\\2&3&2&4\\-1&-2&1&5\end{vmatrix}=-\begin{vmatrix}1&1&-1&2\\0&1&2&3\\0&1&3&0\\0&-1&0&7\end{vmatrix}$$

$$=-\begin{vmatrix}1&1&-1&2\\0&1&2&3\\0&0&1&-3\\0&0&2&10\end{vmatrix}=\begin{vmatrix}1&1&-1&2\\0&1&2&3\\0&0&1&-3\\0&0&0&16\end{vmatrix}=16.$$

例 1.2.2　计算 n 阶行列式 $(n\geqslant 2)$

$$\boldsymbol{D}=\begin{vmatrix}b&a&\cdots&a\\a&b&\cdots&a\\\vdots&\vdots&&\vdots\\a&a&\cdots&b\end{vmatrix}.$$

解

$$\boldsymbol{D}=\begin{vmatrix}b+(n-1)a&a&\cdots&a\\b+(n-1)a&b&\cdots&a\\\vdots&\vdots&&\vdots\\b+(n-1)a&a&\cdots&b\end{vmatrix}=[b+(n-1)a]\begin{vmatrix}1&a&\cdots&a\\1&b&\cdots&a\\\vdots&\vdots&&\vdots\\1&a&\cdots&b\end{vmatrix}$$

$$=[b+(n-1)a]\begin{vmatrix}1&a&\cdots&a\\0&b-a&\cdots&0\\\vdots&\vdots&&\vdots\\0&0&\cdots&b-a\end{vmatrix}=[b+(n-1)a](b-a)^{n-1}.$$

练习 1.2

1. 计算下列行列式

(1) $\begin{vmatrix}2&3&1&4\\1&0&2&3\\-1&1&-2&-5\\0&1&3&2\end{vmatrix}$;　　(2) $\begin{vmatrix}1&3&3&\cdots&3\\3&2&3&\cdots&3\\3&3&3&\cdots&3\\\vdots&\vdots&\vdots&&\vdots\\3&3&3&\cdots&n\end{vmatrix}$ $(n\geqslant 3)$;

(3) $\begin{vmatrix}a&0&0&b\\0&a&b&0\\0&b&a&0\\b&0&0&a\end{vmatrix}$;　　(4) $\begin{vmatrix}a&\cdots&a&b\\a&\cdots&b&a\\\vdots&&\vdots&\vdots\\b&\cdots&a&a\end{vmatrix}$.

2. 证明

$$\begin{vmatrix} a_{11} & \cdots & a_{1n} & 0 & \cdots & 0 \\ \vdots & & \vdots & \vdots & & \vdots \\ a_{n1} & \cdots & a_{nn} & 0 & \cdots & 0 \\ d_{11} & \cdots & d_{1n} & b_{11} & \cdots & b_{1m} \\ \vdots & & \vdots & \vdots & & \vdots \\ d_{m1} & \cdots & d_{mn} & b_{m1} & \cdots & b_{mm} \end{vmatrix} = \begin{vmatrix} a_{11} & \cdots & a_{1n} \\ \vdots & & \vdots \\ a_{n1} & \cdots & a_{nn} \end{vmatrix} \begin{vmatrix} b_{11} & \cdots & b_{1m} \\ \vdots & & \vdots \\ b_{m1} & \cdots & b_{mm} \end{vmatrix}.$$

1.3 行列式按一行 (列) 展开

利用行列式的性质可以计算一些行列式，但这些方法只对低阶行列式和一些规律较强的高阶行列式较为有效，一般的高阶行列式的计算还需要其他方法的帮助. 一般来讲，低阶行列式比高阶行列式容易计算，如果能将高阶行列式转化为较低阶的行列式来计算就好了. 为此，我们引入余子式和代数余子式.

设

$$\boldsymbol{D} = \begin{vmatrix} a_{11} & a_{12} & \cdots & a_{1n} \\ a_{21} & a_{22} & \cdots & a_{2n} \\ \vdots & \vdots & & \vdots \\ a_{n1} & a_{n2} & \cdots & a_{nn} \end{vmatrix}.$$

划去 a_{ij} 所在的第 i 行和第 j 列，剩下的 $(n-1)^2$ 个数按原来的排法构成一个 $n-1$ 阶行列式

$$\begin{vmatrix} a_{11} & \cdots & a_{1,j-1} & a_{1,j+1} & \cdots & a_{1n} \\ \vdots & & \vdots & \vdots & & \vdots \\ a_{i-1,1} & \cdots & a_{i-1,j-1} & a_{i-1,j+1} & \cdots & a_{i-1,n} \\ a_{i+1,1} & \cdots & a_{i+1,j-1} & a_{i+1,j+1} & \cdots & a_{i+1,n} \\ \vdots & & \vdots & \vdots & & \vdots \\ a_{n1} & \cdots & a_{n,j-1} & a_{n,j+1} & \cdots & a_{nn} \end{vmatrix},$$

称其为 $\boldsymbol{D}$ 的 (i,j) 位置的余子式，记作 $\boldsymbol{M}_{ij}$. 称 $(-1)^{i+j}\boldsymbol{M}_{ij}$ 为 $\boldsymbol{D}$ 的 (i,j) 位置的代数余子式，记作 $\boldsymbol{A}_{ij}$.

例如，设 $\boldsymbol{D} = \begin{vmatrix} 3 & 2 & -1 & 5 \\ 1 & 2 & 3 & 2 \\ 4 & 0 & 1 & 5 \\ -1 & 6 & 1 & -2 \end{vmatrix}$，则 $\boldsymbol{M}_{23} = \begin{vmatrix} 3 & 2 & 5 \\ 4 & 0 & 5 \\ -1 & 6 & -2 \end{vmatrix} = 36$，$\boldsymbol{A}_{23} = (-1)^{2+3}36 = -36$.

定理 1.3.1 设 $D=\begin{vmatrix} a_{11} & a_{12} & \cdots & a_{1n} \\ a_{21} & a_{22} & \cdots & a_{2n} \\ \vdots & \vdots & & \vdots \\ a_{n1} & a_{n2} & \cdots & a_{nn} \end{vmatrix}$, A_{ij} 为 D 的 (i,j) 位置的代数余子式, $1\leqslant i,j\leqslant n$, 则

(1) $D=a_{k1}A_{k1}+a_{k2}A_{k2}+\cdots+a_{kn}A_{kn}=\sum\limits_{j=1}^{n}a_{kj}A_{kj},\ \ \forall\, k\in\{1,2,\cdots,n\}$;

(2) $D=a_{1l}A_{1l}+a_{2l}A_{2l}+\cdots+a_{nl}A_{nl}=\sum\limits_{i=1}^{n}a_{il}A_{il},\ \ \forall\, l\in\{1,2,\cdots,n\}$.

证明 我们只证 (2), (1) 可类似证明.

$$D=\begin{vmatrix} a_{11} & \cdots & a_{1l} & \cdots & a_{1n} \\ a_{21} & \cdots & a_{2l} & \cdots & a_{2n} \\ \vdots & & \vdots & & \vdots \\ a_{n1} & \cdots & a_{nl} & \cdots & a_{nn} \end{vmatrix}=\begin{vmatrix} a_{11} & \cdots & a_{1l}+0+\cdots+0 & \cdots & a_{1n} \\ a_{21} & \cdots & 0+a_{2l}+\cdots+0 & \cdots & a_{2n} \\ \vdots & & \vdots & & \vdots \\ a_{n1} & \cdots & 0+0+\cdots+a_{nl} & \cdots & a_{nn} \end{vmatrix}$$

$$=\begin{vmatrix} a_{11} & \cdots & a_{1l} & \cdots & a_{1n} \\ a_{21} & \cdots & 0 & \cdots & a_{2n} \\ \vdots & & \vdots & & \vdots \\ a_{n1} & \cdots & 0 & \cdots & a_{nn} \end{vmatrix}+\begin{vmatrix} a_{11} & \cdots & 0 & \cdots & a_{1n} \\ a_{21} & \cdots & a_{2l} & \cdots & a_{2n} \\ \vdots & & \vdots & & \vdots \\ a_{n1} & \cdots & 0 & \cdots & a_{nn} \end{vmatrix}+\cdots$$

$$+\begin{vmatrix} a_{11} & \cdots & 0 & \cdots & a_{1n} \\ a_{21} & \cdots & 0 & \cdots & a_{2n} \\ \vdots & & \vdots & & \vdots \\ a_{n1} & \cdots & a_{nl} & \cdots & a_{nn} \end{vmatrix}=\sum_{i=1}^{n}\begin{vmatrix} a_{11} & \cdots & 0 & \cdots & a_{1n} \\ \vdots & & \vdots & & \vdots \\ a_{i1} & \cdots & a_{il} & \cdots & a_{in} \\ \vdots & & \vdots & & \vdots \\ a_{n1} & \cdots & 0 & \cdots & a_{nn} \end{vmatrix}$$

$$=\sum_{i=1}^{n}(-1)^{i-1}(-1)^{l-1}\begin{vmatrix} a_{il} & a_{i1} & \cdots & a_{i,l-1} & a_{i,l+1} & \cdots & a_{in} \\ 0 & a_{11} & \cdots & a_{1,l-1} & a_{1,l+1} & \cdots & a_{1n} \\ \vdots & \vdots & & \vdots & \vdots & & \vdots \\ 0 & a_{i-1,1} & \cdots & a_{i-1,l-1} & a_{i-1,l+1} & \cdots & a_{i-1,n} \\ 0 & a_{i+1,1} & \cdots & a_{i+1,l-1} & a_{i+1,l+1} & \cdots & a_{i+1,n} \\ \vdots & \vdots & & \vdots & \vdots & & \vdots \\ 0 & a_{n1} & \cdots & a_{n,l-1} & a_{n,l+1} & \cdots & a_{nn} \end{vmatrix}$$

$$=\sum_{i=1}^{n}a_{il}(-1)^{i+l}M_{il}=\sum_{i=1}^{n}a_{il}A_{il}.$$

例如, 若记 A_{ij} 为 $\begin{vmatrix} 1 & -2 & 3 \\ 3 & 4 & -8 \\ 0 & 5 & 0 \end{vmatrix}$ 的 (i,j) 位置的代数余子式, $1\leqslant i,j\leqslant 3$, 则

$$\begin{vmatrix} 1 & -2 & 3 \\ 3 & 4 & -8 \\ 0 & 5 & 0 \end{vmatrix} = 3\boldsymbol{A}_{21} + 4\boldsymbol{A}_{22} - 8\boldsymbol{A}_{23} = 5\boldsymbol{A}_{32}$$

$$= \boldsymbol{A}_{11} + 3\boldsymbol{A}_{21} = -2\boldsymbol{A}_{12} + 4\boldsymbol{A}_{22} + 5\boldsymbol{A}_{32}.$$

定理 1.3.2 设 $\boldsymbol{D} = \begin{vmatrix} a_{11} & a_{12} & \cdots & a_{1n} \\ a_{21} & a_{22} & \cdots & a_{2n} \\ \vdots & \vdots & & \vdots \\ a_{n1} & a_{n2} & \cdots & a_{nn} \end{vmatrix}$, $\boldsymbol{A}_{ij}$ 为 $\boldsymbol{D}$ 的 (i,j) 位置的代数余子式, $1 \leqslant i,j \leqslant n$, 则

(1) $\sum\limits_{j=1}^{n} a_{ij}\boldsymbol{A}_{kj} = a_{i1}\boldsymbol{A}_{k1} + a_{i2}\boldsymbol{A}_{k2} + \cdots + a_{in}\boldsymbol{A}_{kn} = 0, \quad \forall\ i \neq k;$

(2) $\sum\limits_{i=1}^{n} a_{il}\boldsymbol{A}_{ij} = a_{1l}\boldsymbol{A}_{1j} + a_{2l}\boldsymbol{A}_{2j} + \cdots + a_{nl}\boldsymbol{A}_{nj} = 0, \quad \forall\ l \neq j.$

证明 我们只证 (1), (2) 可类似证明.

考察行列式

$$\boldsymbol{D}_1 = \begin{vmatrix} a_{11} & a_{12} & \cdots & a_{1n} \\ \vdots & \vdots & & \vdots \\ a_{i1} & a_{i2} & \cdots & a_{in} \\ \vdots & \vdots & & \vdots \\ a_{i1} & a_{i2} & \cdots & a_{in} \\ \vdots & \vdots & & \vdots \\ a_{n1} & a_{n2} & \cdots & a_{nn} \end{vmatrix} \begin{matrix} \\ \\ (i) \\ \\ (k) \\ \\ \\ \end{matrix}.$$

一方面, 它的第 i 行和第 k 行相同, 由性质 1.2.2 知 $\boldsymbol{D}_1 = 0$. 另一方面, 对 $\boldsymbol{D}_1$ 按第 k 行展开 (即应用定理 1.3.1), 由于 $\boldsymbol{D}_1$ 与 $\boldsymbol{D}$ 的 (k,j) 位置的代数余子式相等, $1 \leqslant j \leqslant n$, 故有

$$\boldsymbol{D}_1 = a_{i1}\boldsymbol{A}_{k1} + a_{i2}\boldsymbol{A}_{k2} + \cdots + a_{in}\boldsymbol{A}_{kn},$$

因此 (1) 成立.

例如, 如果记 $\boldsymbol{A}_{ij}$ 为 $\begin{vmatrix} -2 & 1 & 2 \\ 0 & 4 & 0 \\ 3 & -3 & 5 \end{vmatrix}$ 的 (i,j) 位置的代数余子式, $1 \leqslant i,j \leqslant 3$, 则 $-2\boldsymbol{A}_{31} + \boldsymbol{A}_{32} + 2\boldsymbol{A}_{33} = 4\boldsymbol{A}_{12} = 4\boldsymbol{A}_{32} = \boldsymbol{A}_{13} + 4\boldsymbol{A}_{23} - 3\boldsymbol{A}_{33} = 0.$

例 1.3.1　计算行列式

$$D=\begin{vmatrix}4&0&5&0&0\\2&7&3&4&5\\1&0&0&3&0\\2&0&1&4&6\\-1&0&1&4&0\end{vmatrix}.$$

解　先按第 2 列展开得

$$D=7\times(-1)^{2+2}\times\begin{vmatrix}4&5&0&0\\1&0&3&0\\2&1&4&6\\-1&1&4&0\end{vmatrix}.$$

再按第 4 列展开得

$$D=7\times6\times(-1)^{3+4}\times\begin{vmatrix}4&5&0\\1&0&3\\-1&1&4\end{vmatrix}=(-42)\times(-47)=1974.$$

例 1.3.2　计算行列式

$$D_n=\begin{vmatrix}x&0&0&\cdots&0&a_n\\-1&x&0&\cdots&0&a_{n-1}\\0&-1&x&\cdots&0&a_{n-2}\\\vdots&\vdots&\vdots&&\vdots&\vdots\\0&0&0&\cdots&-1&x+a_1\end{vmatrix}.$$

解　按第 1 行展开得

$$\begin{aligned}D_n=&x(-1)^{1+1}\begin{vmatrix}x&0&\cdots&0&a_{n-1}\\-1&x&\cdots&0&a_{n-2}\\\vdots&\vdots&&&\vdots\\0&0&\cdots&-1&x+a_1\end{vmatrix}+a_n(-1)^{1+n}\begin{vmatrix}-1&x&0&\cdots&0\\0&-1&x&\cdots&0\\\vdots&\vdots&\vdots&&\vdots\\0&0&0&\cdots&-1\end{vmatrix}\\=&xD_{n-1}+a_n(-1)^{1+n}(-1)^{n-1}\\=&xD_{n-1}+a_n,\end{aligned}$$

于是

$$\begin{aligned}D_n&=D_{n-1}x+a_n\\&=(D_{n-2}x+a_{n-1})x+a_n\\&=D_{n-2}x^2+a_{n-1}x+a_n\\&=D_{n-3}x^3+a_{n-2}x^2+a_{n-1}x+a_n\end{aligned}$$

$$
\begin{aligned}
&=\cdots\ \cdots\ \cdots\ \cdots \\
&=\boldsymbol{D}_1x^{n-1}+a_2x^{n-2}+\cdots+a_{n-2}x^2+a_{n-1}x+a_n \\
&=x^n+a_1x^{n-1}+a_2x^{n-2}+\cdots+a_{n-2}x^2+a_{n-1}x+a_n.
\end{aligned}
$$

例 1.3.3 计算 Vandermonde 行列式

$$
\boldsymbol{D}_n=\begin{vmatrix} 1 & 1 & \cdots & 1 & 1 \\ a_1 & a_2 & \cdots & a_{n-1} & a_n \\ a_1^2 & a_2^2 & \cdots & a_{n-1}^2 & a_n^2 \\ \vdots & \vdots & & \vdots & \vdots \\ a_1^{n-2} & a_2^{n-2} & \cdots & a_{n-1}^{n-2} & a_n^{n-2} \\ a_1^{n-1} & a_2^{n-1} & \cdots & a_{n-1}^{n-1} & a_n^{n-1} \end{vmatrix} \quad (n\geqslant 2).
$$

解 从第 $n-1$ 行开始直到第 1 行为止依次乘 $-a_n$ 加到相邻的后一行得

$$
\boldsymbol{D}_n=\begin{vmatrix} 1 & 1 & \cdots & 1 & 1 \\ a_1-a_n & a_2-a_n & \cdots & a_{n-1}-a_n & 0 \\ a_1(a_1-a_n) & a_2(a_2-a_n) & \cdots & a_{n-1}(a_{n-1}-a_n) & 0 \\ \vdots & \vdots & & \vdots & \vdots \\ a_1^{n-3}(a_1-a_n) & a_2^{n-3}(a_2-a_n) & \cdots & a_{n-1}^{n-3}(a_{n-1}-a_n) & 0 \\ a_1^{n-2}(a_1-a_n) & a_2^{n-2}(a_2-a_n) & \cdots & a_{n-1}^{n-2}(a_{n-1}-a_n) & 0 \end{vmatrix}.
$$

再按第 n 列展开得

$$
\begin{aligned}
\boldsymbol{D}_n &= (-1)^{n+1}(a_1-a_n)(a_2-a_n)\cdots(a_{n-1}-a_n)\boldsymbol{D}_{n-1} \\
&= (a_n-a_1)(a_n-a_2)\cdots(a_n-a_{n-1})\boldsymbol{D}_{n-1}.
\end{aligned}
$$

由此递推可得

$$
\begin{aligned}
\boldsymbol{D}_n =&(a_n-a_1)(a_n-a_2)\cdots(a_n-a_{n-1})(a_{n-1}-a_1)(a_{n-1}-a_2)\cdots(a_{n-1}-a_{n-2})\cdots \\
&(a_3-a_1)(a_3-a_2)(a_2-a_1)=\prod_{1\leqslant i<j\leqslant n}(a_j-a_i).
\end{aligned}
$$

练习 1.3

1. 计算下列行列式

(1) $\begin{vmatrix} x & y & 0 & 0 & 0 \\ 0 & x & y & 0 & 0 \\ 0 & 0 & x & y & 0 \\ 0 & 0 & 0 & x & y \\ y & 0 & 0 & 0 & x \end{vmatrix}$; (2) $\begin{vmatrix} a_0 & 1 & \cdots & 1 & 1 \\ 1 & a_1 & \cdots & 0 & 0 \\ \vdots & \vdots & & \vdots & \vdots \\ 1 & 0 & \cdots & a_{n-1} & 0 \\ 1 & 0 & \cdots & 0 & a_n \end{vmatrix}$ $(a_1\cdots a_n\neq 0)$;

(3) $\begin{vmatrix} 1 & 1 & 1 & 1 \\ 1 & 3 & 2 & 4 \\ 1 & 9 & 4 & 16 \\ 1 & 27 & 8 & 64 \end{vmatrix}$;　(4) $\begin{vmatrix} 1 & x_1+1 & {x_1}^2+x_1 & \cdots & {x_1}^{n-1}+{x_1}^{n-2} \\ 1 & x_2+1 & {x_2}^2+x_2 & \cdots & {x_2}^{n-1}+{x_2}^{n-2} \\ \vdots & \vdots & \vdots & & \vdots \\ 1 & x_n+1 & {x_n}^2+x_n & \cdots & {x_n}^{n-1}+{x_n}^{n-2} \end{vmatrix}$.

1.4　克拉默 (Cramer) 法则

本节我们将低元方程组的求解规律推广到 n 元一次方程组上.

定理 1.4.1 克拉默 (Cramer) 法则

设有方程组

$$\begin{cases} a_{11}x_1+a_{12}x_2+\cdots+a_{1n}x_n=b_1, \\ a_{21}x_1+a_{22}x_2+\cdots+a_{2n}x_n=b_2, \\ \cdots\cdots\cdots\cdots \\ a_{n1}x_1+a_{n2}x_2+\cdots+a_{nn}x_n=b_n, \end{cases} \tag{1.1}$$

当 $\boldsymbol{D}=\begin{vmatrix} a_{11} & a_{12} & \cdots & a_{1n} \\ a_{21} & a_{22} & \cdots & a_{2n} \\ \vdots & \vdots & & \vdots \\ a_{n1} & a_{n2} & \cdots & a_{nn} \end{vmatrix}\neq 0$ 时，方程组 (1.1) 有唯一解

$$x_1=\frac{\boldsymbol{D}_1}{\boldsymbol{D}},\cdots,x_j=\frac{\boldsymbol{D}_j}{\boldsymbol{D}},\cdots,x_n=\frac{\boldsymbol{D}_n}{\boldsymbol{D}}, \tag{1.2}$$

其中

$$\boldsymbol{D}_j=\begin{vmatrix} a_{11} & \cdots & a_{1,j-1} & b_1 & a_{1,j+1} & \cdots & a_{1n} \\ \vdots & & \vdots & \vdots & \vdots & & \vdots \\ a_{i,1} & \cdots & a_{i,j-1} & b_i & a_{i,j+1} & \cdots & a_{i,n} \\ \vdots & & \vdots & \vdots & \vdots & & \vdots \\ a_{n1} & \cdots & a_{n,j-1} & b_n & a_{n,j+1} & \cdots & a_{nn} \end{vmatrix}, j=1,\cdots,n.$$

证明　先来验证 (1.2) 是方程组 (1.1) 的解，再来说明方程组只有这一个解.

将 $x_1=\dfrac{\boldsymbol{D}_1}{\boldsymbol{D}},\cdots,x_j=\dfrac{\boldsymbol{D}_j}{\boldsymbol{D}},\cdots,x_n=\dfrac{\boldsymbol{D}_n}{\boldsymbol{D}}$ 代入方程组 (1.1) 的第 i 个方程得

$$\text{左端}=a_{i1}\frac{\boldsymbol{D}_1}{\boldsymbol{D}}+a_{i2}\frac{\boldsymbol{D}_2}{\boldsymbol{D}}+\cdots+a_{in}\frac{\boldsymbol{D}_n}{\boldsymbol{D}}=\frac{1}{\boldsymbol{D}}\sum_{k=1}^{n}a_{ik}\boldsymbol{D}_k.$$

将 $\boldsymbol{D}_k$ 按第 k 列展开得 $\boldsymbol{D}_k=b_1\boldsymbol{A}_{1k}+b_2\boldsymbol{A}_{2k}+\cdots+b_n\boldsymbol{A}_{nk}=\sum\limits_{j=1}^{n}b_j\boldsymbol{A}_{jk}$, 其中 $\boldsymbol{A}_{jk}$ 既为 $\boldsymbol{D}_k$ 的也为 $\boldsymbol{D}$ 的 (j,k) 位置的代数余子式，$1\leqslant j\leqslant n$. 于是有

$$\text{左端}=\frac{1}{\boldsymbol{D}}\sum_{k=1}^{n}\sum_{j=1}^{n}b_j\boldsymbol{A}_{jk}a_{ik}=\frac{1}{\boldsymbol{D}}\sum_{j=1}^{n}\left(\sum_{k=1}^{n}\boldsymbol{A}_{jk}a_{ik}\right)b_j=\frac{1}{\boldsymbol{D}}\left[\sum_{k=1}^{n}\boldsymbol{A}_{ik}a_{ik}\right]b_i=b_i.$$

由 i 的任意性知 (1.2) 的确是方程组 (1.1) 的解.

如果方程组还有解 $x_1=c_1,\cdots,x_j=c_j,\cdots,x_n=c_n$, 则

$$\begin{cases}a_{11}c_1+a_{12}c_2+\cdots+a_{1n}c_n=b_1,\\a_{21}c_1+a_{22}c_2+\cdots+a_{2n}c_n=b_2,\\\cdots\cdots\cdots\cdots\\a_{n1}c_1+a_{n2}c_2+\cdots+a_{nn}c_n=b_n.\end{cases}$$

用 $\boldsymbol{D}$ 的 (i,k) 位置的代数余子式 $\boldsymbol{A}_{ik}$ 乘以上面的第 i 个等式两端, $i=1,\cdots,n$, 得

$$\begin{cases}a_{11}\boldsymbol{A}_{1k}c_1+a_{12}\boldsymbol{A}_{1k}c_2+\cdots+a_{1n}\boldsymbol{A}_{1k}c_n=b_1\boldsymbol{A}_{1k},\\a_{21}\boldsymbol{A}_{2k}c_1+a_{22}\boldsymbol{A}_{2k}c_2+\cdots+a_{2n}\boldsymbol{A}_{2k}c_n=b_2\boldsymbol{A}_{2k},\\\cdots\cdots\cdots\cdots\\a_{n1}\boldsymbol{A}_{nk}c_1+a_{n2}\boldsymbol{A}_{nk}c_2+\cdots+a_{nn}\boldsymbol{A}_{nk}c_n=b_n\boldsymbol{A}_{nk}.\end{cases}$$

将这 n 个等式加起来得

$$c_1\sum_{i=1}^n a_{i1}\boldsymbol{A}_{ik}+c_2\sum_{i=1}^n a_{i2}\boldsymbol{A}_{ik}+\cdots+c_n\sum_{i=1}^n a_{in}\boldsymbol{A}_{ik}=\sum_{i=1}^n b_i\boldsymbol{A}_{ik},$$

于是 $c_k\boldsymbol{D}=\boldsymbol{D}_k$, 即 $c_k=\dfrac{\boldsymbol{D}_k}{\boldsymbol{D}}$. 由 k 的任意性知 $c_1=\dfrac{\boldsymbol{D}_1}{\boldsymbol{D}},\cdots,c_j=\dfrac{\boldsymbol{D}_j}{\boldsymbol{D}},\cdots,c_n=\dfrac{\boldsymbol{D}_n}{\boldsymbol{D}}$.

例 1.4.1 用克拉默法则解方程组

$$\begin{cases}3x_1+6x_2+7x_3=1,\\-2x_1-2x_2+3x_3=-1,\\x_1-2x_2-5x_3=1.\end{cases}$$

解

$$\boldsymbol{D}=\begin{vmatrix}3&6&7\\-2&-2&3\\1&-2&-5\end{vmatrix}=48,$$

$$x_1=\frac{1}{48}\begin{vmatrix}1&6&7\\-1&-2&3\\1&-2&-5\end{vmatrix}=\frac{2}{3},\quad x_2=\frac{1}{48}\begin{vmatrix}3&1&7\\-2&-1&3\\1&1&-5\end{vmatrix}=-\frac{1}{6},$$

$$x_3=\frac{1}{48}\begin{vmatrix}3&6&1\\-2&-2&-1\\1&-2&1\end{vmatrix}=0.$$

练习 1.4

1. 用克拉默法则解下列方程组

(1) $\begin{cases} 2x+5y=1, \\ 3x+7y=2; \end{cases}$ (2) $\begin{cases} x+y-2z=-1, \\ 2x+3y+z=0, \\ -x+y+4z=3. \end{cases}$

习 题 1

1. 填空

(1) $\tau(32145)=(\quad)$, $\tau((n-1)(n-2)\cdots 21n)=(\quad)$,
$\tau(52143)=(\quad)$, $\tau(13\cdots(2n-1)24\cdots(2n))=(\quad)$;

(2) 设 $\begin{vmatrix} a_{11} & a_{12} & a_{13} \\ a_{21} & a_{22} & a_{23} \\ a_{31} & a_{32} & a_{33} \end{vmatrix}=6$, 则 $\begin{vmatrix} 2a_{22}-3a_{21} & 4a_{21} & a_{23} \\ 2a_{12}-3a_{11} & 4a_{11} & a_{13} \\ 2a_{32}-3a_{31} & 4a_{31} & a_{33} \end{vmatrix}=(\quad)$;

(3) 若方程组 $\begin{cases} x_1+\lambda x_2=0, \\ \lambda x_1+\lambda x_2=0 \end{cases}$ 有非零解，则 $\lambda=(\quad)$;

(4) 设

$$\boldsymbol{D}=\begin{vmatrix} 3 & 6 & 7 & 5 \\ 3 & 3 & 3 & 3 \\ 0 & 1 & 4 & 2 \\ 5 & 3 & 1 & 8 \end{vmatrix},$$

则 $\boldsymbol{A}_{31}+\boldsymbol{A}_{32}+\boldsymbol{A}_{33}+\boldsymbol{A}_{34}=(\quad)$, $3\boldsymbol{M}_{41}-6\boldsymbol{M}_{42}+7\boldsymbol{M}_{43}-5\boldsymbol{M}_{44}=(\quad)$;

(5) $\begin{vmatrix} x-1 & x-2 & x-2 & x-3 \\ 2x-1 & 2x-2 & 2x-2 & 2x-3 \\ 3x-2 & 3x-3 & 4x-5 & 3x-5 \\ 4x-3 & 4x & 5x-7 & 4x-3 \end{vmatrix}=0$, 则 $x=(\quad)$.

2. 求下列行列式

(1) $\begin{vmatrix} a_1-m & a_2 & \cdots & a_n \\ a_1 & a_2-m & \cdots & a_n \\ \vdots & \vdots & & \vdots \\ a_1 & a_2 & \cdots & a_n-m \end{vmatrix}$;

(2) $$\begin{vmatrix} 0 & 1 & 1 & \cdots & 1 & 1 \\ 1 & 0 & x & \cdots & x & x \\ 1 & x & 0 & \cdots & x & x \\ \vdots & \vdots & \vdots & & \vdots & \vdots \\ 1 & x & x & \cdots & 0 & x \\ 1 & x & x & \cdots & x & 0 \end{vmatrix}_{n\times n} \quad (n \geqslant 3);$$

(3) $$\begin{vmatrix} a_1-b_1 & a_1-b_2 & \cdots & a_1-b_n \\ a_2-b_1 & a_2-b_2 & \cdots & a_2-b_n \\ \vdots & \vdots & & \vdots \\ a_n-b_1 & a_n-b_2 & \cdots & a_n-b_n \end{vmatrix} \quad (n \geqslant 2);$$

(4) $$\begin{vmatrix} 0 & \cdots & 0 & a_{11} & \cdots & a_{1n} \\ \vdots & & \vdots & \vdots & & \vdots \\ 0 & \cdots & 0 & a_{n1} & \cdots & a_{nn} \\ b_{11} & \cdots & b_{1m} & c_{11} & \cdots & c_{1n} \\ \vdots & & \vdots & \vdots & & \vdots \\ b_{m1} & \cdots & b_{mm} & c_{m1} & \cdots & c_{mn} \end{vmatrix};$$

(5)* $$\begin{vmatrix} 1 & 1 & 1 & \cdots & 1 & 1 \\ -a_1 & x_1 & 0 & \cdots & 0 & 0 \\ 0 & -a_2 & x_2 & \cdots & 0 & 0 \\ \vdots & \vdots & \vdots & & \vdots & \vdots \\ 0 & 0 & 0 & \cdots & x_{n-1} & 0 \\ 0 & 0 & 0 & \cdots & -a_n & x_n \end{vmatrix} \quad (n \geqslant 2);$$

(6)* $$\begin{vmatrix} 1-a_1 & a_2 & 0 & \cdots & 0 & 0 \\ -1 & 1-a_2 & a_3 & \cdots & 0 & 0 \\ 0 & -1 & 1-a_3 & \cdots & 0 & 0 \\ \vdots & \vdots & \vdots & & \vdots & \vdots \\ 0 & 0 & 0 & \cdots & 1-a_{n-1} & a_n \\ 0 & 0 & 0 & \cdots & -1 & 1-a_n \end{vmatrix}.$$

第 2 章　矩阵

在第一章，我们应用行列式这个工具解决了一类线性方程组的求解问题. 但对于形如

$$\begin{cases} a_{11}x_1 + a_{12}x_2 + \cdots + a_{1n}x_n = b_1, \\ a_{21}x_1 + a_{22}x_2 + \cdots + a_{2n}x_n = b_2, \\ \cdots\cdots\cdots\cdots \\ a_{m1}x_1 + a_{m2}x_2 + \cdots + a_{mn}x_n = b_m \end{cases}$$

的一般线性方程组的求解问题，还没有解决. 我们可以用高斯消元法将其化简. 例如

$$\begin{cases} 3x_1 + 4x_2 + 5x_3 + 6x_4 = 7, \\ x_1 + x_2 + 2x_3 + 3x_4 = 5, \\ 2x_1 + 2x_2 + 4x_3 + 9x_4 = 6 \end{cases}$$
$$\longrightarrow \begin{cases} x_1 + x_2 + 2x_3 + 3x_4 = 5, \\ 3x_1 + 4x_2 + 5x_3 + 6x_4 = 7, \\ 2x_1 + 2x_2 + 4x_3 + 9x_4 = 6 \end{cases}$$
$$\longrightarrow \begin{cases} x_1 + x_2 + 2x_3 + 3x_4 = 5, \\ x_2 - x_3 - 3x_4 = -8, \\ 3x_4 = -4 \end{cases}$$
$$\longrightarrow \begin{cases} x_1 + x_2 + 2x_3 + 3x_4 = 5, \\ x_2 - x_3 - 3x_4 = -8, \\ x_4 = -\dfrac{4}{3}. \end{cases}$$

观察上面的过程，它相当于对 (由方程组的未知数系数和常数项组成的) 数表做变换：

$$\begin{pmatrix} 3 & 4 & 5 & 6 & 7 \\ 1 & 1 & 2 & 3 & 5 \\ 2 & 2 & 4 & 9 & 6 \end{pmatrix} \longrightarrow \begin{pmatrix} 1 & 1 & 2 & 3 & 5 \\ 3 & 4 & 5 & 6 & 7 \\ 2 & 2 & 4 & 9 & 6 \end{pmatrix}$$
$$\longrightarrow \begin{pmatrix} 1 & 1 & 2 & 3 & 5 \\ 0 & 1 & -1 & -3 & -8 \\ 0 & 0 & 0 & 3 & -4 \end{pmatrix} \longrightarrow \begin{pmatrix} 1 & 1 & 2 & 3 & 5 \\ 0 & 1 & -1 & -3 & -8 \\ 0 & 0 & 0 & 1 & -\dfrac{4}{3} \end{pmatrix}.$$

因此，当我们探讨高斯消元法能将一个方程组简化到什么程度时，只需研究由方程组的未知数系数和常数项组成的数表能简化到什么程度. 由此，我们引入矩阵及其初等变换. 本章介绍矩阵的定义、矩阵的初等变换、矩阵的运算和矩阵的秩等相关知识，并由此解决一般线性方程组的求解问题.

2.1 矩阵及其初等变换

定义 2.1.1 称由 $m \times n$ 个数排成的 m 行、n 列的矩形表

$$\begin{pmatrix} a_{11} & a_{12} & \cdots & a_{1n} \\ a_{21} & a_{22} & \cdots & a_{2n} \\ \vdots & \vdots & & \vdots \\ a_{m1} & a_{m2} & \cdots & a_{mn} \end{pmatrix}$$

为一个 $m \times n$ 矩阵，记作 $\boldsymbol{A}$ 或 $\boldsymbol{A}_{m\times n}$, 也记作 $(a_{ij})_{m\times n}$. 称 a_{ij} 为 $\boldsymbol{A}$ 的 (i,j) 位置元素 $(i=1,\cdots,m;\ j=1,\cdots,n)$. 下标 i,j 分别称为 a_{ij} 的行指标和列指标.

特别地，$n \times 1$ 和 $1 \times n$ 矩阵也可用黑体字母 $\boldsymbol{a}$, $\boldsymbol{b}$, $\boldsymbol{\alpha}$, $\boldsymbol{\beta}$ 等表示. 一阶方阵就是一个数，即可写为 (a) 也可直接写为 a.

称所有位置元素全为 0 的矩阵为**零矩阵**，记作 $\boldsymbol{O}$ 或 $\boldsymbol{O}_{m\times n}$. 当矩阵 $\boldsymbol{A}$ 的所有位置元素全为实数时称 $\boldsymbol{A}$ 为实矩阵，否则称 $\boldsymbol{A}$ 为复矩阵. 如无特别说明，我们所指的都是实矩阵. 在上面的定义中，如果 $m=n$, 则称 $\boldsymbol{A}$ 为 n 阶 **方阵**，简称 n 阶阵，称此时 $\boldsymbol{A}$ 中元素 $a_{11}, a_{22}, \cdots, a_{nn}$ 所占据的对角线为主对角线. 分别称以下三种阵

$$\begin{pmatrix} a_{11} & a_{12} & \cdots & a_{1n} \\ 0 & a_{22} & \cdots & a_{2n} \\ \vdots & \vdots & & \vdots \\ 0 & 0 & \cdots & a_{nn} \end{pmatrix}, \begin{pmatrix} a_{11} & 0 & \cdots & 0 \\ a_{21} & a_{22} & \cdots & 0 \\ \vdots & \vdots & & \vdots \\ a_{n1} & a_{n2} & \cdots & a_{nn} \end{pmatrix}, \begin{pmatrix} a_{11} & 0 & \cdots & 0 \\ 0 & a_{22} & \cdots & 0 \\ \vdots & \vdots & & \vdots \\ 0 & 0 & \cdots & a_{nn} \end{pmatrix}$$

为 **上三角阵**、**下三角阵** 和 **对角阵**. 可将上面的对角阵简记为 $\mathrm{diag}(a_{11}, a_{22}, \cdots, a_{nn})$.

我们称行数相同、列数也相同的矩阵为 **同型阵**. 如果同型阵 $\boldsymbol{A}$ 与 $\boldsymbol{B}$ 的所有 (i,j) 位置的对应元素都相同，则称 $\boldsymbol{A}$ 与 $\boldsymbol{B}$ 相等，记为 $\boldsymbol{A}=\boldsymbol{B}$.

例如，设

$$\boldsymbol{A} = \begin{pmatrix} 1 & -2 \\ 3 & 4 \\ -1 & 6 \end{pmatrix}, \boldsymbol{B} = \begin{pmatrix} 3 & 1 & -2 \\ 0 & -4 & 6 \\ 0 & 0 & 5 \end{pmatrix}, \boldsymbol{C} = \begin{pmatrix} -2 & 8 \\ 3 & -6 \\ 1 & 1 \end{pmatrix},$$

则 $\boldsymbol{A}$ 和 $\boldsymbol{C}$ 均为 3×2 矩阵，是同型阵，而 $\boldsymbol{B}$ 是一个 3 阶上三角阵.

观察前面所说的数表 (矩阵) 变换过程，会发现其中包含三种变换，我们将其称为矩阵的初等变换.

定义 2.1.2 对矩阵所做的以下变换称为矩阵的初等行 (列) 变换.

(1) 倍法：用非零数 k 乘第 i 行 (列) 各元素；

(2) 消法：将第 j 行 (列) 的 k 倍加于第 i 行 (列)；

(3) 换法：将第 i 行 (列) 与第 j 行 (列) 互换.

矩阵的初等行变换和初等列变换统称为矩阵的初等变换.

显然，初等变换都是可逆的，即如果矩阵 $\boldsymbol{A}$ 通过初等变换化为矩阵 $\boldsymbol{B}$，则矩阵 $\boldsymbol{B}$ 也可通过初等变换化为矩阵 $\boldsymbol{A}$. 例如

$$\begin{pmatrix}1&0&1\\2&-1&3\\6&5&-4\end{pmatrix}\longrightarrow\begin{pmatrix}2&0&2\\2&-1&3\\6&5&-4\end{pmatrix}\longrightarrow\begin{pmatrix}2&0&2\\0&-1&1\\6&5&-4\end{pmatrix}\longrightarrow\begin{pmatrix}2&0&2\\6&5&-4\\0&-1&1\end{pmatrix},$$

$$\begin{pmatrix}2&0&2\\6&5&-4\\0&-1&1\end{pmatrix}\longrightarrow\begin{pmatrix}2&0&2\\0&-1&1\\6&5&-4\end{pmatrix}\longrightarrow\begin{pmatrix}2&0&2\\2&-1&3\\6&5&-4\end{pmatrix}\longrightarrow\begin{pmatrix}1&0&1\\2&-1&3\\6&5&-4\end{pmatrix}.$$

定理 2.1.1 设 $\boldsymbol{A}$ 为一个非零的 $m \times n$ 矩阵，则

(1) 在适当的初等行变换下 $\boldsymbol{A}$ 能化为如下的行阶梯形

$$\begin{pmatrix}0&\cdots&0&b_{1i_1}&\cdots&*&*&\cdots&*&*&\cdots&*\\0&\cdots&0&0&\cdots&0&b_{2i_2}&\cdots&*&*&\cdots&*\\\vdots&&\vdots&\vdots&&\vdots&\vdots&&\vdots&\vdots&&\vdots\\0&\cdots&0&0&\cdots&0&0&\cdots&0&b_{ri_r}&\cdots&*\\0&\cdots&0&0&\cdots&0&0&\cdots&0&0&\cdots&0\\\vdots&&\vdots&\vdots&&\vdots&\vdots&&\vdots&\vdots&&\vdots\\0&\cdots&0&0&\cdots&0&0&\cdots&0&0&\cdots&0\end{pmatrix},$$

其中 $b_{ji_j} \neq 0, j = 1, 2, \cdots, r$.

(2) 在适当的初等行变换下 $\boldsymbol{A}$ 能进一步化为如下的行最简形

$$\begin{pmatrix}0&\cdots&0&1&\cdots&*&0&\cdots&*&0&\cdots&*\\0&\cdots&0&0&\cdots&0&1&\cdots&*&0&\cdots&*\\\vdots&&\vdots&\vdots&&\vdots&\vdots&&\vdots&\vdots&&\vdots\\0&\cdots&0&0&\cdots&0&0&\cdots&0&1&\cdots&*\\0&\cdots&0&0&\cdots&0&0&\cdots&0&0&\cdots&0\\\vdots&&\vdots&\vdots&&\vdots&\vdots&&\vdots&\vdots&&\vdots\\0&\cdots&0&0&\cdots&0&0&\cdots&0&0&\cdots&0\end{pmatrix},$$

即每个非零行（如果矩阵的某一行所有元素都是零，则称其为矩阵的零行，否则称其为矩阵的非零行）的第一个非零元素都是 1，而且这些 1 所在列的其余元素都是 0 的行阶梯形矩阵，其中 1 的个数为 (1) 中的 r.

(3) 再在适当的初等列变换下，$\boldsymbol{A}$ 能进一步化为如下的标准形

$$\begin{pmatrix} 1 & 0 & \cdots & 0 & 0 & \cdots & 0 \\ 0 & 1 & \cdots & 0 & 0 & \cdots & 0 \\ \vdots & \vdots & & \vdots & \vdots & & \vdots \\ 0 & 0 & \cdots & 1 & 0 & \cdots & 0 \\ 0 & 0 & \cdots & 0 & 0 & \cdots & 0 \\ \vdots & \vdots & & \vdots & \vdots & & \vdots \\ 0 & 0 & \cdots & 0 & 0 & \cdots & 0 \end{pmatrix},$$

其中 1 的个数为 (1) 中的 r.

定理的证明参见参考文献 [1]. 对零矩阵做初等变换不会有任何改变，所以零矩阵的行阶梯形、行最简形和标准形都是它自身.

例 2.1.1 将矩阵 $\boldsymbol{A}$ 分别化成行阶梯形、行最简形和标准形，其中

$$\boldsymbol{A}=\begin{pmatrix} 1 & -2 & 3 & -1 & 1 \\ 2 & -3 & 2 & -2 & 1 \\ 3 & -4 & 1 & -3 & 5 \end{pmatrix}.$$

解 对 $\boldsymbol{A}$ 进行初等行变换将其化成行阶梯形

$$\boldsymbol{A}=\begin{pmatrix} 1 & -2 & 3 & -1 & 1 \\ 2 & -3 & 2 & -2 & 1 \\ 3 & -4 & 1 & -3 & 5 \end{pmatrix} \longrightarrow \begin{pmatrix} 1 & -2 & 3 & -1 & 1 \\ 0 & 1 & -4 & 0 & -1 \\ 0 & 2 & -8 & 0 & 2 \end{pmatrix}$$

$$\longrightarrow \begin{pmatrix} 1 & -2 & 3 & -1 & 1 \\ 0 & 1 & -4 & 0 & -1 \\ 0 & 0 & 0 & 0 & 4 \end{pmatrix}.$$

再对 $\boldsymbol{A}$ 进行初等行变换进一步将其化成行最简形

$$\boldsymbol{A} \longrightarrow \begin{pmatrix} 1 & -2 & 3 & -1 & 1 \\ 0 & 1 & -4 & 0 & -1 \\ 0 & 0 & 0 & 0 & 1 \end{pmatrix} \longrightarrow \begin{pmatrix} 1 & -2 & 3 & -1 & 0 \\ 0 & 1 & -4 & 0 & 0 \\ 0 & 0 & 0 & 0 & 1 \end{pmatrix}$$

$$\longrightarrow \begin{pmatrix} 1 & 0 & -5 & -1 & 0 \\ 0 & 1 & -4 & 0 & 0 \\ 0 & 0 & 0 & 0 & 1 \end{pmatrix}.$$

再对 $\boldsymbol{A}$ 进行初等列变换将其化成标准形

$$\boldsymbol{A} \longrightarrow \begin{pmatrix} 1 & 0 & 0 & -5 & -1 \\ 0 & 1 & 0 & -4 & 0 \\ 0 & 0 & 1 & 0 & 0 \end{pmatrix} \longrightarrow \begin{pmatrix} 1 & 0 & 0 & 0 & 0 \\ 0 & 1 & 0 & -4 & 0 \\ 0 & 0 & 1 & 0 & 0 \end{pmatrix}$$

$$\longrightarrow \begin{pmatrix} 1 & 0 & 0 & 0 & 0 \\ 0 & 1 & 0 & 0 & 0 \\ 0 & 0 & 1 & 0 & 0 \end{pmatrix}.$$

练习 2.1

1. 将下面的矩阵分别化成行阶梯形、行最简形和标准形.

$$(1) \begin{pmatrix} 1 & 2 & 0 & 3 \\ -1 & -1 & -2 & 1 \\ 3 & 4 & 4 & 1 \end{pmatrix}; \qquad (2) \begin{pmatrix} 3 & 3 & 6 & -1 & 0 \\ 2 & 2 & 4 & -2 & 0 \\ 3 & 0 & 6 & -1 & 1 \\ 2 & -1 & 4 & 2 & 1 \end{pmatrix}.$$

2.2 矩阵的运算

正如我们在初学数学时用数的运算来描述事物数量的变化，对于矩阵这个新的重要的数学对象，也需要引入相应的运算来用其描述矩阵的初等变换，进而描述方程组的变化.

2.2.1 线性运算

定义 2.2.1 设 $\boldsymbol{A}=(a_{ij})_{m\times n}, \boldsymbol{B}=(b_{ij})_{m\times n}$，称 $(a_{ij}+b_{ij})_{m\times n}$ 为 $\boldsymbol{A}$ 与 $\boldsymbol{B}$ 的和，记为 $\boldsymbol{A}+\boldsymbol{B}$.

称 $(-a_{ij})_{m\times n}$ 为 $\boldsymbol{A}=(a_{ij})_{m\times n}$ 的 **负矩阵**，记为 $-\boldsymbol{A}$. 由此可规定 $\boldsymbol{A}-\boldsymbol{B}$ 的意义是 $\boldsymbol{A}+(-\boldsymbol{B})$. 于是就有了矩阵的减法.

例如

$$\begin{pmatrix} 1 & 3 & -4 \\ 0 & -2 & 1 \end{pmatrix} + \begin{pmatrix} 2 & 1 & 2 \\ 6 & 4 & 8 \end{pmatrix} = \begin{pmatrix} 3 & 4 & -2 \\ 6 & 2 & 9 \end{pmatrix},$$

$$\begin{pmatrix} 1 & 3 \\ 0 & -2 \\ 2 & 6 \end{pmatrix} - \begin{pmatrix} 5 & 3 \\ 0 & -1 \\ -1 & -2 \end{pmatrix} = \begin{pmatrix} -4 & 0 \\ 0 & -1 \\ 3 & 8 \end{pmatrix}.$$

容易验证矩阵加法运算满足下列运算规则：

(1) 交换律 $\boldsymbol{A}+\boldsymbol{B}=\boldsymbol{B}+\boldsymbol{A}$; (2) 结合律 $(\boldsymbol{A}+\boldsymbol{B})+\boldsymbol{C}=\boldsymbol{A}+(\boldsymbol{B}+\boldsymbol{C})$.

定义 2.2.2 设 $\boldsymbol{A}=(a_{ij})_{m\times n}$，称 $(\lambda a_{ij})_{m\times n}$ 为数 λ 与矩阵 $\boldsymbol{A}$ 的乘积，记为 $\lambda\boldsymbol{A}$.

规定 $\boldsymbol{A}\lambda$ 与 $\lambda\boldsymbol{A}$ 相等.

例如 $3\begin{pmatrix} 1 & 3 \\ 0 & -2 \end{pmatrix} = \begin{pmatrix} 1 & 3 \\ 0 & -2 \end{pmatrix}3 = \begin{pmatrix} 3 & 9 \\ 0 & -6 \end{pmatrix}$.

矩阵的加法与数乘运算统称为矩阵的线性运算. 易证下列规则成立

(1) $(\lambda\mu)\boldsymbol{A} = \lambda(\mu\boldsymbol{A})$; (2) $\lambda(\boldsymbol{A}+\boldsymbol{B}) = \lambda\boldsymbol{A}+\lambda\boldsymbol{B}$;

(3) $(\lambda+\mu)\boldsymbol{A} = \lambda\boldsymbol{A}+\mu\boldsymbol{A}$; (4) $1\boldsymbol{A} = \boldsymbol{A}$.

称 (i,j) 位置是 1, 其余位置都是 0 的矩阵为矩阵单位，通常用 $\boldsymbol{E}_{ij}$ 来表示. 其行数和列数通常可由上下文得知. 一个矩阵总可以用矩阵单位的线性运算来表示. 一般地，设 $\boldsymbol{A} = (a_{ij})_{m\times n}$, 则有

$$\boldsymbol{A} = \sum_{i=1}^{m}\sum_{j=1}^{n} a_{ij}\boldsymbol{E}_{ij}.$$

2.2.2 乘法运算

为了定义矩阵的乘法，我们来看这样一个例子：有一组变量 $x_1,\cdots,x_n$, 令

$$\begin{cases} y_1 = b_{11}x_1 + b_{12}x_2 + \cdots + b_{1n}x_n, \\ y_2 = b_{21}x_1 + b_{22}x_2 + \cdots + b_{2n}x_n, \\ \cdots\ \cdots\ \cdots\ \cdots \\ y_s = b_{s1}x_1 + b_{s2}x_2 + \cdots + b_{sn}x_n, \end{cases} \tag{2.1}$$

则得到一组新的变量 $y_1,\cdots,y_s$. 再令

$$\begin{cases} z_1 = a_{11}y_1 + a_{12}y_2 + \cdots + a_{1s}y_s, \\ z_2 = a_{21}y_1 + a_{22}y_2 + \cdots + a_{2s}y_s, \\ \cdots\ \cdots\ \cdots\ \cdots \\ z_m = a_{m1}y_1 + a_{m2}y_2 + \cdots + a_{ms}y_s, \end{cases} \tag{2.2}$$

又得到一组新的变量 $z_1,\cdots,z_m$. 显然 $z_1,\cdots,z_m$ 可以看成由 $x_1,\cdots,x_n$ 得到. 将式 (2.1) 代入式 (2.2) 得

$$\begin{cases} z_1 = c_{11}x_1 + c_{12}x_2 + \cdots + c_{1n}x_n, \\ z_2 = c_{21}x_1 + c_{22}x_2 + \cdots + c_{2n}x_n, \\ \cdots\ \cdots\ \cdots\ \cdots \\ z_m = c_{m1}x_1 + c_{m2}x_2 + \cdots + c_{mn}x_n, \end{cases} \tag{2.3}$$

其中

$$c_{ij} = a_{i1}b_{1j} + a_{i2}b_{2j} + \cdots + a_{is}b_{sj}, 1 \leqslant i \leqslant m, 1 \leqslant j \leqslant n.$$

我们类似定义矩阵的乘法.

定义 2.2.3 设 $\boldsymbol{A} = (a_{ij})_{m\times s}, \boldsymbol{B} = (b_{ij})_{s\times n}$, 称 $\boldsymbol{C} = (c_{ij})_{m\times n}$ 为 $\boldsymbol{A}$ 与 $\boldsymbol{B}$ 的乘积，记作 $\boldsymbol{C} = \boldsymbol{AB}$, 其中

$$c_{ij} = a_{i1}b_{1j} + a_{i2}b_{2j} + \cdots + a_{is}b_{sj} = \sum_{k=1}^{s} a_{ik}b_{kj}, 1 \leqslant i \leqslant m, 1 \leqslant j \leqslant n.$$

显然，只有 $\boldsymbol{A}$ 的列数与 $\boldsymbol{B}$ 的行数相等时 $\boldsymbol{AB}$ 才有意义，且乘积 $\boldsymbol{AB}$ 的 (i,j) 位置元素恰为 $\boldsymbol{A}$ 的第 i 行各元素与 $\boldsymbol{B}$ 的第 j 列对应元素乘积之和.

若记 $\boldsymbol{x}=\begin{pmatrix}x_1\\ \vdots\\ x_n\end{pmatrix}$, $\boldsymbol{y}=\begin{pmatrix}y_1\\ \vdots\\ y_s\end{pmatrix}$, $\boldsymbol{z}=\begin{pmatrix}z_1\\ \vdots\\ z_m\end{pmatrix}$, 上面的变换 (2.1), (2.2) 和 (2.3) 就可分别表示为

$$\boldsymbol{y}=\boldsymbol{Bx},\ \boldsymbol{z}=\boldsymbol{Ay},\ \boldsymbol{z}=\boldsymbol{Cx}=(\boldsymbol{AB})\boldsymbol{x}.$$

例 2.2.1 设

$$\boldsymbol{A}=\begin{pmatrix}0&-3&4\\-1&2&-2\end{pmatrix},\quad \boldsymbol{B}=\begin{pmatrix}2&5\\0&2\\-3&1\end{pmatrix},$$

求 $\boldsymbol{AB}$ 与 $\boldsymbol{BA}$.

解 按乘积定义得

$$\boldsymbol{AB}=\begin{pmatrix}0\times2+(-3)\times0+4\times(-3) & 0\times5+(-3)\times2+4\times1\\ (-1)\times2+2\times0+(-2)\times(-3) & (-1)\times5+2\times2+(-2)\times1\end{pmatrix}$$

$$=\begin{pmatrix}-12&-2\\4&-3\end{pmatrix},$$

$$\boldsymbol{BA}=\begin{pmatrix}-5&4&-2\\-2&4&-4\\-1&11&-14\end{pmatrix}.$$

矩阵的乘法运算满足下面的运算规则 (假设下列运算都可行，λ 是数)：

(1) $(\boldsymbol{AB})\boldsymbol{C}=\boldsymbol{A}(\boldsymbol{BC})$; (2) $(\boldsymbol{A}+\boldsymbol{B})\boldsymbol{C}=\boldsymbol{AC}+\boldsymbol{BC}$;

(3) $\boldsymbol{C}(\boldsymbol{A}+\boldsymbol{B})=\boldsymbol{CA}+\boldsymbol{CB}$; (4) $\lambda(\boldsymbol{AB})=(\lambda\boldsymbol{A})\boldsymbol{B}=\boldsymbol{A}(\lambda\boldsymbol{B})$.

称主对角线上元素全为 1, 其余元素全为 0 的对角矩阵，为 **单位矩阵**，记作 $\boldsymbol{E}$. 如果它是 n 阶矩阵，也记其为 $\boldsymbol{E}_n$. 如果 $\boldsymbol{B}$ 是一个任意的 $m\times n$ 矩阵，则 $\boldsymbol{E}_m\boldsymbol{B}=\boldsymbol{BE}_n=\boldsymbol{B}$.

矩阵的乘法一般不满足交换律. 但如果有两个矩阵 $\boldsymbol{A},\boldsymbol{B}$ 满足 $\boldsymbol{AB}=\boldsymbol{BA}$, 则称它们是可交换的. 对任意的数 a, 称 $a\boldsymbol{E}=\mathrm{diag}(a,\cdots,a)$ 为 **数量阵**. 设 $\boldsymbol{A}$ 为 n 阶方阵，则 $\boldsymbol{A}(a\boldsymbol{E})=(a\boldsymbol{E})\boldsymbol{A}=a\boldsymbol{A}$, 即数量阵与同阶方阵均可交换.

当 $\boldsymbol{A}$ 为方阵时，我们定义 $\boldsymbol{A}^k$ 为 k 个 $\boldsymbol{A}$ 的连乘积，即

$$\boldsymbol{A}^k=\underbrace{\boldsymbol{AA}\cdots\boldsymbol{AA}}_{k}.$$

规定 $\boldsymbol{A}^0=\boldsymbol{E}$. 显然当 s,t 为非负整数时有

$$\boldsymbol{A}^s\boldsymbol{A}^t=\boldsymbol{A}^{s+t},\qquad (\boldsymbol{A}^s)^t=\boldsymbol{A}^{st}.$$

由方阵的幂可以定义一个方阵的多项式. 设 $f(x)=a_mx^m+a_{m-1}x^{m-1}+\cdots+a_1x+a_0$, $\boldsymbol{A}$ 为 n 阶方阵，称

$$a_m\boldsymbol{A}^m+a_{m-1}\boldsymbol{A}^{m-1}+\cdots+a_1\boldsymbol{A}+a_0\boldsymbol{E}_n$$

为 $\boldsymbol{A}$ 的多项式，记作 $f(\boldsymbol{A})$.

例 2.2.2 设

$$\boldsymbol{A}=(a_1\quad a_2\quad\cdots\quad a_n),\qquad \boldsymbol{B}=\begin{pmatrix}b_1\\b_2\\\vdots\\b_n\end{pmatrix},$$

求 $(\boldsymbol{AB})^k$ 与 $(\boldsymbol{BA})^k$, k 为正整数.

解 由已知易得

$$\begin{aligned}
\boldsymbol{AB}&=a_1b_1+a_2b_2+\cdots+a_nb_n,\\
(\boldsymbol{AB})^k&=(a_1b_1+a_2b_2+\cdots+a_nb_n)^k,\\
\boldsymbol{BA}&=\begin{pmatrix}b_1a_1&b_1a_2&\cdots&b_1a_n\\b_2a_1&b_2a_2&\cdots&b_2a_n\\\vdots&\vdots&&\vdots\\b_na_1&b_na_2&\cdots&b_na_n\end{pmatrix},\\
(\boldsymbol{BA})^k&=\underbrace{(\boldsymbol{BA})(\boldsymbol{BA})\cdots(\boldsymbol{BA})}_{k}=\boldsymbol{B}\underbrace{(\boldsymbol{AB})(\boldsymbol{AB})\cdots(\boldsymbol{AB})}_{k-1}\boldsymbol{A}\\
&=\boldsymbol{B}(\boldsymbol{AB})^{k-1}\boldsymbol{A}=(\boldsymbol{AB})^{k-1}(\boldsymbol{BA})\\
&=(a_1b_1+a_2b_2+\cdots+a_nb_n)^{k-1}\begin{pmatrix}b_1a_1&b_1a_2&\cdots&b_1a_n\\b_2a_1&b_2a_2&\cdots&b_2a_n\\\vdots&\vdots&&\vdots\\b_na_1&b_na_2&\cdots&b_na_n\end{pmatrix}.
\end{aligned}$$

例 2.2.3 设 $\boldsymbol{A}=\begin{pmatrix}1&2\\2&1\end{pmatrix}$, $f(x)=2x^2+3x-4$, 求 $f(\boldsymbol{A})$.

解

$$\begin{aligned}
f(\boldsymbol{A})&=2\boldsymbol{A}^2+3\boldsymbol{A}-4\boldsymbol{E}_2\\
&=2\begin{pmatrix}1&2\\2&1\end{pmatrix}^2+3\begin{pmatrix}1&2\\2&1\end{pmatrix}-4\begin{pmatrix}1&0\\0&1\end{pmatrix}=\begin{pmatrix}9&14\\14&9\end{pmatrix}.
\end{aligned}$$

2.2.3 矩阵的转置

定义 2.2.4 设 $\boldsymbol{A}=\begin{pmatrix} a_{11} & a_{12} & \cdots & a_{1n} \\ a_{21} & a_{22} & \cdots & a_{2n} \\ \vdots & \vdots & & \vdots \\ a_{m1} & a_{m2} & \cdots & a_{mn} \end{pmatrix}$，称 $\begin{pmatrix} a_{11} & a_{21} & \cdots & a_{m1} \\ a_{12} & a_{22} & \cdots & a_{m2} \\ \vdots & \vdots & & \vdots \\ a_{1n} & a_{2n} & \cdots & a_{mn} \end{pmatrix}$ 为 $\boldsymbol{A}$ 的转置矩阵，记作 $\boldsymbol{A}^{\mathrm{T}}$(或$\boldsymbol{A}'$).

$\boldsymbol{A}$ 的 (i,j) 位置的元素正是 $\boldsymbol{A}^{\mathrm{T}}$ 的 (j,i) 位置的元素. 例如

$$\begin{pmatrix} 3 & 0 & 1 \\ -1 & 2 & -5 \end{pmatrix}^{\mathrm{T}}=\begin{pmatrix} 3 & -1 \\ 0 & 2 \\ 1 & -5 \end{pmatrix}.$$

易证，矩阵的转置适合以下运算规则：

(1) $(\boldsymbol{A}^{\mathrm{T}})^{\mathrm{T}}=\boldsymbol{A}$; (2) $(\boldsymbol{A}+\boldsymbol{B})^{\mathrm{T}}=\boldsymbol{A}^{\mathrm{T}}+\boldsymbol{B}^{\mathrm{T}}$;

(3) $(\boldsymbol{A}\boldsymbol{B})^{\mathrm{T}}=\boldsymbol{B}^{\mathrm{T}}\boldsymbol{A}^{\mathrm{T}}$; (4) $(\lambda\boldsymbol{A})^{\mathrm{T}}=\lambda\boldsymbol{A}^{\mathrm{T}}$.

特别地，如果 $\boldsymbol{A}^{\mathrm{T}}=\boldsymbol{A}$, 则称 $\boldsymbol{A}$ 为 **对称矩阵**，简称对称阵，如果 $\boldsymbol{A}^{\mathrm{T}}=-\boldsymbol{A}$, 则称 $\boldsymbol{A}$ 为 **反对称矩阵**，简称反对称阵. 例如，若

$$B=\begin{pmatrix} 3 & 0 & 1 \\ 0 & 2 & -5 \\ 1 & -5 & 7 \end{pmatrix}, C=\begin{pmatrix} 0 & 1 & -2 \\ -1 & 0 & -5 \\ 2 & 5 & 0 \end{pmatrix},$$

则 B 是一个 3 阶对称阵， C 是一个 3 阶反对称阵.

2.2.4 方阵的行列式

由于行列式都是行数和列数相同的，所以行列式可以看成是方阵的函数，这种函数是否保持上面的各种运算呢？设 $\boldsymbol{A}$ 为 n 阶方阵，由行列式的性质得

(1) $|\boldsymbol{A}^{\mathrm{T}}|=|\boldsymbol{A}|$; (2) 设 λ 是任意数，则 $|\lambda\boldsymbol{A}|=\lambda^n|\boldsymbol{A}|$.

对于矩阵的加法，我们发现对随意写的两个同阶方阵 $\boldsymbol{A}$ 和 $\boldsymbol{B}$ 几乎都有 $|\boldsymbol{A}+\boldsymbol{B}|\neq|\boldsymbol{A}|+|\boldsymbol{B}|$. 当然也有特例，

$$\left|\begin{pmatrix} a & 0 \\ 0 & b \end{pmatrix}+\begin{pmatrix} 0 & 2 \\ 0 & 0 \end{pmatrix}\right|=ab=\left|\begin{pmatrix} a & 0 \\ 0 & b \end{pmatrix}\right|+\left|\begin{pmatrix} 0 & 2 \\ 0 & 0 \end{pmatrix}\right|.$$

对于矩阵的乘法，我们可以证明对任意两个同阶方阵 $\boldsymbol{A}$ 和 $\boldsymbol{B}$ 都有

(3) $|\boldsymbol{A}\boldsymbol{B}|=|\boldsymbol{A}||\boldsymbol{B}|$(证明参见参考文献 [1]).

例 2.2.4 设 n 阶阵 $\boldsymbol{A}$ 满足条件 $\boldsymbol{A}^{\mathrm{T}}\boldsymbol{A}=\boldsymbol{E}$ 及 $|\boldsymbol{A}|\neq 1$, 试证 $|\boldsymbol{A}+\boldsymbol{E}|=0$.

证明 由于

$|\boldsymbol{A}+\boldsymbol{E}|=|\boldsymbol{A}+\boldsymbol{A}^{\mathrm{T}}\boldsymbol{A}|=|(\boldsymbol{E}+\boldsymbol{A}^{\mathrm{T}})\boldsymbol{A}|=|\boldsymbol{E}+\boldsymbol{A}^{\mathrm{T}}||\boldsymbol{A}|=|(\boldsymbol{E}+\boldsymbol{A})^{\mathrm{T}}||\boldsymbol{A}|=|\boldsymbol{E}+A||\boldsymbol{A}|$，故 $|\boldsymbol{E}+\boldsymbol{A}|(1-|\boldsymbol{A}|)=0$. 于是，由 $|\boldsymbol{A}|\neq 1$ 知 $|\boldsymbol{E}+\boldsymbol{A}|=0$.

例 2.2.5 设 $\boldsymbol{A}=(a_{ij})_{n\times n}$, 称

$$\boldsymbol{A}^*=\begin{pmatrix}\boldsymbol{A}_{11} & \boldsymbol{A}_{21} & \cdots & \boldsymbol{A}_{n1}\\ \boldsymbol{A}_{12} & \boldsymbol{A}_{22} & \cdots & \boldsymbol{A}_{n2}\\ \vdots & \vdots & & \vdots\\ \boldsymbol{A}_{1n} & \boldsymbol{A}_{2n} & \cdots & \boldsymbol{A}_{nn}\end{pmatrix}$$

为 $\boldsymbol{A}$ 的伴随矩阵，其中 $\boldsymbol{A}_{ij}$ 为 $|\boldsymbol{A}|$ 的 (i,j) 位置的代数余子式， $1\leqslant i,j\leqslant n$. 证明

(1) $\boldsymbol{A}\boldsymbol{A}^*=\boldsymbol{A}^*\boldsymbol{A}=|\boldsymbol{A}|\boldsymbol{E}$;

(2) $|\boldsymbol{A}|\neq 0$ 时， $|\boldsymbol{A}^*|=|\boldsymbol{A}|^{n-1}$.

证明 (1) 记 $\boldsymbol{A}\boldsymbol{A}^*=(b_{ij})_{n\times n}$, 则

$$b_{ij}=a_{i1}\boldsymbol{A}_{j1}+a_{i2}\boldsymbol{A}_{j2}+\cdots+a_{in}\boldsymbol{A}_{jn}=\begin{cases}|\boldsymbol{A}| & i=j,\\ 0 & i\neq j,\end{cases}$$

于是 $\boldsymbol{A}\boldsymbol{A}^*=|\boldsymbol{A}|\boldsymbol{E}$. 类似可证 $\boldsymbol{A}^*\boldsymbol{A}=|\boldsymbol{A}|\boldsymbol{E}$.

(2) 由 (1) 知 $\boldsymbol{A}\boldsymbol{A}^*=|\boldsymbol{A}|\boldsymbol{E}$, 故 $|\boldsymbol{A}\boldsymbol{A}^*|=||\boldsymbol{A}|\boldsymbol{E}|$. 于是 $|\boldsymbol{A}|\,|\boldsymbol{A}^*|=|\boldsymbol{A}|^n|\boldsymbol{E}|=|\boldsymbol{A}|^n$, 又 $|\boldsymbol{A}|\neq 0$, 所以 $|\boldsymbol{A}^*|=|\boldsymbol{A}|^{n-1}$.

练习 2.2

1. 判断下列叙述正确与否，正确的说明理由，错误的举出反例.

(1) 对数 λ 及矩阵 $\boldsymbol{A}$, 若 $\lambda\boldsymbol{A}=\boldsymbol{O}$, 则 $\lambda=0$ 或 $\boldsymbol{A}=\boldsymbol{O}$;

(2) 如果矩阵等式 $\boldsymbol{AB}=\boldsymbol{AC}$ 成立且 $\boldsymbol{A}\neq\boldsymbol{O}$, 则必有 $\boldsymbol{B}=\boldsymbol{C}$;

(3) 设 $\boldsymbol{A}^2=\boldsymbol{O}$, 则 $\boldsymbol{A}=\boldsymbol{O}$;

(4) 设 $\boldsymbol{A},\boldsymbol{B}$ 均为 n 阶方阵，则 $\boldsymbol{A}^2-\boldsymbol{B}^2=(\boldsymbol{A}+\boldsymbol{B})(\boldsymbol{A}-\boldsymbol{B})$, $(\boldsymbol{A}-\boldsymbol{B})^2=\boldsymbol{A}^2-2\boldsymbol{AB}+\boldsymbol{B}^2$;

(5) 设 $\boldsymbol{A}$ 为 n 阶方阵，则 $\boldsymbol{A}^2-\boldsymbol{E}=(\boldsymbol{A}+\boldsymbol{E})(\boldsymbol{A}-\boldsymbol{E})$;

(6) 设 $\boldsymbol{A},\boldsymbol{B}$ 为同阶方阵，且 $\boldsymbol{AB}=\boldsymbol{B}$, 则 $|\boldsymbol{A}|=1$;

(7) 设 $\boldsymbol{A}$ 为 n 阶方阵，则 $|2\boldsymbol{A}|=2|\boldsymbol{A}|$;

(8) $|\boldsymbol{AB}|=|\boldsymbol{A}||\boldsymbol{B}|$;

(9) 设 $\boldsymbol{A},\boldsymbol{B}$ 为同阶方阵，则 $|\boldsymbol{AB}|=|\boldsymbol{A}||\boldsymbol{B}|$;

(10) 设 $\boldsymbol{A}=(a_1\quad a_2\quad a_3)$, $\boldsymbol{B}=\begin{pmatrix}b_1\\ b_2\\ b_3\end{pmatrix}$, 且 $\boldsymbol{AB}=0$, 则 $\boldsymbol{A}=\boldsymbol{O}$ 或 $\boldsymbol{B}=\boldsymbol{O}$;

(11) 设 $\boldsymbol{A}=(a_1\quad a_2\quad a_3)$, $\boldsymbol{B}=\begin{pmatrix}b_1\\ b_2\\ b_3\end{pmatrix}$, 且 $\boldsymbol{BA}=\boldsymbol{O}$, 则 $\boldsymbol{A}=\boldsymbol{O}$ 或 $\boldsymbol{B}=\boldsymbol{O}$.

2. 计算

(1) $\begin{pmatrix}1&2\\3&4\\5&6\end{pmatrix}\begin{pmatrix}1&0&1\\7&5&8\end{pmatrix}$;　　(2) $\begin{pmatrix}1\\2\\3\end{pmatrix}^{\mathrm{T}}\begin{pmatrix}1&0&6\\3&2&5\\2&4&8\end{pmatrix}^{\mathrm{T}}$.

3. 设 $\boldsymbol{A}=(2\quad 5\quad 9)$, $\boldsymbol{B}=\begin{pmatrix}3\\1\\3\end{pmatrix}$, 求 $\boldsymbol{AB}$, $\boldsymbol{BA}$, $(\boldsymbol{AB})^5$ 和 $(\boldsymbol{BA})^5$.

4. 设 $\boldsymbol{A}=\begin{pmatrix}1&2&3\\0&4&5\\0&0&6\end{pmatrix}$, $\boldsymbol{B}=\begin{pmatrix}1&3&9\\6&4&2\\1&1&8\end{pmatrix}$, $\boldsymbol{C}=\begin{pmatrix}2&2&2\\0&3&8\\0&0&5\end{pmatrix}$, 求 $\boldsymbol{A}+\boldsymbol{B}$, $3\boldsymbol{B}$, $\boldsymbol{AC}$.

5. 设 $f(x)=2x^3-3x^2+x-4$, $\boldsymbol{A}=\begin{pmatrix}1&1\\2&3\end{pmatrix}$, 求 $f(\boldsymbol{A})$.

2.3　逆矩阵

在数的运算中，当 $a\neq 0$ 时， a 的倒数 $\dfrac{1}{a}$ 满足 $a\cdot\dfrac{1}{a}=\dfrac{1}{a}\cdot a=1$. 我们类似定义逆矩阵.

定义 2.3.1　设 $\boldsymbol{A}$ 为 n 阶方阵，如果存在矩阵 $\boldsymbol{B}$ 使得 $\boldsymbol{AB}=\boldsymbol{BA}=\boldsymbol{E}$, 则称 $\boldsymbol{A}$ 是可逆的，且称 $\boldsymbol{B}$ 为 $\boldsymbol{A}$ 的逆矩阵.

这样，上面的 $\dfrac{1}{a}$ 就是一阶方阵 $a(a\neq 0)$ 的逆矩阵. 显然一阶方阵 a 可逆的充要条件是 $a\neq 0$, 且 a 可逆时有唯一的逆矩阵 $\dfrac{1}{a}$. 那么，对于一般的 n 阶方阵 $\boldsymbol{A}$ 来说，它何时可逆？可逆时它的逆矩阵是否唯一呢？

定理 2.3.1　设 $\boldsymbol{A}$ 为 n 阶方阵，则 $\boldsymbol{A}$ 可逆的充要条件是 $|\boldsymbol{A}|\neq 0$.

证明　必要性　若 $\boldsymbol{A}$ 可逆，则存在矩阵 $\boldsymbol{B}$ 使得 $\boldsymbol{AB}=\boldsymbol{E}$. 两边取行列式得 $|\boldsymbol{A}||\boldsymbol{B}|=|\boldsymbol{E}|=1$, 所以 $|\boldsymbol{A}|\neq 0$.

充分性　设 $\boldsymbol{A}^*$ 为 $\boldsymbol{A}$ 的伴随矩阵，由例 2.2.5 知 $\boldsymbol{AA}^*=\boldsymbol{A}^*\boldsymbol{A}=|\boldsymbol{A}|\boldsymbol{E}$. 若 $|\boldsymbol{A}|\neq 0$, 则 $\boldsymbol{A}\left(\dfrac{1}{|\boldsymbol{A}|}\boldsymbol{A}^*\right)=\left(\dfrac{1}{|\boldsymbol{A}|}\boldsymbol{A}^*\right)\boldsymbol{A}=\boldsymbol{E}$, 所以 $\boldsymbol{A}$ 可逆.

若矩阵 $\boldsymbol{A}$ 可逆，且 $\boldsymbol{B}$ 与 $\boldsymbol{C}$ 都是 $\boldsymbol{A}$ 的逆矩阵，则

$$\boldsymbol{AB}=\boldsymbol{BA}=\boldsymbol{E},\quad \boldsymbol{AC}=\boldsymbol{CA}=\boldsymbol{E},$$

于是

$$\boldsymbol{B}=\boldsymbol{BE}=\boldsymbol{B}(\boldsymbol{AC})=(\boldsymbol{BA})\boldsymbol{C}=\boldsymbol{EC}=\boldsymbol{C},$$

即 $\boldsymbol{A}$ 的逆矩阵是唯一的. 我们把可逆矩阵 $\boldsymbol{A}$ 的唯一的逆矩阵记作 $\boldsymbol{A}^{-1}$.

由上面定理的证明可得

推论 2.3.1 设 $\boldsymbol{A}$ 为 n 阶阵，如果 $|\boldsymbol{A}| \neq 0$, 则 $\boldsymbol{A}^{-1} = \dfrac{1}{|\boldsymbol{A}|}\boldsymbol{A}^*$.

推论 2.3.2 设 $\boldsymbol{A}$ 为 n 阶阵, 则 $\boldsymbol{A}$ 可逆的充要条件是存在矩阵 $\boldsymbol{B}$ 使得 $\boldsymbol{AB} = \boldsymbol{E}$ (或$\boldsymbol{BA} = \boldsymbol{E}$), 此时 $\boldsymbol{A}^{-1} = \boldsymbol{B}$.

证明 必要性 显然.

充分性 如果存在矩阵 $\boldsymbol{B}$ 使得 $\boldsymbol{AB} = \boldsymbol{E}$, 那么 $|\boldsymbol{A}||\boldsymbol{B}| = 1$, 所以 $|\boldsymbol{A}| \neq 0$. 由定理 2.3.1 知 $\boldsymbol{A}^{-1}$ 存在，且 $\boldsymbol{A}^{-1} = \boldsymbol{A}^{-1}\boldsymbol{E} = \boldsymbol{A}^{-1}(\boldsymbol{AB}) = (\boldsymbol{A}^{-1}\boldsymbol{A})\boldsymbol{B} = \boldsymbol{EB} = \boldsymbol{B}$. $\boldsymbol{BA} = \boldsymbol{E}$ 时可类似证明.

例 2.3.1 判断下列矩阵是否可逆，如果可逆求出其逆矩阵.

$$(1)\ \boldsymbol{A} = \begin{pmatrix} 2 & 2 & 3 \\ 1 & -1 & 0 \\ -1 & 2 & 1 \end{pmatrix};\qquad (2)\ \boldsymbol{B} = \begin{pmatrix} 1 & -2 & -1 \\ 3 & 2 & 5 \\ 2 & 1 & 3 \end{pmatrix}.$$

解 (1) 由于 $|\boldsymbol{A}| = -1$, 故 $\boldsymbol{A}$ 可逆. 由计算知

$$\boldsymbol{A}_{11} = -1,\ \boldsymbol{A}_{12} = -1,\ \boldsymbol{A}_{13} = 1,$$

$$\boldsymbol{A}_{21} = 4,\ \boldsymbol{A}_{22} = 5,\ \boldsymbol{A}_{23} = -6,$$

$$\boldsymbol{A}_{31} = 3,\ \boldsymbol{A}_{32} = 3,\ \boldsymbol{A}_{33} = -4,$$

所以

$$\boldsymbol{A}^{-1} = \begin{pmatrix} 1 & -4 & -3 \\ 1 & -5 & -3 \\ -1 & 6 & 4 \end{pmatrix}.$$

(2) 因为 $|\boldsymbol{B}| = 0$, 故 $\boldsymbol{B}$ 不可逆.

例 2.3.2 设 n 阶阵 $\boldsymbol{A}$ 满足 $\boldsymbol{A}^2 - 2\boldsymbol{A} - 3\boldsymbol{E} = \boldsymbol{O}$, 判断 $\boldsymbol{A} - 2\boldsymbol{E}$ 和 $\boldsymbol{A} - \boldsymbol{E}$ 是否可逆，可逆时用 $\boldsymbol{A}$ 表示它们的逆矩阵.

解 由 $\boldsymbol{A}^2 - 2\boldsymbol{A} - 3\boldsymbol{E} = \boldsymbol{O}$ 得 $\boldsymbol{A}(\boldsymbol{A} - 2\boldsymbol{E}) = 3\boldsymbol{E}$, 即 $\left(\dfrac{1}{3}\boldsymbol{A}\right)(\boldsymbol{A} - 2\boldsymbol{E}) = \boldsymbol{E}$, 故 $\boldsymbol{A} - 2\boldsymbol{E}$ 可逆，且 $(\boldsymbol{A} - 2\boldsymbol{E})^{-1} = \dfrac{1}{3}\boldsymbol{A}$. 再由 $\boldsymbol{A}^2 - 2\boldsymbol{A} - 3\boldsymbol{E} = \boldsymbol{O}$ 知 $(\boldsymbol{A} - \boldsymbol{E})^2 = 4\boldsymbol{E}$, 故 $\boldsymbol{A} - \boldsymbol{E}$ 也是可逆的，且 $(\boldsymbol{A} - \boldsymbol{E})^{-1} = \dfrac{1}{4}(\boldsymbol{A} - \boldsymbol{E})$.

推论 2.3.3 设 $\boldsymbol{A}$ 和 $\boldsymbol{B}$ 都是 n 阶可逆阵，则 $\boldsymbol{A}^{-1}, \lambda\boldsymbol{A}(\lambda \neq 0), \boldsymbol{A}^{\mathrm{T}}, \boldsymbol{A}^n$ 和 $\boldsymbol{AB}$ 都可逆，且有

(1) $(\boldsymbol{A}^{-1})^{-1} = \boldsymbol{A}$; (2) $(\lambda\boldsymbol{A})^{-1} = \lambda^{-1}\boldsymbol{A}^{-1}$;

(3) $(\boldsymbol{A}^{\mathrm{T}})^{-1} = (\boldsymbol{A}^{-1})^{\mathrm{T}}$; (4) $(\boldsymbol{A}^n)^{-1} = (\boldsymbol{A}^{-1})^n$;

(5) $(\boldsymbol{AB})^{-1} = \boldsymbol{B}^{-1}\boldsymbol{A}^{-1}$; (6) $|\boldsymbol{A}^{-1}| = |\boldsymbol{A}|^{-1}$.

证明　我们只证 (3) 和 (5), 其余的留给读者.

(3) $(\boldsymbol{A}^{\mathrm{T}})(\boldsymbol{A}^{-1})^{\mathrm{T}} = (\boldsymbol{A}^{-1}\boldsymbol{A})^{\mathrm{T}} = \boldsymbol{E}^{\mathrm{T}} = \boldsymbol{E}$.

(5) $(\boldsymbol{AB})(\boldsymbol{B}^{-1}\boldsymbol{A}^{-1}) = \boldsymbol{A}(\boldsymbol{BB}^{-1})\boldsymbol{A}^{-1} = \boldsymbol{AEA}^{-1} = \boldsymbol{AA}^{-1} = \boldsymbol{E}$.

练习 2.3

1. 求如下矩阵的逆矩阵

(1) $\begin{pmatrix} 1 & 2 \\ 3 & 4 \end{pmatrix}$;　(2) $\begin{pmatrix} 1 & 0 & 0 \\ 2 & 1 & 0 \\ -3 & 2 & 1 \end{pmatrix}$;　(3) $\begin{pmatrix} 0 & 0 & 2 \\ 0 & 3 & 0 \\ 4 & 0 & 0 \end{pmatrix}$.

2. 设 $\boldsymbol{A}^{-1}\boldsymbol{BA} = 6\boldsymbol{A} + \boldsymbol{BA}$, $\boldsymbol{A} = \mathrm{diag}(\frac{1}{3}, \frac{1}{4}, \frac{1}{7})$, 求 $\boldsymbol{B}$.

3. 设 $\boldsymbol{A}^k = \boldsymbol{O}$ (k 为一个正整数), 证明

$$(\boldsymbol{E} - \boldsymbol{A})^{-1} = \boldsymbol{E} + \boldsymbol{A} + \boldsymbol{A}^2 + \cdots + \boldsymbol{A}^{k-1}.$$

4. 判断下列叙述正确与否，正确者说明理由，错误者举出反例.

(1) 设 n 阶阵 $\boldsymbol{A}, \boldsymbol{B}, \boldsymbol{C}$ 满足 $\boldsymbol{ABC} = \boldsymbol{E}$, 则 $\boldsymbol{CAB} = \boldsymbol{E}$;

(2) 设 n 阶阵 $\boldsymbol{A}, \boldsymbol{B}, \boldsymbol{C}$ 满足 $\boldsymbol{ABC} = \boldsymbol{E}$, 则 $\boldsymbol{CBA} = \boldsymbol{E}$;

(3) 如果 $\boldsymbol{AB} = \boldsymbol{O}$, 则 $\boldsymbol{A}, \boldsymbol{B}$ 都不可逆;

(4) 设 $\boldsymbol{A}^2 = \boldsymbol{O}$, 则 $\boldsymbol{E} + \boldsymbol{A}$ 可逆.

5. 设方阵 $\boldsymbol{A}$ 满足 $\boldsymbol{A}^2 - \boldsymbol{A} - 2\boldsymbol{E} = \boldsymbol{O}$, 求证 $\boldsymbol{A}$ 及 $\boldsymbol{A} + 3\boldsymbol{E}$ 都可逆，并求 $\boldsymbol{A}^{-1}$ 及 $(\boldsymbol{A} + 3\boldsymbol{E})^{-1}$.

2.4　分块矩阵

在矩阵计算及某些理论问题的讨论中，人们发现把矩阵分割成一些小块来研究可以突出要讨论的重点部分，给出简单的表达方式，特别当矩阵有成块的元素为零的部分时更是如此. 将矩阵分块就是用若干条水平线和竖直线将矩阵分割成小块矩阵. 例如，设

$$\boldsymbol{A} = \begin{pmatrix} 1 & 0 & 1 \\ 0 & 1 & 2 \\ 4 & 0 & 5 \end{pmatrix},$$

则

$$\left(\begin{array}{cc|c} 1 & 0 & 1 \\ 0 & 1 & 2 \\ \hline 4 & 0 & 5 \end{array}\right), \left(\begin{array}{c|cc} 1 & 0 & 1 \\ 0 & 1 & 2 \\ \hline 4 & 0 & 5 \end{array}\right), \left(\begin{array}{c|c|c} 1 & 0 & 1 \\ 0 & 1 & 2 \\ 4 & 0 & 5 \end{array}\right)$$

都是 $\boldsymbol{A}$ 的不同分块方式. 在实际运算中, 可根据运算的阵的情况来选择适当的分块方法. 下面我们来考察分块矩阵的运算. 我们将不加证明地给出一些分块矩阵的运算公式, 感兴趣的读者可以自己去验证.

2.4.1 分块矩阵的加法

设 $\boldsymbol{A},\boldsymbol{B}$ 均为 $m\times n$ 矩阵, 对 $\boldsymbol{A},\boldsymbol{B}$ 采用相同的分块如下:

$$\boldsymbol{A}=\begin{pmatrix}\boldsymbol{A}_{11} & \cdots & \boldsymbol{A}_{1s}\\ \vdots & & \vdots\\ \boldsymbol{A}_{t1} & \cdots & \boldsymbol{A}_{ts}\end{pmatrix},\quad \boldsymbol{B}=\begin{pmatrix}\boldsymbol{B}_{11} & \cdots & \boldsymbol{B}_{1s}\\ \vdots & & \vdots\\ \boldsymbol{B}_{t1} & \cdots & \boldsymbol{B}_{ts}\end{pmatrix},\tag{2.4}$$

则

$$\boldsymbol{A}+\boldsymbol{B}=\begin{pmatrix}\boldsymbol{A}_{11}+\boldsymbol{B}_{11} & \cdots & \boldsymbol{A}_{1s}+\boldsymbol{B}_{1s}\\ \vdots & & \vdots\\ \boldsymbol{A}_{t1}+\boldsymbol{B}_{t1} & \cdots & \boldsymbol{A}_{ts}+\boldsymbol{B}_{ts}\end{pmatrix}.$$

2.4.2 分块矩阵的数乘

设 λ 为任意数, $\boldsymbol{A}$ 同 (2.4) 中的 $\boldsymbol{A}$, 则

$$\lambda\boldsymbol{A}=\begin{pmatrix}\lambda\boldsymbol{A}_{11} & \cdots & \lambda\boldsymbol{A}_{1s}\\ \vdots & & \vdots\\ \lambda\boldsymbol{A}_{t1} & \cdots & \lambda\boldsymbol{A}_{ts}\end{pmatrix}.$$

2.4.3 分块矩阵的乘法

设 $\boldsymbol{A}$ 为 $m\times n$ 矩阵, $\boldsymbol{B}$ 为 $n\times k$ 矩阵, 对 $\boldsymbol{A}$ 和 $\boldsymbol{B}$ 做如下分块

$$\boldsymbol{A}=\begin{array}{c} \begin{matrix} n_1 & \cdots & n_s \end{matrix} \\ \begin{pmatrix}\boldsymbol{A}_{11} & \cdots & \boldsymbol{A}_{1s}\\ \vdots & & \vdots\\ \boldsymbol{A}_{t1} & \cdots & \boldsymbol{A}_{ts}\end{pmatrix}\end{array}\begin{matrix} m_1\\ \vdots\\ m_t\end{matrix},\quad \boldsymbol{B}=\begin{array}{c} \begin{matrix} k_1 & \cdots & k_p \end{matrix} \\ \begin{pmatrix}\boldsymbol{B}_{11} & \cdots & \boldsymbol{B}_{1p}\\ \vdots & & \vdots\\ \boldsymbol{B}_{s1} & \cdots & \boldsymbol{B}_{sp}\end{pmatrix}\end{array}\begin{matrix} n_1\\ \vdots\\ n_s\end{matrix},$$

其中 $m_1+\cdots+m_t=m, n_1+\cdots+n_s=n, k_1+\cdots+k_p=k$, 则

$$\boldsymbol{AB}=\begin{array}{c} \begin{matrix} k_1 & \cdots & k_p \end{matrix} \\ \begin{pmatrix}\boldsymbol{A}_{11}\boldsymbol{B}_{11}+\cdots+\boldsymbol{A}_{1s}\boldsymbol{B}_{s1} & \cdots & \boldsymbol{A}_{11}\boldsymbol{B}_{1p}+\cdots+\boldsymbol{A}_{1s}\boldsymbol{B}_{sp}\\ \vdots & & \vdots\\ \boldsymbol{A}_{t1}\boldsymbol{B}_{11}+\cdots+\boldsymbol{A}_{ts}\boldsymbol{B}_{s1} & \cdots & \boldsymbol{A}_{t1}\boldsymbol{B}_{1p}+\cdots+\boldsymbol{A}_{ts}\boldsymbol{B}_{sp}\end{pmatrix}\end{array}\begin{matrix} m_1\\ \vdots\\ m_t\end{matrix}.$$

例如, 设

$$\boldsymbol{A}=\left(\begin{array}{cc|c}2 & 0 & 3\\ 1 & 5 & 1\\ \hline 0 & 2 & 4\end{array}\right),\quad \boldsymbol{B}=\left(\begin{array}{c|ccc}1 & 2 & 3 & 0\\ 0 & 1 & 0 & 1\\ \hline 1 & 2 & 5 & 2\end{array}\right),$$

按分块乘法有

$$\boldsymbol{AB}=\left(\begin{array}{c|c}\boldsymbol{C}_{11} & \boldsymbol{C}_{12}\\ \hline \boldsymbol{C}_{21} & \boldsymbol{C}_{22}\end{array}\right)=\left(\begin{array}{c|ccc}5 & 10 & 21 & 6\\ 2 & 9 & 8 & 7\\ \hline 4 & 10 & 20 & 10\end{array}\right),$$

其中

$$\begin{aligned}
\boldsymbol{C}_{11}&=\begin{pmatrix}2&0\\1&5\end{pmatrix}\begin{pmatrix}1\\0\end{pmatrix}+\begin{pmatrix}3\\1\end{pmatrix}(1),\\
\boldsymbol{C}_{12}&=\begin{pmatrix}2&0\\1&5\end{pmatrix}\begin{pmatrix}2&3&0\\1&0&1\end{pmatrix}+\begin{pmatrix}3\\1\end{pmatrix}\begin{pmatrix}2&5&2\end{pmatrix},\\
\boldsymbol{C}_{21}&=\begin{pmatrix}0&2\end{pmatrix}\begin{pmatrix}1\\0\end{pmatrix}+4\times 1,\\
\boldsymbol{C}_{22}&=\begin{pmatrix}0&2\end{pmatrix}\begin{pmatrix}2&3&0\\1&0&1\end{pmatrix}+4\begin{pmatrix}2&5&2\end{pmatrix}.
\end{aligned}$$

2.4.4 分块矩阵的转置

按矩阵转置的定义有

$$\begin{pmatrix}\boldsymbol{A}_{11}&\cdots&\boldsymbol{A}_{1s}\\ \vdots&&\vdots\\ \boldsymbol{A}_{t1}&\cdots&\boldsymbol{A}_{ts}\end{pmatrix}^{\mathrm{T}}=\begin{pmatrix}\boldsymbol{A}_{11}{}^{\mathrm{T}}&\cdots&\boldsymbol{A}_{t1}{}^{\mathrm{T}}\\ \vdots&&\vdots\\ \boldsymbol{A}_{1s}{}^{\mathrm{T}}&\cdots&\boldsymbol{A}_{ts}{}^{\mathrm{T}}\end{pmatrix}.$$

2.4.5 准对角阵

如果 $\boldsymbol{A}_1,\cdots,\boldsymbol{A}_s$ 都是方阵 (阶数不一定相同)，则称

$$\boldsymbol{A}=\begin{pmatrix}\boldsymbol{A}_1&&\\&\ddots&\\&&\boldsymbol{A}_s\end{pmatrix}\qquad\text{(空白处均为零矩阵块)}$$

为**准对角阵**，记为 $\mathrm{diag}(\boldsymbol{A}_1,\cdots,\boldsymbol{A}_s)$. 又设 $\boldsymbol{B}=\mathrm{diag}(\boldsymbol{B}_1,\cdots,\boldsymbol{B}_s)$ 与 $\boldsymbol{A}$ 同型且分块方式相同，则有

$$\boldsymbol{A}\pm\boldsymbol{B}=\mathrm{diag}(\boldsymbol{A}_1\pm\boldsymbol{B}_1,\cdots,\boldsymbol{A}_s\pm\boldsymbol{B}_s),$$

$$\boldsymbol{AB}=\mathrm{diag}(\boldsymbol{A}_1\boldsymbol{B}_1,\cdots,\boldsymbol{A}_s\boldsymbol{B}_s),$$
$$\boldsymbol{A}^{\mathrm{T}}=\mathrm{diag}(\boldsymbol{A}_1^{\mathrm{T}},\cdots,\boldsymbol{A}_s^{\mathrm{T}}).$$

当 $\boldsymbol{A}_1,\cdots,\boldsymbol{A}_s$ 均可逆时，$\boldsymbol{A}$ 亦可逆，且

$$\boldsymbol{A}^{-1}=\mathrm{diag}(\boldsymbol{A}_1^{-1},\cdots,\boldsymbol{A}_s^{-1}).$$

例 2.4.1 设 $\boldsymbol{A}$ 为 $m\times n$ 矩阵，且 $\boldsymbol{A}\boldsymbol{x}=\boldsymbol{0}$ 对任意的 $n\times 1$ 矩阵 $\boldsymbol{x}$ 成立，试证 $\boldsymbol{A}=\boldsymbol{O}$.

证明 将 n 阶单位阵 $\boldsymbol{E}$ 按列分块写成 $\boldsymbol{E}=(\boldsymbol{e}_1\ \ \cdots\ \ \boldsymbol{e}_n)$. 由于对任意的 $n\times 1$ 矩阵 $\boldsymbol{x}$ 都有 $\boldsymbol{A}\boldsymbol{x}=\boldsymbol{0}$, 故 $\boldsymbol{A}\boldsymbol{e}_1=\cdots=\boldsymbol{A}\boldsymbol{e}_n=\boldsymbol{0}$. 于是

$$\boldsymbol{A}=\boldsymbol{A}\boldsymbol{E}=\boldsymbol{A}(\boldsymbol{e}_1\ \ \cdots\ \ \boldsymbol{e}_n)=(\boldsymbol{A}\boldsymbol{e}_1\ \ \cdots\ \ \boldsymbol{A}\boldsymbol{e}_n)=(\boldsymbol{0}\ \ \cdots\ \ \boldsymbol{0})=\boldsymbol{O}.$$

例 2.4.2 设 $\boldsymbol{A},\boldsymbol{B}$ 分别为 m 阶及 n 阶可逆阵，证明 $m+n$ 阶方阵 $\boldsymbol{M}=\begin{pmatrix}\boldsymbol{A}&\boldsymbol{C}\\\boldsymbol{O}&\boldsymbol{B}\end{pmatrix}$ 可逆，并求其逆矩阵.

解 由于 $\boldsymbol{A},\boldsymbol{B}$ 可逆，故 $|\boldsymbol{A}|\neq 0, |\boldsymbol{B}|\neq 0$. 从而 $|\boldsymbol{M}|=|\boldsymbol{A}||\boldsymbol{B}|\neq 0$, 于是 $\boldsymbol{M}$ 可逆. 设

$$\boldsymbol{M}^{-1}=\begin{pmatrix}\boldsymbol{X}&\boldsymbol{Y}\\\boldsymbol{Z}&\boldsymbol{U}\end{pmatrix},$$

其分块方式与 $\boldsymbol{M}$ 相同. 由 $\boldsymbol{M}\boldsymbol{M}^{-1}=\boldsymbol{E}$ 得

$$\begin{pmatrix}\boldsymbol{A}&\boldsymbol{C}\\\boldsymbol{O}&\boldsymbol{B}\end{pmatrix}\begin{pmatrix}\boldsymbol{X}&\boldsymbol{Y}\\\boldsymbol{Z}&\boldsymbol{U}\end{pmatrix}=\begin{pmatrix}\boldsymbol{A}\boldsymbol{X}+\boldsymbol{C}\boldsymbol{Z}&\boldsymbol{A}\boldsymbol{Y}+\boldsymbol{C}\boldsymbol{U}\\\boldsymbol{B}\boldsymbol{Z}&\boldsymbol{B}\boldsymbol{U}\end{pmatrix}=\begin{pmatrix}\boldsymbol{E}_m&\boldsymbol{O}\\\boldsymbol{O}&\boldsymbol{E}_n\end{pmatrix}.$$

从而

$$\boldsymbol{A}\boldsymbol{X}+\boldsymbol{C}\boldsymbol{Z}=\boldsymbol{E}_m,\quad \boldsymbol{A}\boldsymbol{Y}+\boldsymbol{C}\boldsymbol{U}=\boldsymbol{O},\quad \boldsymbol{B}\boldsymbol{Z}=\boldsymbol{O},\quad \boldsymbol{B}\boldsymbol{U}=\boldsymbol{E}_n,$$

求得 $\boldsymbol{U}=\boldsymbol{B}^{-1},\boldsymbol{Z}=\boldsymbol{O},\boldsymbol{X}=\boldsymbol{A}^{-1},\boldsymbol{Y}=-\boldsymbol{A}^{-1}\boldsymbol{C}\boldsymbol{B}^{-1}$, 即

$$\boldsymbol{M}^{-1}=\begin{pmatrix}\boldsymbol{A}^{-1}&-\boldsymbol{A}^{-1}\boldsymbol{C}\boldsymbol{B}^{-1}\\\boldsymbol{O}&\boldsymbol{B}^{-1}\end{pmatrix}.$$

练习 2.4

1. 设 $\boldsymbol{A},\boldsymbol{B},\boldsymbol{C},\boldsymbol{D}$ 都是 n 阶方阵，判断下列各式正确与否.

(1) $(\mathrm{diag}(\boldsymbol{A},\boldsymbol{B},\boldsymbol{C},\boldsymbol{D}))^{\mathrm{T}}=\mathrm{diag}(\boldsymbol{A},\boldsymbol{B},\boldsymbol{C},\boldsymbol{D})$;

(2) $\boldsymbol{A}(\boldsymbol{B}\ \boldsymbol{C}\ \boldsymbol{D})=(\boldsymbol{A}\boldsymbol{B}\ \boldsymbol{A}\boldsymbol{C}\ \boldsymbol{A}\boldsymbol{D})$;

(3) $(\boldsymbol{A}\ \boldsymbol{B})\boldsymbol{C}=(\boldsymbol{A}\boldsymbol{C}\ \boldsymbol{B}\boldsymbol{C})$;

(4) $\begin{pmatrix}\boldsymbol{A}\\\boldsymbol{B}\end{pmatrix}\boldsymbol{C}=\begin{pmatrix}\boldsymbol{A}\boldsymbol{C}\\\boldsymbol{B}\boldsymbol{C}\end{pmatrix}$;

(5) $\boldsymbol{A}\begin{pmatrix}\boldsymbol{B}\\\boldsymbol{C}\end{pmatrix}=\begin{pmatrix}\boldsymbol{A}\boldsymbol{B}\\\boldsymbol{A}\boldsymbol{C}\end{pmatrix}$;

(6) $(\boldsymbol{A}\ \ \boldsymbol{B})\begin{pmatrix}\boldsymbol{C}\\\boldsymbol{D}\end{pmatrix}=\boldsymbol{A}\boldsymbol{C}+\boldsymbol{B}\boldsymbol{D}$;

(7) $\begin{pmatrix} \boldsymbol{A} \\ \boldsymbol{B} \end{pmatrix}(\boldsymbol{C} \quad \boldsymbol{D}) = \begin{pmatrix} \boldsymbol{AC} & \boldsymbol{AD} \\ \boldsymbol{BC} & \boldsymbol{BD} \end{pmatrix}$;

(8) $\begin{pmatrix} \boldsymbol{O} & \boldsymbol{A} \\ \boldsymbol{B} & \boldsymbol{O} \end{pmatrix}^{\mathrm{T}} = \begin{pmatrix} \boldsymbol{O} & \boldsymbol{B} \\ \boldsymbol{A} & \boldsymbol{O} \end{pmatrix}$.

2. 设 $\boldsymbol{A} = \begin{pmatrix} 3 & 0 & 0 & 0 & 0 \\ -2 & 1 & 0 & 0 & 0 \\ 1 & 2 & -4 & 5 & 6 \\ 1 & -3 & 0 & 2 & -9 \\ 1 & 4 & 0 & -6 & 8 \end{pmatrix}, \boldsymbol{B} = \begin{pmatrix} 1 & 0 & 0 & 0 & 0 \\ 0 & 1 & 0 & 0 & 0 \\ 0 & 0 & 1 & 0 & 0 \\ 0 & 0 & 0 & 2 & 2 \\ 0 & 0 & 0 & 2 & 7 \end{pmatrix}$，求 $\boldsymbol{AB}$.

3. 设 $\boldsymbol{A} = \begin{pmatrix} 3 & 4 & 0 \\ 1 & 2 & 0 \\ 0 & 0 & 2 \end{pmatrix}, \boldsymbol{B} = \begin{pmatrix} 1 & 1 & 2 \\ 0 & -2 & 5 \\ 0 & 0 & 1 \end{pmatrix}$，求 $\boldsymbol{A}^{-1}, \boldsymbol{B}^{-1}$.

2.5　初等阵及其应用

现在来考察矩阵的初等变换与矩阵的运算间的关系. 首先来看几个矩阵乘法: 设

$$\boldsymbol{A} = (a_{ij})_{m \times n} = \begin{pmatrix} \boldsymbol{A}_1 \\ \vdots \\ \boldsymbol{A}_i \\ \vdots \\ \boldsymbol{A}_m \end{pmatrix},$$

则

$$(i) \quad \begin{pmatrix} 1 & & & & & & \\ & \ddots & & & & & \\ & & 1 & & & & \\ & & & k & & & \\ & & & & 1 & & \\ & & & & & \ddots & \\ & & & & & & 1 \end{pmatrix}_{m \times m} \begin{pmatrix} \boldsymbol{A}_1 \\ \vdots \\ \boldsymbol{A}_i \\ \vdots \\ \boldsymbol{A}_m \end{pmatrix} = \begin{pmatrix} \boldsymbol{A}_1 \\ \vdots \\ k\boldsymbol{A}_i \\ \vdots \\ \boldsymbol{A}_m \end{pmatrix} \quad (k \neq 0),$$

$$\begin{array}{c} \\ \\ (i) \\ \\ (j) \\ \\ \\ \end{array}\begin{pmatrix} 1 & & & & & & \\ & \ddots & & & & & \\ & & 1 & & \lambda & & \\ & & & \ddots & & & \\ & & & & 1 & & \\ & & & & & \ddots & \\ & & & & & & 1 \end{pmatrix}_{m\times m}\begin{pmatrix} \boldsymbol{A}_1 \\ \vdots \\ \boldsymbol{A}_i \\ \vdots \\ \boldsymbol{A}_j \\ \vdots \\ \boldsymbol{A}_m \end{pmatrix}=\begin{pmatrix} \boldsymbol{A}_1 \\ \vdots \\ \boldsymbol{A}_i+\lambda\boldsymbol{A}_j \\ \vdots \\ \boldsymbol{A}_j \\ \vdots \\ \boldsymbol{A}_m \end{pmatrix},$$

$$\begin{array}{c} \\ \\ \\ (i) \\ \\ \\ \\ (j) \\ \\ \\ \\ \end{array}\begin{pmatrix} 1 & & & & & & & & & & \\ & \ddots & & & & & & & & & \\ & & 1 & & & & & & & & \\ & & & 0 & \cdots & \cdots & \cdots & 1 & & & \\ & & & \vdots & 1 & & & \vdots & & & \\ & & & \vdots & & \ddots & & \vdots & & & \\ & & & \vdots & & & 1 & \vdots & & & \\ & & & 1 & \cdots & \cdots & \cdots & 0 & & & \\ & & & & & & & & 1 & & \\ & & & & & & & & & \ddots & \\ & & & & & & & & & & 1 \end{pmatrix}_{m\times m}\begin{pmatrix} \boldsymbol{A}_1 \\ \vdots \\ \boldsymbol{A}_i \\ \vdots \\ \boldsymbol{A}_j \\ \vdots \\ \boldsymbol{A}_m \end{pmatrix}=\begin{pmatrix} \boldsymbol{A}_1 \\ \vdots \\ \boldsymbol{A}_j \\ \vdots \\ \boldsymbol{A}_i \\ \vdots \\ \boldsymbol{A}_m \end{pmatrix}.$$

观察上面的等式，第一个等式相当于对矩阵 $\boldsymbol{A}$ 做一次初等行倍法变换，第二个等式相当于对矩阵 $\boldsymbol{A}$ 做一次初等行消法变换，第三个等式相当于对矩阵 $\boldsymbol{A}$ 做一次初等行换法变换. 如果我们用上面等式左侧的三种阵右乘一个 $s \times m$ 矩阵，会发现刚好对应矩阵的三种初等列变换. 为了更好地用矩阵的运算来描述矩阵的初等变换，我们引入初等阵的概念.

定义 2.5.1 称下面的三种阵

$$\boldsymbol{D}_i(k)=\begin{pmatrix} 1 & & & & & & \\ & \ddots & & & & & \\ & & 1 & & & & \\ & & & k & & & \\ & & & & 1 & & \\ & & & & & \ddots & \\ & & & & & & 1 \end{pmatrix}\ (i)\ \ (k\neq 0),$$

$$
\boldsymbol{P}_{ij}=\begin{pmatrix}
1 & & & & & & & & & \\
& \ddots & & & & & & & & \\
& & 1 & & & & & & & \\
& & & 0 & \cdots & \cdots & \cdots & 1 & & \\
& & & \vdots & 1 & & & \vdots & & \\
& & & \vdots & & \ddots & & \vdots & & \\
& & & \vdots & & & 1 & \vdots & & \\
& & & 1 & \cdots & \cdots & \cdots & 0 & & \\
& & & & & & & & 1 & \\
& & & & & & & & & \ddots \\
& & & & & & & & & & 1
\end{pmatrix}\begin{matrix} \\ \\ \\ (i) \\ \\ \\ \\ (j) \\ \\ \\ \\ \end{matrix} \quad (i\neq j)
$$

$$
\boldsymbol{T}_{ij}(\lambda)=\begin{pmatrix}
1 & & & & & \\
& \ddots & & & & \\
& & 1 & & \lambda & \\
& & & \ddots & & \\
& & & & 1 & \\
& & & & & \ddots \\
& & & & & & 1
\end{pmatrix}\begin{matrix} \\ \\ (i) \\ \\ (j) \\ \\ \\ \end{matrix} \quad (i\neq j),
$$

分别为倍法阵、换法阵和消法阵，统称为初等阵.

显然每种初等阵都是由单位矩阵经过一次初等变换得到的，而且

命题 2.5.1 对矩阵施行一次初等行 (列) 变换相当于用相应的初等阵左乘 (右乘) 该矩阵.

容易看出，初等阵均可逆，且

$$
\boldsymbol{D}_i^{-1}(k)=\boldsymbol{D}_i(k^{-1}),\boldsymbol{P}_{ij}^{-1}=\boldsymbol{P}_{ij},\boldsymbol{T}_{ij}^{-1}(\lambda)=\boldsymbol{T}_{ij}(-\lambda).
$$

即初等阵的逆仍为该型的初等阵.

定理 2.5.1 设 $\boldsymbol{A}$ 为 $m\times n$ 矩阵，则存在 m 阶可逆阵 $\boldsymbol{P}$ 和 n 阶可逆阵 $\boldsymbol{Q}$ 使得

$$
\boldsymbol{A}=\boldsymbol{P}\begin{pmatrix}\boldsymbol{E}_r & \boldsymbol{O}\\ \boldsymbol{O} & \boldsymbol{O}\end{pmatrix}\boldsymbol{Q}. \tag{2.5}
$$

证明 由定理 2.1.1 知 $\boldsymbol{A}$ 经过若干初等行变换和初等列变换可化为 $\boldsymbol{A}$ 的标准形，由初等变换的可逆性，$\boldsymbol{A}$ 的标准形也可经过若干初等行变换和初等列变换化为 $\boldsymbol{A}$, 即存在 m 阶初等阵 $\boldsymbol{P}_1,\cdots,\boldsymbol{P}_s$ 和 n 阶初等阵 $\boldsymbol{Q}_1,\cdots,\boldsymbol{Q}_t$ 使得

$$
\boldsymbol{A}=\boldsymbol{P}_s\cdots\boldsymbol{P}_1\begin{pmatrix}\boldsymbol{E}_r & \boldsymbol{O}\\ \boldsymbol{O} & \boldsymbol{O}\end{pmatrix}\boldsymbol{Q}_1\cdots\boldsymbol{Q}_t. \tag{2.6}
$$

记 $\boldsymbol{P}=\boldsymbol{P}_s\cdots\boldsymbol{P}_1$, $\boldsymbol{Q}=\boldsymbol{Q}_1\cdots\boldsymbol{Q}_t$, 则 $\boldsymbol{P}$ 和 $\boldsymbol{Q}$ 均为 n 阶可逆阵，且式 (2.5) 成立.

特别地，若 $\boldsymbol{A}$ 为 n 阶可逆阵，则由式 (2.5) 知

$$0\neq|\boldsymbol{A}|=|\boldsymbol{P}|\begin{vmatrix}\boldsymbol{E}_r & \boldsymbol{O}\\ \boldsymbol{O} & \boldsymbol{O}\end{vmatrix}|\boldsymbol{Q}|.$$

于是 $r=n$, 即 n 阶可逆阵的标准形为 $\boldsymbol{E}_n$. 从而，由式 (2.6) 知

$$\boldsymbol{A}=\boldsymbol{P}_s\cdots\boldsymbol{P}_1\boldsymbol{Q}_1\cdots\boldsymbol{Q}_t,$$

此即

命题 2.5.2 可逆阵可以写成有限个初等阵的乘积.

命题 2.5.3 用可逆阵左乘 (右乘) 一个矩阵等价于对该矩阵做若干初等行 (列) 变换.

设 $\boldsymbol{A}$ 为 n 阶可逆阵，如果存在初等阵 $\boldsymbol{Q}_1,\cdots,\boldsymbol{Q}_s$ 使得 $\boldsymbol{Q}_s\cdots\boldsymbol{Q}_1(\boldsymbol{A}\ \ \boldsymbol{E}_n)=(\boldsymbol{E}_n\ \ \boldsymbol{B})$, 那么 $\boldsymbol{Q}_s\cdots\boldsymbol{Q}_1\boldsymbol{A}=\boldsymbol{E}_n,\boldsymbol{Q}_s\cdots\boldsymbol{Q}_1\boldsymbol{E}_n=\boldsymbol{B}$, 即 $\boldsymbol{A}^{-1}=\boldsymbol{Q}_s\cdots\boldsymbol{Q}_1,\boldsymbol{B}=\boldsymbol{A}^{-1}$. 由命题 2.5.2 知，这样的 $\boldsymbol{Q}_1,\cdots,\boldsymbol{Q}_s$ 是存在的. 这相当于对 $(\boldsymbol{A}\ \ \boldsymbol{E}_n)$ 做初等行变换，当 $\boldsymbol{A}$ 化成单位阵时，原来的 $\boldsymbol{E}_n$ 就化成了 $\boldsymbol{A}^{-1}$.

我们通过一个例子来说明它的应用.

例 2.5.1 设 $\boldsymbol{A}=\begin{pmatrix}1 & 1 & -1\\ 2 & -1 & 0\\ 1 & 0 & 1\end{pmatrix}$, 用初等变换法求 $\boldsymbol{A}$ 的逆矩阵.

解 对 $(\boldsymbol{A}\ \ \boldsymbol{E}_3)$ 做如下的初等行变换

$$\begin{pmatrix}1 & 1 & -1 & 1 & 0 & 0\\ 2 & -1 & 0 & 0 & 1 & 0\\ 1 & 0 & 1 & 0 & 0 & 1\end{pmatrix}\longrightarrow\begin{pmatrix}1 & 1 & -1 & 1 & 0 & 0\\ 0 & -3 & 2 & -2 & 1 & 0\\ 0 & -1 & 2 & -1 & 0 & 1\end{pmatrix}$$

$$\longrightarrow\begin{pmatrix}1 & 1 & -1 & 1 & 0 & 0\\ 0 & -1 & 2 & -1 & 0 & 1\\ 0 & 0 & -4 & 1 & 1 & -3\end{pmatrix}\longrightarrow\begin{pmatrix}1 & 1 & -1 & 1 & 0 & 0\\ 0 & 1 & -2 & 1 & 0 & -1\\ 0 & 0 & 1 & -\frac{1}{4} & -\frac{1}{4} & \frac{3}{4}\end{pmatrix}$$

$$\longrightarrow\begin{pmatrix}1 & 1 & 0 & \frac{3}{4} & -\frac{1}{4} & \frac{3}{4}\\ 0 & 1 & 0 & \frac{1}{2} & -\frac{1}{2} & \frac{1}{2}\\ 0 & 0 & 1 & -\frac{1}{4} & -\frac{1}{4} & \frac{3}{4}\end{pmatrix}\longrightarrow\begin{pmatrix}1 & 0 & 0 & \frac{1}{4} & \frac{1}{4} & \frac{1}{4}\\ 0 & 1 & 0 & \frac{1}{2} & -\frac{1}{2} & \frac{1}{2}\\ 0 & 0 & 1 & -\frac{1}{4} & -\frac{1}{4} & \frac{3}{4}\end{pmatrix},$$

故 $\boldsymbol{A}^{-1}=\begin{pmatrix}\frac{1}{4} & \frac{1}{4} & \frac{1}{4}\\ \frac{1}{2} & -\frac{1}{2} & \frac{1}{2}\\ -\frac{1}{4} & -\frac{1}{4} & \frac{3}{4}\end{pmatrix}$.

练习 2.5

1. 计算

(1) $\begin{pmatrix} 1 & 0 & a \\ 0 & 1 & 0 \\ 0 & 0 & 1 \end{pmatrix}^3$； (2) $\begin{pmatrix} 0 & 0 & 1 \\ 0 & 1 & 0 \\ 1 & 0 & 0 \end{pmatrix}^{99}$； (3) $\begin{pmatrix} 0 & 1 & 0 \\ 1 & 0 & 0 \\ 0 & 0 & 1 \end{pmatrix}^{88}$.

2. 用初等变换方法求下列矩阵的逆矩阵

(1) $\begin{pmatrix} 1 & 2 & -1 \\ 3 & 4 & -2 \\ 5 & -4 & 1 \end{pmatrix}$； (2) $\begin{pmatrix} 2 & 1 & 0 \\ 0 & 2 & 1 \\ 0 & 0 & 2 \end{pmatrix}$.

2.6 矩阵的秩

对于给定的矩阵 $\boldsymbol{A}$, 可以证明它的标准形是唯一的 (参见参考文献 [1]). 而 $\boldsymbol{A}$ 的标准形和 $\boldsymbol{A}$ 是同型阵，所以 $\boldsymbol{A}$ 的标准形由其中 1 的个数唯一确定.

定义 2.6.1 称矩阵 $\boldsymbol{A}$ 的标准形中 1 的个数为 $\boldsymbol{A}$ 的秩.

由定理 2.1.1 可知，矩阵 $\boldsymbol{A}$ 的秩就是 $\boldsymbol{A}$ 的行阶梯形的非零行的个数.

例 2.6.1 求矩阵 $\boldsymbol{A}=\begin{pmatrix} 0 & 2 & -1 & 2 & 1 \\ 1 & 2 & 1 & 1 & 2 \\ 2 & 3 & -1 & 4 & 1 \\ 5 & 8 & -1 & 9 & 4 \end{pmatrix}$ 的秩.

解 对 $\boldsymbol{A}$ 做初等行变换将其化成行阶梯形，

$$\begin{pmatrix} 0 & 2 & -1 & 2 & 1 \\ 1 & 2 & 1 & 1 & 2 \\ 2 & 3 & -1 & 4 & 1 \\ 5 & 8 & -1 & 9 & 4 \end{pmatrix} \longrightarrow \begin{pmatrix} 1 & 2 & 1 & 1 & 2 \\ 0 & 2 & -1 & 2 & 1 \\ 2 & 3 & -1 & 4 & 1 \\ 5 & 8 & -1 & 9 & 4 \end{pmatrix}$$

$$\longrightarrow \begin{pmatrix} 1 & 2 & 1 & 1 & 2 \\ 0 & 2 & -1 & 2 & 1 \\ 0 & -1 & -3 & 2 & -3 \\ 0 & -2 & -6 & 4 & -6 \end{pmatrix} \longrightarrow \begin{pmatrix} 1 & 2 & 1 & 1 & 2 \\ 0 & -1 & -3 & 2 & -3 \\ 0 & 2 & -1 & 2 & 1 \\ 0 & -2 & -6 & 4 & -6 \end{pmatrix} \longrightarrow \begin{pmatrix} 1 & 2 & 1 & 1 & 2 \\ 0 & -1 & -3 & 2 & -3 \\ 0 & 0 & -7 & 6 & -5 \\ 0 & 0 & 0 & 0 & 0 \end{pmatrix}.$$

于是 $\boldsymbol{A}$ 的秩为 3.

设矩阵 $\boldsymbol{A}$ 经初等变换化成矩阵 $\boldsymbol{B}$, 那么 $\boldsymbol{B}$ 也可通过初等变换化成矩阵 $\boldsymbol{A}$, 进而可通过初等变换化成矩阵 $\boldsymbol{A}$ 的标准形，于是 $\boldsymbol{A}$ 的标准形也是 $\boldsymbol{B}$ 的标准形. 这就是说对矩阵进行初等变换，不会改变它的标准形，因此 **初等变换不改变矩阵的秩**.

命题 2.6.1 设 $\boldsymbol{P}$ 为 m 阶可逆阵， $\boldsymbol{Q}$ 为 n 阶可逆阵， $\boldsymbol{A}$ 为 $m\times n$ 矩阵，则秩 $\boldsymbol{A}=$ 秩 $(\boldsymbol{PA})=$ 秩 $(\boldsymbol{AQ})=$ 秩 $(\boldsymbol{PAQ})$.

定义 2.6.2 设 $\boldsymbol{A}$ 和 $\boldsymbol{B}$ 均为 $m\times n$ 矩阵，如果矩阵 $\boldsymbol{A}$ 可经有限次初等变换化成矩阵 $\boldsymbol{B}$(或存在可逆阵 $\boldsymbol{P}$ 及 $\boldsymbol{Q}$ 使得 $\boldsymbol{PAQ}=\boldsymbol{B}$), 则称 $\boldsymbol{A}$ 与 $\boldsymbol{B}$相抵.

作为同型阵之间的一种关系，相抵显然满足以下性质：

(1) 自反性: $\boldsymbol{A}$ 与 $\boldsymbol{A}$ 相抵;

(2) 对称性: 若 $\boldsymbol{A}$ 与 $\boldsymbol{B}$ 相抵，则 $\boldsymbol{B}$ 与 $\boldsymbol{A}$ 相抵;

(3) 传递性: 若 $\boldsymbol{A}$ 与 $\boldsymbol{B}$ 相抵， $\boldsymbol{B}$ 与 $\boldsymbol{C}$ 相抵，则 $\boldsymbol{A}$ 与 $\boldsymbol{C}$ 相抵.

称具有以上三种性质的关系为等价关系. 例如，等于是实数间的一个等价关系，但大于和小于都不是实数间的等价关系. 矩阵间的相抵是一个等价关系. 由此，我们也直接称相抵为 **等价**，称 $\boldsymbol{A}$ 的标准形为 $\boldsymbol{A}$ 的 **等价标准形**，称式

$$\boldsymbol{A}=\boldsymbol{P}\begin{pmatrix}\boldsymbol{E}_r & \boldsymbol{O}\\ \boldsymbol{O} & \boldsymbol{O}\end{pmatrix}\boldsymbol{Q}$$

为 $\boldsymbol{A}$ 的 **等价分解式**. 由等价关系所具有的性质，我们有

推论 2.6.1 设 $\boldsymbol{A}$ 和 $\boldsymbol{B}$ 均为 $m\times n$ 矩阵，则 $\boldsymbol{A}$ 与 $\boldsymbol{B}$ 等价的充要条件是秩 $\boldsymbol{A}=$ 秩 $\boldsymbol{B}$.

矩阵的秩具有以下性质 (证明参见参考文献 [1]) ：

(1) 秩 $\boldsymbol{A}_{m\times n}\leqslant\min\{m,n\}$;

(2) 秩 $\boldsymbol{A}=$ 秩 $\boldsymbol{A}^{\mathrm{T}}$;

(3) 若 $\boldsymbol{A}$ 为 n 阶阵，则 $\boldsymbol{A}$ 可逆的充要条件是秩 $\boldsymbol{A}=n$;

(4) 秩 $\boldsymbol{AB}\leqslant\min\{$ 秩 $\boldsymbol{A}$, 秩 $\boldsymbol{B}\}$.

练习 2.6

1. 求下列矩阵的秩

(1) $\begin{pmatrix}1 & 2 & 0 & 3\\ -1 & -1 & -2 & 1\\ 3 & 4 & 4 & 1\end{pmatrix}$; (2) $\begin{pmatrix}-3 & -1 & -2 & 2 & 0\\ -4 & -3 & 0 & 3 & 0\\ -2 & 3 & -1 & 4 & 2\end{pmatrix}$;

(3) $\begin{pmatrix}1 & 0 & 0 & 1\\ 0 & 1 & 0 & 2\\ 0 & 0 & 1 & 3\\ 1 & 2 & 3 & 14\end{pmatrix}$; (4) $\begin{pmatrix}3 & 3 & 6 & -1 & 0\\ 2 & 2 & 4 & -2 & 0\\ 3 & 0 & 6 & -1 & 1\\ 2 & -1 & 4 & 2 & 1\end{pmatrix}$.

2.7 线性方程组的解

现在来考虑方程组

$$\begin{cases} a_{11}x_1 + a_{12}x_2 + \cdots + a_{1n}x_n = b_1, \\ a_{21}x_1 + a_{22}x_2 + \cdots + a_{2n}x_n = b_2, \\ \cdots\cdots\cdots\cdots \\ a_{m1}x_1 + a_{m2}x_2 + \cdots + a_{mn}x_n = b_m. \end{cases} \tag{2.7}$$

记 $\boldsymbol{A} = (a_{ij})_{m\times n}$，$\boldsymbol{b} = \begin{pmatrix} b_1 & b_2 & \cdots & b_m \end{pmatrix}^{\mathrm{T}}$，$\boldsymbol{x} = \begin{pmatrix} x_1 & x_2 & \cdots & x_n \end{pmatrix}^{\mathrm{T}}$, 则上面的方程组可写为矩阵乘积的形式 $\boldsymbol{Ax} = \boldsymbol{b}$. 对上面的方程组用高斯消元法化简相当于对其所有的系数和常数项组成的矩阵 $\begin{pmatrix} \boldsymbol{A} & \boldsymbol{b} \end{pmatrix}$ 进行初等行变换. 我们称 $\boldsymbol{A}$ 为方程组 (2.7) 的系数矩阵，$\begin{pmatrix} \boldsymbol{A} & \boldsymbol{b} \end{pmatrix}$ 为方程组 (2.7) 的增广阵，通常将其记为 $\overline{\boldsymbol{A}}$. 设秩 $\boldsymbol{A} = r > 0$, $\overline{\boldsymbol{A}}$ 的行最简形为

$$\begin{pmatrix} 0 & \cdots & 0 & 1 & \cdots & * & 0 & \cdots & * & 0 & \cdots & * & d_1 \\ 0 & \cdots & 0 & 0 & \cdots & 0 & 1 & \cdots & * & 0 & \cdots & * & d_2 \\ \vdots & & \vdots & \vdots & & \vdots & \vdots & & \vdots & \vdots & & \vdots & \vdots \\ 0 & \cdots & 0 & 0 & \cdots & 0 & 0 & \cdots & 0 & 1 & \cdots & * & d_r \\ 0 & \cdots & 0 & 0 & \cdots & 0 & 0 & \cdots & 0 & 0 & \cdots & 0 & d_{r+1} \\ 0 & \cdots & 0 & 0 & \cdots & 0 & 0 & \cdots & 0 & 0 & \cdots & 0 & 0 \\ \vdots & & \vdots & \vdots & & \vdots & \vdots & & \vdots & \vdots & & \vdots & \vdots \\ 0 & \cdots & 0 & 0 & \cdots & 0 & 0 & \cdots & 0 & 0 & \cdots & 0 & 0 \end{pmatrix},$$

其中 $d_{r+1} = 0$ 或 1.

(1) 如果 $d_{r+1} = 1$, 那么方程组无解，此时 $r =$ 秩 $\boldsymbol{A} <$ 秩 $\overline{\boldsymbol{A}} = r + 1$;

(2) 如果 $d_{r+1} = 0$, 且 $r = n$, 则秩 $\boldsymbol{A} =$ 秩 $\overline{\boldsymbol{A}} = n$. 对应的方程组为

$$\begin{cases} x_1 = d_1, \\ x_2 = d_2, \\ \quad\cdots \\ x_n = d_n. \end{cases}$$

此即方程组的唯一解;

(3) 如果 $d_{r+1} = 0$, 且 $r < n$, 则秩 $\boldsymbol{A} =$ 秩 $\overline{\boldsymbol{A}} = r < n$. 不失一般性，可设其对应的方程组为

$$\begin{cases} x_1 + c_{1,r+1}x_{r+1} + \cdots + c_{1n}x_n = d_1, \\ x_2 + c_{2,r+1}x_{r+1} + \cdots + c_{2n}x_n = d_2, \\ \cdots\cdots\cdots\cdots \\ x_r + c_{r,r+1}x_{r+1} + \cdots + c_{rn}x_n = d_r. \end{cases}$$

将其变形为

$$\begin{cases} x_1 = d_1 - c_{1,r+1}x_{r+1} - \cdots - c_{1n}x_n, \\ x_2 = d_2 - c_{2,r+1}x_{r+1} - \cdots - c_{2n}x_n, \\ \cdots\ \cdots\ \cdots\ \cdots \\ x_r = d_r - c_{r,r+1}x_{r+1} - \cdots - c_{rn}x_n. \end{cases}$$

令 $x_{r+1} = x_{r+2} = \cdots = x_n = 0$, 则上面方程组中每个方程的右端都为常数，我们可得方程组的一个解 $x_1 = d_1, x_2 = d_2, \cdots, x_r = d_r, x_{r+1} = x_{r+2} = \cdots = x_n = 0$. 再令 $x_{r+1} = 1, x_{r+2} = 2, \cdots, x_n = n - r$, 则上面方程组中每个方程的右端又都为常数，我们又可得方程组的一个解. 只要我们给 $x_{r+1}, x_{r+2}, \cdots, x_n$ 赋一组值，我们就会得到方程组的一个解. 我们可以给它们赋很多组值，我们就能得到方程组的很多个解. 由于有无穷多个不同的数，所以方程组有无穷多个解. 由于我们可以给 $x_{r+1}, x_{r+2}, \cdots, x_n$ 任意赋值，所以通常称 $x_{r+1}, x_{r+2}, \cdots, x_n$ 为方程组的自由未知量，称其余的未知量 $x_1, \cdots, x_r$ 为非自由的，因为它们的取值显然依赖于自由未知量的取值.

我们将上面的分析叙述为下面的定理.

定理 2.7.1 设 $\boldsymbol{A}$ 是 $m \times n$ 矩阵， $\boldsymbol{b}$ 是 $m \times 1$ 矩阵，则

(1) 秩 $\boldsymbol{A} =$ 秩 $\overline{\boldsymbol{A}} = r = n \Longleftrightarrow$ 方程组 $\boldsymbol{Ax} = \boldsymbol{b}$ 有唯一解;

(2) 秩 $\boldsymbol{A} =$ 秩 $\overline{\boldsymbol{A}} = r < n \Longleftrightarrow$ 方程组 $\boldsymbol{Ax} = \boldsymbol{b}$ 有无穷多解;

(3) 秩 $\boldsymbol{A} <$ 秩 $\overline{\boldsymbol{A}} \Longleftrightarrow$ 方程组 $\boldsymbol{Ax} = \boldsymbol{b}$ 无解.

称 $\boldsymbol{Ax} = \boldsymbol{0}$ 为 **齐次线性方程组**，称 $\boldsymbol{Ax} = \boldsymbol{b} (\boldsymbol{b} \neq \boldsymbol{0})$ 为 **非齐次线性方程组**. 齐次线性方程组 $\boldsymbol{Ax} = \boldsymbol{0}$ 的增广阵 $(\boldsymbol{A} \quad \boldsymbol{0})$ 的秩总是与它的系数矩阵 $\boldsymbol{A}$ 的秩相等，于是由上面的定理可知

推论 2.7.1 设 $\boldsymbol{A}$ 是 $m \times n$ 矩阵，则

(1) 秩 $\boldsymbol{A} = n \Longleftrightarrow$ 方程组 $\boldsymbol{Ax} = \boldsymbol{0}$ 有唯一解 $\Longleftrightarrow$ 方程组 $\boldsymbol{Ax} = \boldsymbol{0}$ 只有零解;

(2) 秩 $\boldsymbol{A} < n \Longleftrightarrow$ 方程组 $\boldsymbol{Ax} = \boldsymbol{0}$ 有无穷多解 $\Longleftrightarrow$ 方程组 $\boldsymbol{Ax} = \boldsymbol{0}$ 有非零解.

特别地，我们有

推论 2.7.2 设 $\boldsymbol{A}$ 是 n 阶矩阵，则

(1) 秩 $\boldsymbol{A} = n \Longleftrightarrow \boldsymbol{A}$ 可逆 $\Longleftrightarrow |\boldsymbol{A}| \neq 0 \Longleftrightarrow$ 方程组 $\boldsymbol{Ax} = \boldsymbol{0}$ 只有零解;

(2) 秩 $\boldsymbol{A} < n \Longleftrightarrow \boldsymbol{A}$ 不可逆 $\Longleftrightarrow |\boldsymbol{A}| = 0 \Longleftrightarrow$ 方程组 $\boldsymbol{Ax} = \boldsymbol{0}$ 有非零解.

例 2.7.1 解方程组 $\begin{cases} 2x_1 + 3x_2 + 5x_3 + 2x_4 = -3, \\ x_1 + x_2 + 2x_3 + 3x_4 = 1, \\ 3x_1 - x_2 - x_3 - 2x_4 = -4, \\ 2x_1 + x_2 + 2x_3 + x_4 = -2. \end{cases}$

解　首先将方程组的增广阵化成行阶梯形

$$\overline{\boldsymbol{A}}=\begin{pmatrix}2&3&5&2&-3\\1&1&2&3&1\\3&-1&-1&-2&-4\\2&1&2&1&-2\end{pmatrix}\longrightarrow\cdots\longrightarrow\begin{pmatrix}1&1&2&3&1\\0&1&1&-4&-5\\0&0&-1&-9&-9\\0&0&0&0&0\end{pmatrix},$$

可以看出秩 $\boldsymbol{A}=$ 秩 $\overline{\boldsymbol{A}}=3<4$, 故原方程组有无穷多个解. 再进一步将 $\overline{\boldsymbol{A}}$ 化成行最简形

$$\overline{\boldsymbol{A}}\longrightarrow\begin{pmatrix}1&0&0&-2&-3\\0&1&0&-13&-14\\0&0&1&9&9\\0&0&0&0&0\end{pmatrix},$$

这意味着原方程组同解于方程组

$$\begin{cases}x_1-\ 2x_4=\ -3,\\x_2-13x_4=-14,\\x_3+\ 9x_4=\ \ \ 9.\end{cases}$$

因此, 原方程组的解为

$$\begin{cases}x_1=-3+2x_4,\\x_2=-14+13x_4,\\x_3=9-9x_4,\\x_4\ \text{任意}.\end{cases}$$

例 2.7.2　解方程组 $\begin{cases}x_1-x_2-2x_3+2x_4+\ x_5=0,\\2x_1-x_2+\ x_3-2x_4+\ x_5=0,\\3x_1-x_2+4x_3-3x_4+4x_5=0.\end{cases}$

解　将系数矩阵 $\boldsymbol{A}$ 化为行最简形

$$\boldsymbol{A}=\begin{pmatrix}1&-1&-2&2&1\\2&-1&1&-2&1\\3&-1&4&-3&4\end{pmatrix}\longrightarrow\cdots\longrightarrow\begin{pmatrix}1&0&3&0&4\\0&1&5&0&5\\0&0&0&1&1\end{pmatrix},$$

于是原方程组同解于

$$\begin{cases}x_1+3x_3+4x_5=0,\\x_2+5x_3+5x_5=0,\\x_4\qquad\quad+\ x_5=0.\end{cases}$$

因此原方程组的解为

$$\begin{cases} x_1 = -3x_3 - 4x_5, \\ x_2 = -5x_3 - 5x_5, \\ x_4 = -x_5, \\ x_3, x_5\text{任意}. \end{cases}$$

例 2.7.3 当 k 为何值时，方程组

$$\begin{cases} x_1 + x_2 + kx_3 = 4, \\ -x_1 + kx_2 + x_3 = k^2, \\ x_1 - x_2 + 2x_3 = -4 \end{cases}$$

无解、有唯一解、有无穷多解？

解 首先用初等行变换将增广阵 $\overline{\boldsymbol{A}}$ 化简

$$\overline{\boldsymbol{A}} = \begin{pmatrix} 1 & 1 & k & 4 \\ -1 & k & 1 & k^2 \\ 1 & -1 & 2 & -4 \end{pmatrix} \longrightarrow \begin{pmatrix} 1 & 1 & k & 4 \\ 0 & k+1 & k+1 & k^2+4 \\ 0 & -2 & 2-k & -8 \end{pmatrix}$$

$$\longrightarrow \begin{pmatrix} 1 & 1 & k & 4 \\ 0 & 2 & k-2 & 8 \\ 0 & k+1 & k+1 & k^2+4 \end{pmatrix} \longrightarrow \begin{pmatrix} 1 & 1 & k & 4 \\ 0 & 2 & k-2 & 8 \\ 0 & 0 & \frac{1}{2}(k+1)(4-k) & k(k-4) \end{pmatrix}.$$

于是

(1) 当 $k = -1$ 时，秩 $\boldsymbol{A} = 2$, 秩 $\overline{\boldsymbol{A}} = 3$, 原方程组无解；

(2) 当 $k \neq -1$ 且 $k \neq 4$ 时，秩 $\boldsymbol{A} =$ 秩 $\overline{\boldsymbol{A}} = 3$, 原方程组有唯一解

$$x_1 = \frac{k^2+2k}{k+1}, \quad x_2 = \frac{k^2+2k+4}{k+1}, \quad x_3 = \frac{-2k}{k+1};$$

(3) 当 $k = 4$ 时，秩 $\boldsymbol{A} =$ 秩 $\overline{\boldsymbol{A}} = 2 < 3$, 原方程组有无穷多解. 此时

$$\overline{\boldsymbol{A}} \longrightarrow \begin{pmatrix} 1 & 1 & 4 & 4 \\ 0 & 2 & 2 & 8 \\ 0 & 0 & 0 & 0 \end{pmatrix} \longrightarrow \begin{pmatrix} 1 & 1 & 4 & 4 \\ 0 & 1 & 1 & 4 \\ 0 & 0 & 0 & 0 \end{pmatrix} \longrightarrow \begin{pmatrix} 1 & 0 & 3 & 0 \\ 0 & 1 & 1 & 4 \\ 0 & 0 & 0 & 0 \end{pmatrix},$$

原方程组同解于方程组 $\begin{cases} x_1 + 3x_3 = 0, \\ x_2 + x_3 = 4. \end{cases}$ 因此，原方程组的解为

$$\begin{cases} x_1 = -3x_3, \\ x_2 = 4 - x_3, \\ x_3\text{任意}. \end{cases}$$

练习 2.7

1. 解方程组

(1) $\begin{cases} 5x_1 - x_2 + 2x_3 + x_4 = 7, \\ 2x_1 + x_2 + 4x_3 - 2x_4 = 1, \\ 3x_1 - 2x_2 - 2x_3 + 3x_4 = 1; \end{cases}$

(2) $\begin{cases} x_1 + 2x_2 - x_3 + 2x_4 = 0, \\ 2x_1 + 4x_2 + x_3 + x_4 = 0, \\ x_1 + 2x_2 + 2x_3 - x_4 = 0; \end{cases}$

(3) $\begin{cases} 2x_1 + 3x_2 + 5x_3 + 2x_4 = -3, \\ x_1 + x_2 + 2x_3 + 3x_4 = 1, \\ 3x_1 + 4x_2 + 7x_3 + 5x_4 = -2, \\ 3x_1 + 5x_2 + 2x_3 + 7x_4 = -1. \end{cases}$

2. 当 a 为何值时，方程组

$$\begin{cases} ax_1 + x_2 + x_3 = 1, \\ x_1 + ax_2 + x_3 = a, \\ x_1 + x_2 + ax_3 = a^2 \end{cases}$$

无解、有唯一解、有无穷多解？

3. λ 为何值时，方程组

$$\begin{cases} x_1 + 3x_2 + 2x_3 + x_4 = 1, \\ x_2 + \lambda x_3 - \lambda x_4 = -1, \\ x_1 + 2x_2 + 3x_4 = 3 \end{cases}$$

无解、有唯一解、有无穷多解？

4. 判断下列叙述正确与否，正确者说明理由，错误者举出反例.

(1) 当 $\boldsymbol{Ax}=\boldsymbol{b}$ 有唯一解时， $\boldsymbol{Ax}=\boldsymbol{0}$ 必有唯一解;

(2) 当 $\boldsymbol{Ax}=\boldsymbol{0}$ 有唯一解时， $\boldsymbol{Ax}=\boldsymbol{b}$ 必有唯一解;

(3) 设 $\boldsymbol{A}$ 为 $n\times n$ 矩阵，则 $\boldsymbol{Ax}=\boldsymbol{b}$ 有唯一解 $\Longleftrightarrow |\boldsymbol{A}|\neq 0$;

(4) 设 $\boldsymbol{A}$ 为 $m\times n$ 矩阵，且 $m<n$, 则 $\boldsymbol{Ax}=\boldsymbol{0}$ 必有非零解.

习 题 2

1. 填空

(1) 设 $\boldsymbol{A},\boldsymbol{B}$ 均为 n 阶可逆阵，且 $|\boldsymbol{A}|=2$, 则 $\left|\boldsymbol{B}^{-1}\boldsymbol{A}^k\boldsymbol{B}\right|=(\quad\quad)$, 其中 k 为正整数;

(2) 设 $\boldsymbol{A}$ 为 3×3 矩阵， $\boldsymbol{B}$ 为 4×4 矩阵，且 $|\boldsymbol{A}|=2, |\boldsymbol{B}|=-2$, 则 $\big||\boldsymbol{B}|\,\boldsymbol{A}\big|=$ (　　), $\big||\boldsymbol{A}|\,\boldsymbol{B}\big|=$ (　　);

(3) 设 $\boldsymbol{A}$ 为 n 阶矩阵，且 $|\boldsymbol{A}|=2$, 则 $|(-\boldsymbol{A})^*|=$ (　　);

(4) 设 $\boldsymbol{A},\boldsymbol{B}$ 分别为 m 阶和 n 阶方阵，且 $|\boldsymbol{A}|=a, |\boldsymbol{B}|=b$, 则 $\begin{vmatrix}\boldsymbol{O} & 2\boldsymbol{A}\\ \boldsymbol{B} & \boldsymbol{O}\end{vmatrix}=$ (　　);

(5) 设 $\boldsymbol{A}$ 为 n 阶矩阵，且 $\boldsymbol{A}^2+2\boldsymbol{A}+3\boldsymbol{E}=\boldsymbol{O}$, 则 $\boldsymbol{A}^{-1}=$ (　　);

(6) 设 $\boldsymbol{A}$ 是 n 阶可逆阵，将 $\boldsymbol{A}$ 的第 i 行与第 j 行对换后得到的矩阵记为 $\boldsymbol{B}$, 则 $\boldsymbol{A}\boldsymbol{B}^{-1}=$ (　　);

(7) $\begin{pmatrix}0&0&1\\0&1&0\\1&0&0\end{pmatrix}^{2008}\begin{pmatrix}1&2&3\\4&5&6\\7&8&9\end{pmatrix}\begin{pmatrix}1&0&0\\0&0&1\\0&1&0\end{pmatrix}^{2009}=$ (　　);

(8) 设矩阵 $\boldsymbol{A}=\begin{pmatrix}1&-1&2\\-2&-1&-2\\4&3&3\end{pmatrix}$, 则 $(\boldsymbol{A}^*)^{-1}=$ (　　);

2. 设 $\boldsymbol{A}+\boldsymbol{B}=\boldsymbol{A}\boldsymbol{B}$, 证明 $\boldsymbol{A}-\boldsymbol{E}$ 可逆.

3. 设 $\boldsymbol{A},\boldsymbol{B}$ 为实矩阵且 $\boldsymbol{A}^2=\boldsymbol{B}^2=\boldsymbol{E}, |\boldsymbol{A}|+|\boldsymbol{B}|=0$. 证明 $|\boldsymbol{A}+\boldsymbol{B}|=0$.

4. 当 a 为何值时，方程组

$$\begin{cases}x_1+x_2+x_3=1,\\ 2x_1+3x_2+4x_3=a,\\ 4x_1+9x_2+16x_3=a^2,\\ 8x_1+27x_2+64x_3=a^3\end{cases}$$

无解、有唯一解、有无穷多解？在有解时求出所有解.

5. 当 λ 及 μ 为何值时，方程组

$$\begin{cases}x_1+x_2+x_3+x_4=1,\\ x_1+x_2+\lambda x_3+x_4=1,\\ x_1+\lambda x_2+x_3+x_4=1,\\ \lambda x_1+x_2+x_3+x_4=\mu\end{cases}$$

无解、有唯一解、有无穷多解？在有解时求出所有解.

6. 设 $\boldsymbol{A}$ 为 n 阶方阵，则 $|\boldsymbol{A}^*|=|\boldsymbol{A}|^{n-1}$.

第 3 章　向量和空间解析几何

二元齐次线性方程组

$$\begin{cases} a_{11}x_1 + a_{12}x_2 = 0, \\ a_{21}x_1 + a_{22}x_2 = 0, \\ \cdots\cdots\cdots\cdots \\ a_{m1}x_1 + a_{m2}x_2 = 0 \end{cases}$$

中的每一个方程都可以代表二维平面上的一条通过原点的直线，它们的交集是原点或一条通过原点的直线. 类似地，三元齐次线性方程组

$$\begin{cases} a_{11}x_1 + a_{12}x_2 + a_{13}x_3 = 0, \\ a_{21}x_1 + a_{22}x_2 + a_{23}x_3 = 0, \\ \cdots\cdots\cdots\cdots \\ a_{m1}x_1 + a_{m2}x_2 + a_{m3}x_3 = 0 \end{cases}$$

中的每一个方程是否都代表三维几何空间里的一个通过原点的平面呢？如果是，它们的交集又是否是原点或一条通过原点的直线或一个通过原点的平面？那么，$n(n \geqslant 4)$ 元齐次线性方程组

$$\begin{cases} a_{11}x_1 + a_{12}x_2 + \cdots + a_{1n}x_n = 0, \\ a_{21}x_1 + a_{22}x_2 + \cdots + a_{2n}x_n = 0, \\ \cdots\cdots\cdots\cdots \\ a_{m1}x_1 + a_{m2}x_2 + \cdots + a_{mn}x_n = 0 \end{cases}$$

的解集又是怎样的？为了回答上面的这些问题以及清楚刻画 n 元齐次线性方程组解的结构，本章类似于中学平面解析几何，建立空间直角坐标系，利用三维几何空间中的向量及其线性运算，使用代数方法研究点、线、面的几何问题. 在下一章，我们将几何空间中的向量和线面推广为 n 维向量、 n 维向量空间及其子空间的概念，并且类似于建立坐标系，引入子空间的基、维数、坐标等，最终说明 n 元齐次线性方程组的解集构成 n 维向量空间的一个子空间.

3.1　向量及其运算

在实际生活中，人们经常会碰到这样一些量，当取定了度量单位后，便可用一个实数来表示，例如温度、时间、长度、面积等，这些量只有大小没有方向，我们

称之为 **标量或数量**. 还有一些量，它们既有大小又有方向，例如力、位移、速度、加速度等，我们称之为 **向量或矢量**.

在几何上，向量可以用规定了起点和终点的直线段即有向线段来表示. 用线段的长度表示向量的大小，称其为向量的模，用线段的指向表示向量的方向. 若 A, B 分别为有向线段的起点和终点，则它所表示的向量可记作 $\overrightarrow{AB}$, 如图 3.1.1 所示.

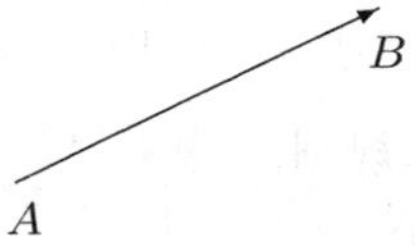

图 3.1.1

我们只研究与起点无关的向量，这种向量称为 **自由向量**. 本书中所涉及的向量如无特别说明均指自由向量. 为了书写方便，向量通常用黑体字母 $\boldsymbol{a}, \boldsymbol{b}, \boldsymbol{\alpha}, \boldsymbol{\beta}$ 等表示. 向量有两个要素：模和方向. 通常记向量 $\boldsymbol{a}$ 的模为 $|\boldsymbol{a}|$. 模为 1 的向量称为 **单位向量**. 模为零的向量称为 **零向量**，记作 $\mathbf{0}$, 规定它的方向是任意的. 如果向量 $\boldsymbol{a}$ 与向量 $\boldsymbol{b}$ 的方向相同或相反，则称向量 $\boldsymbol{a}$ 与 $\boldsymbol{b}$ **平行**，也称向量 $\boldsymbol{a}$ 与 $\boldsymbol{b}$ **共线**，记为 $\boldsymbol{a} /\!/ \boldsymbol{b}$. 零向量与任何一个向量都平行. 如果向量 $\boldsymbol{a}$ 与向量 $\boldsymbol{b}$ 的模相等，方向相同，则称向量 $\boldsymbol{a}$ 与向量 $\boldsymbol{b}$ 是相等的，记为 $\boldsymbol{a} = \boldsymbol{b}$.

凡是与数字相关的事物，我们都会考虑能否通过定义运算来研究它. 下面我们将介绍向量的运算.

3.1.1 向量的加法

设一物体从点 A 移动到点 B, 再从点 B 移动到点 C, 此时该物体的位移与从点 A 移动到点 C 相同. 我们仿此定义向量的加法.

定义 3.1.1 对于向量 $\boldsymbol{a}, \boldsymbol{b}$, 做有向线段 $\overrightarrow{AB} = \boldsymbol{a}$, $\overrightarrow{BC} = \boldsymbol{b}$, 则把 $\overrightarrow{AC}$ 表示的向量 $\boldsymbol{c}$ 称为 $\boldsymbol{a}$ 与 $\boldsymbol{b}$ 的和，记为 $\boldsymbol{c} = \boldsymbol{a} + \boldsymbol{b}$, 即 $\overrightarrow{AB} + \overrightarrow{BC} = \overrightarrow{AC}$, 如图 3.1.2 所示.

上面的加法称为按三角形法则定义的. 也可以按平行四边形法则定义加法：对于向量 $\boldsymbol{a}, \boldsymbol{b}$, 作有向线段 $\overrightarrow{OA} = \boldsymbol{a}$, $\overrightarrow{OB} = \boldsymbol{b}$, 并以 $\overrightarrow{OA}$ 和 $\overrightarrow{OB}$ 为邻边作平行四边形 $OACB$, 则把 $\overrightarrow{OC}$ 表示的向量 $\boldsymbol{c}$ 称为 $\boldsymbol{a}$ 与 $\boldsymbol{b}$ 的和，即 $\boldsymbol{c} = \boldsymbol{a} + \boldsymbol{b}$, 如图 3.1.3 所示.

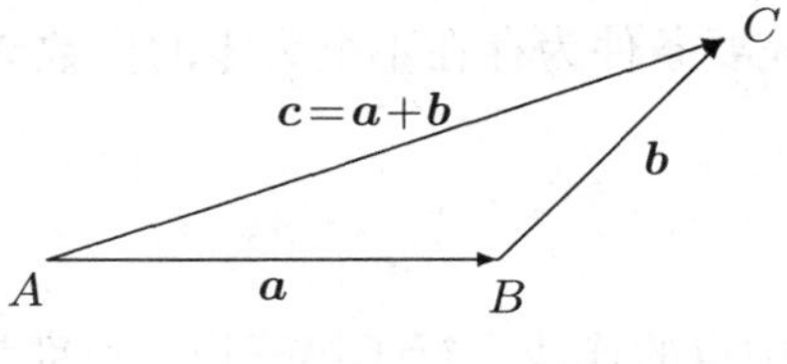

图 3.1.2

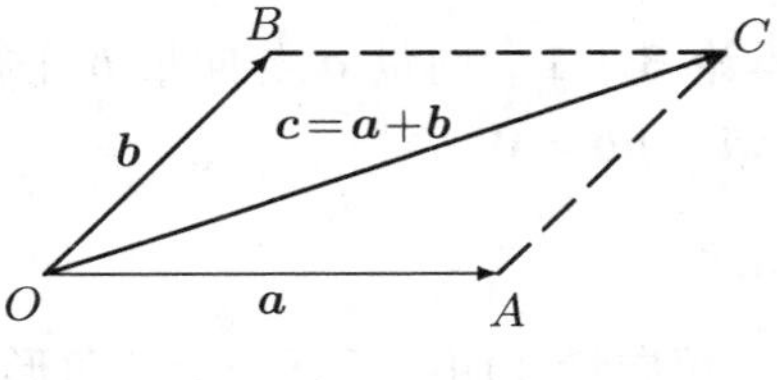

图 3.1.3

我们称与向量 $\boldsymbol{a}$ 大小相等且方向相反的向量为 $\boldsymbol{a}$ 的反向量，记作 $-\boldsymbol{a}$. 由此可

以定义向量的减法: $\boldsymbol{a}-\boldsymbol{b}=\boldsymbol{a}+(-\boldsymbol{b})$, 如图 3.1.4 所示.

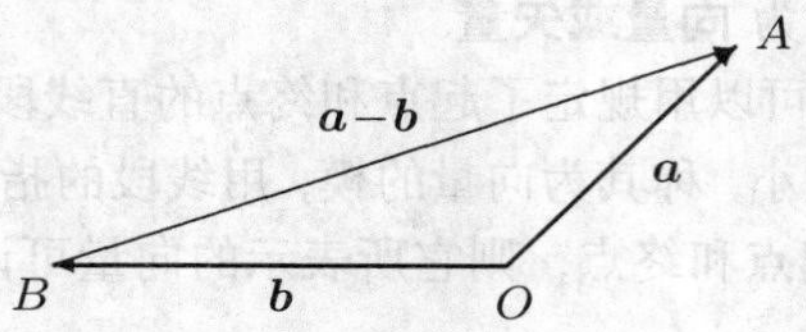

图 3.1.4

向量的加法满足以下运算规则:

(1) 交换律 $\boldsymbol{a}+\boldsymbol{b}=\boldsymbol{b}+\boldsymbol{a}$;

(2) 结合律 $(\boldsymbol{a}+\boldsymbol{b})+\boldsymbol{c}=\boldsymbol{a}+(\boldsymbol{b}+\boldsymbol{c})$,

其中 $\boldsymbol{a},\boldsymbol{b},\boldsymbol{c}$ 为任意向量.

3.1.2 向量的数乘

定义 3.1.2 对于向量 $\boldsymbol{a}$ 及实数 λ, 定义 λ 与 $\boldsymbol{a}$ 的乘积仍为一个向量, 记为 $\lambda\boldsymbol{a}$, 它的模为 $|\lambda||\boldsymbol{a}|$, 它的方向按如下方式定义: (1) $\lambda>0$ 时, $\lambda\boldsymbol{a}$ 与 $\boldsymbol{a}$ 方向相同; (2) $\lambda<0$ 时, $\lambda\boldsymbol{a}$ 与 $\boldsymbol{a}$ 方向相反; (3) $\lambda=0$ 时, $\lambda\boldsymbol{a}=\boldsymbol{0}$, 方向任意.

显然, $\lambda\boldsymbol{a}$ 与 $\boldsymbol{a}$ 平行. 对于非零向量 $\boldsymbol{a}$, $\dfrac{1}{|\boldsymbol{a}|}\boldsymbol{a}$ 为与 $\boldsymbol{a}$ 同方向的单位向量.

向量的数乘满足以下运算规则:

(1) 结合律 $\lambda(\mu\boldsymbol{a})=\mu(\lambda\boldsymbol{a})=(\lambda\mu)\boldsymbol{a}$;

(2) 分配律 $(\lambda+\mu)\boldsymbol{a}=\lambda\boldsymbol{a}+\mu\boldsymbol{a}$, $\lambda(\boldsymbol{a}+\boldsymbol{b})=\lambda\boldsymbol{a}+\lambda\boldsymbol{b}$,

其中 $\boldsymbol{a},\boldsymbol{b}$ 为任意向量, λ,μ 为任意实数.

定理 3.1.1 向量 $\boldsymbol{a}$ 与向量 $\boldsymbol{b}$ 平行的充要条件是存在实数 λ 使得 $\boldsymbol{b}=\lambda\boldsymbol{a}$ 或 $\boldsymbol{a}=\lambda\boldsymbol{b}$.

证明 充分性显然, 下证必要性.

当 $\boldsymbol{a}=\boldsymbol{0}$ 时, $\boldsymbol{a}=0\boldsymbol{b}$.

当 $\boldsymbol{a}\neq\boldsymbol{0}$ 时, $\dfrac{\boldsymbol{a}}{|\boldsymbol{a}|}$ 为与 $\boldsymbol{a}$ 同方向的单位向量. 若 $\boldsymbol{a}$ 与 $\boldsymbol{b}$ 方向相同, 则 $\boldsymbol{b}=|\boldsymbol{b}|\dfrac{\boldsymbol{a}}{|\boldsymbol{a}|}=\dfrac{|\boldsymbol{b}|}{|\boldsymbol{a}|}\boldsymbol{a}$; 若 $\boldsymbol{a}$ 与 $\boldsymbol{b}$ 方向相反, 则 $\boldsymbol{b}=-|\boldsymbol{b}|\dfrac{\boldsymbol{a}}{|\boldsymbol{a}|}=-\dfrac{|\boldsymbol{b}|}{|\boldsymbol{a}|}\boldsymbol{a}$.

推论 3.1.1 向量 $\boldsymbol{a}$ 与向量 $\boldsymbol{b}$ 平行的充要条件为存在不全为零的实数 λ 及 μ, 使得 $\lambda\boldsymbol{a}+\mu\boldsymbol{b}=\boldsymbol{0}$.

练习 3.1

1. 用向量证明: 任意一个三角形两边中点的连线平行于第三边, 长度为第三边的一半.

2. 证明两条对角线互相平分的四边形是平行四边形.

3.2 空间直角坐标系

仿照平面解析几何中的平面直角坐标系，我们来建立三维空间中的空间直角坐标系. 将点、向量与坐标一一对应，以便我们能更好地用代数方法研究几何问题.

3.2.1 空间直角坐标系

过空间中一个定点 O, 作三条具有相同长度单位的互相垂直的数轴，依次记为 x 轴、 y 轴、 z 轴，它们的正向符合右手规则，即以右手握住 z 轴，当右手的四个手指从 x 轴的正向以 $\frac{\pi}{2}$ 角度转向 y 轴的正向时，竖起的大拇指的指向为 z 轴的正向，如图 3.2.1 所示. 这样就建立了空间直角坐标系，也称为 $Oxyz$ 坐标系，点 O 称为坐标原点. 由 x 轴与 y 轴所确定的平面称为 xOy 面，由 y 轴与 z 轴所确定的平面称为 yOz 面，由 z 轴与 x 轴所确定的平面称为 zOx 面，这样确定出的三个平面统称为坐标面. 三个坐标面把空间分成八个部分，称为八个卦限，其中在 xOy 面上方并且在 yOz 面前方、 zOx 面右方的这个卦限称为第 I 卦限，在 xOy 面上方按逆时针方向依次为第 I, II, III, IV 卦限，在 xOy 面下方与第 I, II, III, IV 卦限相对的依次为第 V, VI, VII, VIII 卦限，如图 3.2.2 所示.

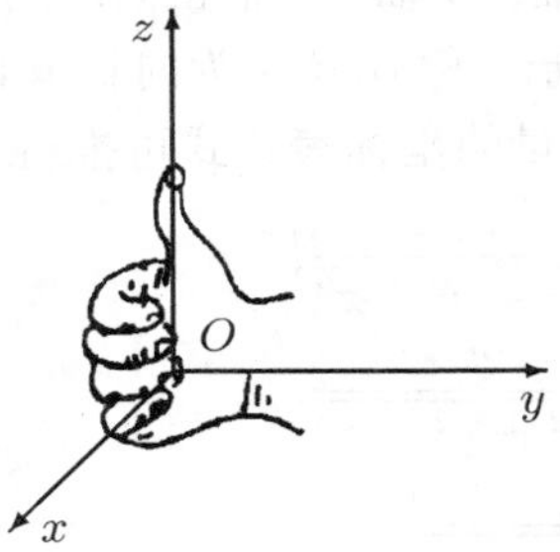

图 3.2.1

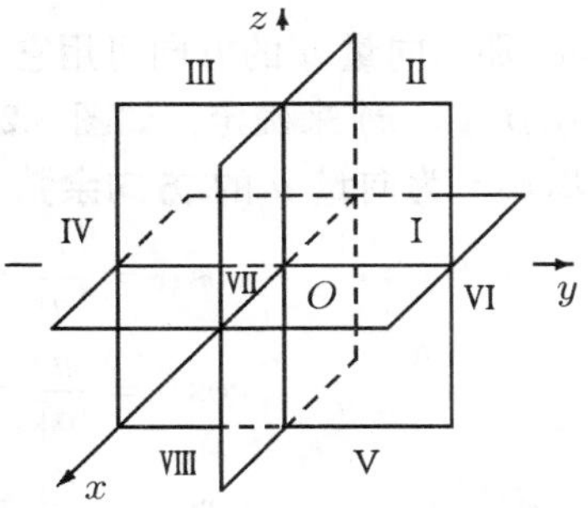

图 3.2.2

在空间中任取一点 M, 过点 M 作三个平面分别垂直于三个坐标轴并分别交 x 轴、 y 轴、 z 轴于点 P, Q, R. 设 P, Q, R 在三个坐标轴上的坐标分别为 x, y, z, 则三元有序数组 (x, y, z) 由点 M 唯一确定. 反之，给定三元有序数组 (x, y, z), 则在 x 轴、 y 轴、 z 轴上分别存在点 P, Q, R 并且它们的坐标分别为 x, y, z. 过点 P, Q, R 作三个平面分别垂直于 x 轴、 y 轴、 z 轴，则这三个平面的交点即为点 M, 即由 (x, y, z) 可唯一确定点 M. 称 (x, y, z) 为点 M 的坐标. 于是，空间中的点与三元有序实数组之间一一对应.

3.2.2 向量的坐标表达式

引入坐标系之后，将几何空间中的所有向量都看成起点在原点的向量. 对于任一向量 $\boldsymbol{a}$, 其终点 M 由 $\boldsymbol{a}$ 唯一确定. 反之，对于空间中的点 M, 把 M 作为一个向量的终点，则可得到唯一的向量 $\boldsymbol{a}$. 因此几何空间中的向量与点一一对应. 称终点 M 的坐标 (x,y,z) 为向量 $\boldsymbol{a}$ 的坐标表达式. (x,y,z) 既可指几何空间中一个点的坐标也可指一个向量，在不需要点的记号时还可直接指一个坐标为 (x,y,z) 的点，具体所指可由上下文看出，而 $M(x,y,z)$ 则指一个坐标为 (x,y,z) 的点 M.

在 x 轴、y 轴、z 轴上各取一单位向量 $\boldsymbol{i}$, $\boldsymbol{j}$, $\boldsymbol{k}$, 使得它们的方向与所在数轴的正方向相同. 对于任一向量 $\boldsymbol{a}$, 记其终点为 $M(x,y,z)$, 以 OM 为对角线并以三个坐标轴为棱作一个长方体，如图 3.2.3 所示，则

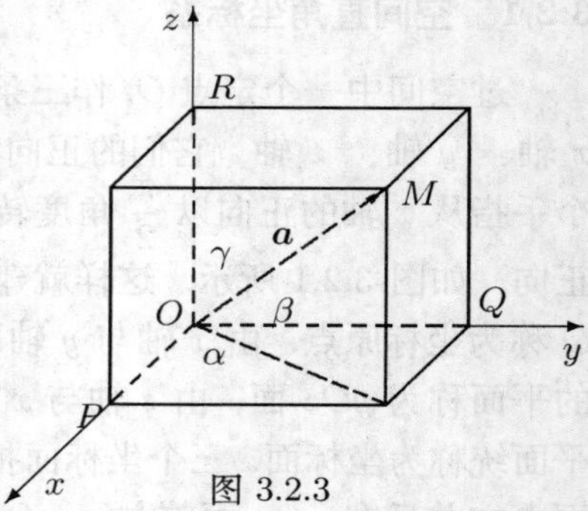

图 3.2.3

$$\boldsymbol{a}=\overrightarrow{OM}=\overrightarrow{OP}+\overrightarrow{OQ}+\overrightarrow{OR}.$$

由于 $\overrightarrow{OP},\overrightarrow{OQ},\overrightarrow{OR}$ 分别与 $\boldsymbol{i}$, $\boldsymbol{j}$, $\boldsymbol{k}$ 平行，故 $\overrightarrow{OP}=x\boldsymbol{i}$, $\overrightarrow{OQ}=y\boldsymbol{j}$, $\overrightarrow{OR}=z\boldsymbol{k}$. 由此可得 $\boldsymbol{a}=x\boldsymbol{i}+y\boldsymbol{j}+z\boldsymbol{k}$, 且

$$|\boldsymbol{a}|=\sqrt{x^2+y^2+z^2}.$$

如果 $|\boldsymbol{a}|\neq 0$, 那么向量 $\boldsymbol{a}$ 的方向可用它与 x 轴、y 轴、z 轴正向之间的夹角 α,β,γ (规定 $0\leqslant\alpha,\beta,\gamma\leqslant\pi$) 来确定，如图 3.2.3 所示. 称 α,β,γ 为向量 $\boldsymbol{a}$ 的 **方向角**，称 $\cos\alpha,\cos\beta,\cos\gamma$ 为向量 $\boldsymbol{a}$ 的 **方向余弦**. 由向量的坐标表达式可推得

$$\cos\alpha=\frac{x}{|\boldsymbol{a}|}=\frac{x}{\sqrt{x^2+y^2+z^2}},$$
$$\cos\beta=\frac{y}{|\boldsymbol{a}|}=\frac{y}{\sqrt{x^2+y^2+z^2}},$$
$$\cos\gamma=\frac{z}{|\boldsymbol{a}|}=\frac{z}{\sqrt{x^2+y^2+z^2}},$$

从而有

$$\cos^2\alpha+\cos^2\beta+\cos^2\gamma=1,$$

并且

$$(\cos\alpha,\cos\beta,\cos\gamma)=\frac{1}{|\boldsymbol{a}|}(x,y,z)=\frac{\boldsymbol{a}}{|\boldsymbol{a}|},$$

即 $(\cos\alpha,\cos\beta,\cos\gamma)$ 是与向量 $\boldsymbol{a}$ 同方向的单位向量.

3.2.3　向量线性运算的坐标表达式

对任意的向量 $\boldsymbol{a}=(a_1,a_2,a_3)$, $\boldsymbol{b}=(b_1,b_2,b_3)$ 及任意的实数 λ, 由向量的运算法则可得

$$\boldsymbol{a}+\boldsymbol{b}=(a_1\boldsymbol{i}+a_2\boldsymbol{j}+a_3\boldsymbol{k})+(b_1\boldsymbol{i}+b_2\boldsymbol{j}+b_3\boldsymbol{k})$$

$$= (a_1 + b_1)\boldsymbol{i} + (a_2 + b_2)\boldsymbol{j} + (a_3 + b_3)\boldsymbol{k} = (a_1 + b_1, a_2 + b_2, a_3 + b_3),$$

$$\lambda\boldsymbol{a} = \lambda(a_1\boldsymbol{i} + a_2\boldsymbol{j} + a_3\boldsymbol{k}) = \lambda a_1\boldsymbol{i} + \lambda a_2\boldsymbol{j} + \lambda a_3\boldsymbol{k} = (\lambda a_1, \lambda a_2, \lambda a_3).$$

3.2.4 两点间的距离

设 $A(x_1, y_1, z_1)$ 与 $B(x_2, y_2, z_2)$ 是空间中的两个点，则

$$\overrightarrow{OA} = x_1\boldsymbol{i} + y_1\boldsymbol{j} + z_1\boldsymbol{k}, \quad \overrightarrow{OB} = x_2\boldsymbol{i} + y_2\boldsymbol{j} + z_2\boldsymbol{k},$$

于是

$$\begin{aligned}\overrightarrow{AB} = \overrightarrow{OB} - \overrightarrow{OA} &= (x_2\boldsymbol{i} + y_2\boldsymbol{j} + z_2\boldsymbol{k}) - (x_1\boldsymbol{i} + y_1\boldsymbol{j} + z_1\boldsymbol{k}) \\ &= (x_2 - x_1)\boldsymbol{i} + (y_2 - y_1)\boldsymbol{j} + (z_2 - z_1)\boldsymbol{k} \\ &= (x_2 - x_1, y_2 - y_1, z_2 - z_1).\end{aligned}$$

因此 A, B 两点间的距离为

$$|\overrightarrow{AB}| = \sqrt{(x_2 - x_1)^2 + (y_2 - y_1)^2 + (z_2 - z_1)^2}.$$

3.2.5 线段的定比分点

已知空间中的两点 $A(x_1, y_1, z_1)$，$B(x_2, y_2, z_2)$ 以及实数 λ ($\lambda \neq -1$). 若点 $P(x, y, z)$ 在直线 AB 上，且 $\overrightarrow{AP} = \lambda\overrightarrow{PB}$, 则

$$(x - x_1, y - y_1, z - z_1) = \lambda(x_2 - x, y_2 - y, z_2 - z),$$

于是

$$x = \frac{x_1 + \lambda x_2}{1 + \lambda}, \quad y = \frac{y_1 + \lambda y_2}{1 + \lambda}, \quad z = \frac{z_1 + \lambda z_2}{1 + \lambda},$$

即点 P 的坐标为 $\left(\dfrac{x_1 + \lambda x_2}{1 + \lambda}, \dfrac{y_1 + \lambda y_2}{1 + \lambda}, \dfrac{z_1 + \lambda z_2}{1 + \lambda}\right)$.

通常将点 P 称为有向线段 $\overrightarrow{AB}$ 的 λ 分点. 特别地，当 $\lambda = 1$ 时，得到线段 AB 的中点 P 的坐标是

$$\left(\frac{x_1 + x_2}{2}, \frac{y_1 + y_2}{2}, \frac{z_1 + z_2}{2}\right).$$

例 3.2.1 已知两点 $A(-1, 1, 2)$, $B(1, 2, 5)$, 求向量 $\overrightarrow{AB}$ 的模、方向余弦及方向角.

解 由于 $\overrightarrow{AB} = (1 - (-1), 2 - 1, 5 - 2) = (2, 1, 3)$, 故 $\overrightarrow{AB}$ 的模为

$$|\overrightarrow{AB}| = \sqrt{2^2 + 1^2 + 3^2} = \sqrt{14},$$

向量 $\overrightarrow{AB}$ 的方向余弦为

$$\cos\alpha=\frac{2}{|\overrightarrow{AB}|}=\frac{2}{\sqrt{14}},\quad \cos\beta=\frac{1}{|\overrightarrow{AB}|}=\frac{1}{\sqrt{14}},\quad \cos\gamma=\frac{3}{|\overrightarrow{AB}|}=\frac{3}{\sqrt{14}},$$

向量 $\overrightarrow{AB}$ 的方向角为

$$\alpha=\arccos\frac{2}{\sqrt{14}},\ \beta=\arccos\frac{1}{\sqrt{14}},\ \gamma=\arccos\frac{3}{\sqrt{14}}.$$

练习 3.2

1. 已知向量 $\boldsymbol{a}=(1,2,8)$, $\boldsymbol{b}=(3,6,1)$, 求向量 $\boldsymbol{a}+\boldsymbol{b},5\boldsymbol{a},2\boldsymbol{a}+3\boldsymbol{b}$.
2. 已知两点 $M_1(4,0,1)$, $M_2(3,1,6)$, 求向量 $\overrightarrow{M_1M_2}$ 的模、方向余弦及方向角.
3. 已知向量 $\boldsymbol{a}=\boldsymbol{i}-\boldsymbol{j}+2\boldsymbol{k}$, 求 $\boldsymbol{a}$ 的模以及与 $\boldsymbol{a}$ 同方向的单位向量.
4. 已知 $\boldsymbol{a}$ 和 x 轴、 y 轴正向夹角分别为 $\frac{\pi}{3},\frac{2\pi}{3}$, 求 $\boldsymbol{a}$ 和 z 轴正向夹角.
5. 三角形三个顶点分别为 $A(4,1,8)$, $B(5,-1,6)$, $C(2,4,3)$, 求这个三角形的周长.

3.3　向量的数量积与向量积

3.3.1　向量的数量积

现有一物体 M 在力 $\boldsymbol{F}$ 作用下，由点 O 沿直线移动到点 P, 如图 3.3.1 所示. 这时物体的位移为 $\boldsymbol{S}=\overrightarrow{OP}$. 如果 $\boldsymbol{F}$ 与 $\boldsymbol{S}$ 的夹角为 θ, 则力 $\boldsymbol{F}$ 所做功为

$$W=|\boldsymbol{S}||\boldsymbol{F}|\cos\theta.$$

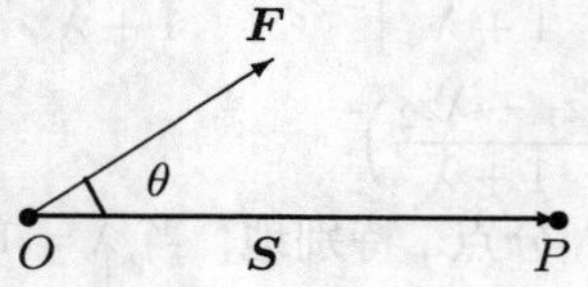

图 3.3.1

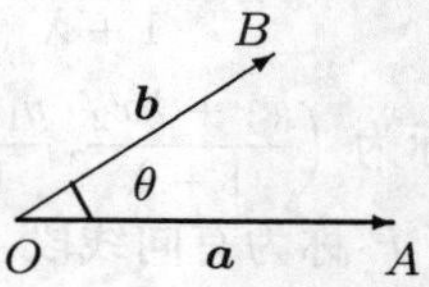

图 3.3.2

由此可知，功 W 可由向量 $\boldsymbol{F}$ 与 $\boldsymbol{S}$ 的模和夹角唯一确定. 我们仿此给出向量的数量积的定义.

设 $\boldsymbol{a}$, $\boldsymbol{b}$ 为两个非零向量，任取一点 O 作为它们的公共起点，并作 $\overrightarrow{OA}=\boldsymbol{a}$, $\overrightarrow{OB}=\boldsymbol{b}$. 称由线段 OA 和 OB 构成的在 0 与 π 之间的角 (图 3.3.2) 为向量 $\boldsymbol{a}$ 与 $\boldsymbol{b}$ 的夹角，记为 $\langle\boldsymbol{a},\boldsymbol{b}\rangle$. 规定零向量与任意向量的夹角都是 $\frac{\pi}{2}$. 当 $\boldsymbol{a}$, $\boldsymbol{b}$ 均为非零向量且 $\langle\boldsymbol{a},\boldsymbol{b}\rangle=\frac{\pi}{2}$ 时，称向量 $\boldsymbol{a}$ 与 $\boldsymbol{b}$ 是互相垂直的，记为 $\boldsymbol{a}\perp\boldsymbol{b}$.

定义 3.3.1 设 $\boldsymbol{a}$, $\boldsymbol{b}$ 为两个向量，称实数

$$|\boldsymbol{a}|\,|\boldsymbol{b}|\cos\langle\boldsymbol{a},\boldsymbol{b}\rangle$$

为向量 $\boldsymbol{a}$ 与 $\boldsymbol{b}$ 的 **数量积**，也称为 **内积**，记为 $\boldsymbol{a}\cdot\boldsymbol{b}$ 或 $(\boldsymbol{a},\ \boldsymbol{b})$.

例如，若向量 $\boldsymbol{a}$ 与 $\boldsymbol{b}$ 的夹角为 $\dfrac{\pi}{3}$，且 $|\boldsymbol{a}|=2$, $|\boldsymbol{b}|=3$，则 $\boldsymbol{a}\cdot\boldsymbol{b}=2\times3\times\cos\dfrac{\pi}{3}=3$.

由向量的数量积的定义易知

$$\boldsymbol{i}\cdot\boldsymbol{i}=\boldsymbol{j}\cdot\boldsymbol{j}=\boldsymbol{k}\cdot\boldsymbol{k}=1,\ \boldsymbol{i}\cdot\boldsymbol{j}=\boldsymbol{j}\cdot\boldsymbol{k}=\boldsymbol{k}\cdot\boldsymbol{i}=0.$$

向量的数量积满足以下规则：

(1) $\boldsymbol{a}\cdot\boldsymbol{b}=\boldsymbol{b}\cdot\boldsymbol{a}$;

(2) $(\lambda\boldsymbol{a})\cdot\boldsymbol{b}=\boldsymbol{a}\cdot(\lambda\boldsymbol{b})=\lambda(\boldsymbol{a}\cdot\boldsymbol{b})$;

(3) $\boldsymbol{a}\cdot\boldsymbol{a}\geqslant0$, 且 $\boldsymbol{a}\cdot\boldsymbol{a}=0$ 当且仅当 $\boldsymbol{a}=\boldsymbol{0}$.

另外，向量的数量积还满足

(4) $(\boldsymbol{a}+\boldsymbol{b})\cdot\boldsymbol{c}=\boldsymbol{a}\cdot\boldsymbol{c}+\boldsymbol{b}\cdot\boldsymbol{c}$ (证明参见参考文献 [6]).

下面利用向量的坐标表达式来给出数量积的计算公式.

若 $\boldsymbol{a}=(a_1,a_2,a_3)$, $\boldsymbol{b}=(b_1,b_2,b_3)$，则利用数量积的性质可得

$$\boldsymbol{a}\cdot\boldsymbol{b}=(a_1\boldsymbol{i}+a_2\boldsymbol{j}+a_3\boldsymbol{k})\cdot(b_1\boldsymbol{i}+b_2\boldsymbol{j}+b_3\boldsymbol{k})=a_1b_1+a_2b_2+a_3b_3.$$

当 $|\boldsymbol{a}||\boldsymbol{b}|\neq0$ 时，我们还可得到

$$\langle\boldsymbol{a},\boldsymbol{b}\rangle=\arccos\frac{\boldsymbol{a}\cdot\boldsymbol{b}}{|\boldsymbol{a}||\boldsymbol{b}|}=\arccos\frac{a_1b_1+a_2b_2+a_3b_3}{\sqrt{a_1^2+a_2^2+a_3^2}\sqrt{b_1^2+b_2^2+b_3^2}}.$$

3.3.2 向量的向量积

一根杠杆 L 以点 O 为支点，力 $\boldsymbol{F}$ 作用于这杠杆上 P 点处，力 $\boldsymbol{F}$ 与 $\overrightarrow{OP}$ 的夹角为 θ, 如图 3.3.3 所示. 由力学原理可知，力 $\boldsymbol{F}$ 对支点 O 的力矩是一向量 $\boldsymbol{M}$，它的模

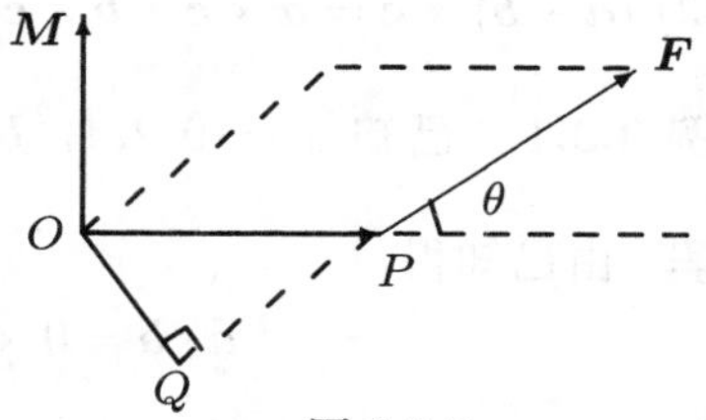

图 3.3.3

$$|\boldsymbol{M}|=|\overrightarrow{OQ}|\,|\boldsymbol{F}|=|\overrightarrow{OP}|\,|\boldsymbol{F}|\sin\theta,$$

$\boldsymbol{M}$ 的方向垂直于 $\boldsymbol{F}$ 与 $\overrightarrow{OP}$ 所确定的平面，并按 $\overrightarrow{OP},\boldsymbol{F},\boldsymbol{M}$ 的顺序构成右手系. 我们仿此给出向量积的定义.

定义 3.3.2 对于向量 $\boldsymbol{a}$ 与 $\boldsymbol{b}$, 称向量 $\boldsymbol{c}$ 为 $\boldsymbol{a}$ 与 $\boldsymbol{b}$ 的 **向量积**，也称为 **外积**，记为 $\boldsymbol{a}\times\boldsymbol{b}$, 其中

$$|\boldsymbol{c}|=|\boldsymbol{a}|\,|\boldsymbol{b}|\sin\langle\boldsymbol{a},\boldsymbol{b}\rangle,$$

$\boldsymbol{c}$ 的方向与 $\boldsymbol{a}$, $\boldsymbol{b}$ 都垂直，并按 $\boldsymbol{a},\boldsymbol{b},\boldsymbol{c}$ 的顺序构成右手系（即手掌立在 $\boldsymbol{a},\boldsymbol{b}$ 所在平面的向量 $\boldsymbol{a}$ 上，当右手掌从 $\boldsymbol{a}$ 以不超过 π 的角转向 $\boldsymbol{b}$ 时大拇指的指向为 $\boldsymbol{c}$ 的方向）.

显然, 零向量与任何一个向量的外积仍为零向量. 另外, 从定义可以看出 $|\boldsymbol{a}\times\boldsymbol{b}|$ 可用来表示以 $\boldsymbol{a}$ 和 $\boldsymbol{b}$ 为邻边所构成的平行四边形的面积.

由向量积的定义易知

$$\boldsymbol{i}\times\boldsymbol{i}=\boldsymbol{j}\times\boldsymbol{j}=\boldsymbol{k}\times\boldsymbol{k}=\boldsymbol{0},\ \boldsymbol{i}\times\boldsymbol{j}=\boldsymbol{k},\ \boldsymbol{j}\times\boldsymbol{k}=\boldsymbol{i},\ \boldsymbol{k}\times\boldsymbol{i}=\boldsymbol{j}.$$

向量的向量积满足以下运算规则:

(1) $\boldsymbol{a}\times\boldsymbol{b}=-\boldsymbol{b}\times\boldsymbol{a}$;

(2) $(\lambda\boldsymbol{a})\times\boldsymbol{b}=\lambda(\boldsymbol{a}\times\boldsymbol{b})$.

下面给出向量积的坐标表达式，其证明参见参考文献 [6].

若 $\boldsymbol{a}=(a_1,a_2,a_3)=a_1\boldsymbol{i}+a_2\boldsymbol{j}+a_3\boldsymbol{k}$, $\boldsymbol{b}=(b_1,b_2,b_3)=b_1\boldsymbol{i}+b_2\boldsymbol{j}+b_3\boldsymbol{k}$, 则

$$\begin{aligned}\boldsymbol{a}\times\boldsymbol{b}&=\begin{vmatrix}\boldsymbol{i}&\boldsymbol{j}&\boldsymbol{k}\\a_1&a_2&a_3\\b_1&b_2&b_3\end{vmatrix}\\&=\begin{vmatrix}a_2&a_3\\b_2&b_3\end{vmatrix}\boldsymbol{i}-\begin{vmatrix}a_1&a_3\\b_1&b_3\end{vmatrix}\boldsymbol{j}+\begin{vmatrix}a_1&a_2\\b_1&b_2\end{vmatrix}\boldsymbol{k}\\&=\left(\begin{vmatrix}a_2&a_3\\b_2&b_3\end{vmatrix},\begin{vmatrix}a_3&a_1\\b_3&b_1\end{vmatrix},\begin{vmatrix}a_1&a_2\\b_1&b_2\end{vmatrix}\right)\\&=(a_2b_3-a_3b_2,\ a_3b_1-a_1b_3,\ a_1b_2-a_2b_1).\end{aligned}$$

利用上面的表达式可以推出向量积还满足

(3) $(\boldsymbol{a}+\boldsymbol{b})\times\boldsymbol{c}=\boldsymbol{a}\times\boldsymbol{c}+\boldsymbol{b}\times\boldsymbol{c},\quad \boldsymbol{a}\times(\boldsymbol{b}+\boldsymbol{c})=\boldsymbol{a}\times\boldsymbol{b}+\boldsymbol{a}\times\boldsymbol{c}.$

例 3.3.1　已知 $\boldsymbol{a}=(0,2,4)$, $\boldsymbol{b}=(2,0,1)$, 求 $\boldsymbol{a}\cdot\boldsymbol{b}$, $\langle\boldsymbol{a},\boldsymbol{b}\rangle$, $\boldsymbol{a}\times\boldsymbol{b}$.

解　由已知得

$$\boldsymbol{a}\cdot\boldsymbol{b}=0\times2+2\times0+4\times1=4,$$

$$\langle\boldsymbol{a},\boldsymbol{b}\rangle=\arccos\frac{4}{\sqrt{20}\sqrt{5}}=\arccos\frac{2}{5},$$

$$\boldsymbol{a}\times\boldsymbol{b}=\begin{vmatrix}\boldsymbol{i}&\boldsymbol{j}&\boldsymbol{k}\\0&2&4\\2&0&1\end{vmatrix}=2\boldsymbol{i}+8\boldsymbol{j}-4\boldsymbol{k}=(2,8,-4).$$

例 3.3.2　已知三角形三个顶点分别为 $A(1,0,1)$, $B(2,1,2)$, $C(2,-1,5)$, 求这个三角形的面积 S.

解 因为 $\overrightarrow{AB}=(1,1,1)$, $\overrightarrow{AC}=(1,-1,4)$, 所以

$$\overrightarrow{AB}\times\overrightarrow{AC}=\begin{vmatrix} \boldsymbol{i} & \boldsymbol{j} & \boldsymbol{k} \\ 1 & 1 & 1 \\ 1 & -1 & 4 \end{vmatrix}=5\boldsymbol{i}-3\boldsymbol{j}-2\boldsymbol{k},$$

从而由向量积的几何意义可知，三角形的面积

$$S=\frac{1}{2}|\overrightarrow{AB}\times\overrightarrow{AC}|=\frac{1}{2}\sqrt{5^2+(-3)^2+(-2)^2}=\frac{\sqrt{38}}{2}.$$

3.3.3 * 向量的混合积

下面介绍向量的混合积.

定义 3.3.3 对于任意给定的三个向量 $\boldsymbol{a},\boldsymbol{b},\boldsymbol{c}$, 称数 $(\boldsymbol{a}\times\boldsymbol{b})\cdot\boldsymbol{c}$ 为向量 $\boldsymbol{a},\boldsymbol{b},\boldsymbol{c}$ 的 **混合积**，记为 $[\boldsymbol{a}\,\boldsymbol{b}\,\boldsymbol{c}]$.

显然

$$\begin{aligned}[\boldsymbol{a}\,\boldsymbol{b}\,\boldsymbol{c}]&=(\boldsymbol{a}\times\boldsymbol{b})\cdot\boldsymbol{c}\\&=|\boldsymbol{a}\times\boldsymbol{b}||\boldsymbol{c}|\cos(\boldsymbol{a}\times\boldsymbol{b},\boldsymbol{c}).\end{aligned}$$

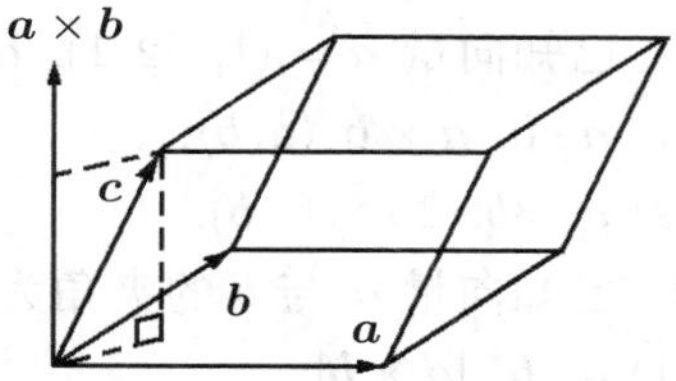

图 3.3.4

从图 3.3.4 可以看出 $|[\boldsymbol{a}\,\boldsymbol{b}\,\boldsymbol{c}]|$ 是以 $\boldsymbol{a},\boldsymbol{b},\boldsymbol{c}$ 为邻边的平行六面体的体积.

下面利用向量的坐标表达式给出混合积的计算公式.

对任意的向量 $\boldsymbol{a}=(a_1,a_2,a_3)$, $\boldsymbol{b}=(b_1,b_2,b_3)$, $\boldsymbol{c}=(c_1,c_2,c_3)$, 由于

$$\boldsymbol{a}\times\boldsymbol{b}=\begin{vmatrix} a_2 & a_3 \\ b_2 & b_3 \end{vmatrix}\boldsymbol{i}-\begin{vmatrix} a_1 & a_3 \\ b_1 & b_3 \end{vmatrix}\boldsymbol{j}+\begin{vmatrix} a_1 & a_2 \\ b_1 & b_2 \end{vmatrix}\boldsymbol{k},$$

故

$$(\boldsymbol{a}\times\boldsymbol{b})\cdot\boldsymbol{c}=\begin{vmatrix} a_2 & a_3 \\ b_2 & b_3 \end{vmatrix}c_1-\begin{vmatrix} a_1 & a_3 \\ b_1 & b_3 \end{vmatrix}c_2+\begin{vmatrix} a_1 & a_2 \\ b_1 & b_2 \end{vmatrix}c_3=\begin{vmatrix} a_1 & a_2 & a_3 \\ b_1 & b_2 & b_3 \\ c_1 & c_2 & c_3 \end{vmatrix}.$$

由上面的公式易知，向量的混合积有如下性质：

(1) 对任意的向量 $\boldsymbol{a}$, $\boldsymbol{b}$, $\boldsymbol{c}$, 有

$$(\boldsymbol{a}\times\boldsymbol{b})\cdot\boldsymbol{c}=(\boldsymbol{b}\times\boldsymbol{c})\cdot\boldsymbol{a}=(\boldsymbol{c}\times\boldsymbol{a})\cdot\boldsymbol{b};$$

(2) 三个向量 $\boldsymbol{a}=(a_1,a_2,a_3)$, $\boldsymbol{b}=(b_1,b_2,b_3)$, $\boldsymbol{c}=(c_1,c_2,c_3)$ 在同一个平面上 (简称共面) 的充要条件为

$$(\boldsymbol{a}\times\boldsymbol{b})\cdot\boldsymbol{c}=\begin{vmatrix} a_1 & a_2 & a_3 \\ b_1 & b_2 & b_3 \\ c_1 & c_2 & c_3 \end{vmatrix}=0.$$

例 3.3.3　已知一个四面体 $ABCD$ 的四个顶点分别为 $A(1,0,3)$, $B(2,1,-1)$, $C(-1,3,0)$, $D(0,1,2)$, 求四面体 $ABCD$ 的体积 V.

解　因为 $\overrightarrow{AB}=(1,1,-4)$, $\overrightarrow{AC}=(-2,3,-3)$, $\overrightarrow{AD}=(-1,1,-1)$, 所以

$$(\overrightarrow{AB}\times\overrightarrow{AC})\cdot\overrightarrow{AD}=\begin{vmatrix}1 & 1 & -4\\ -2 & 3 & -3\\ -1 & 1 & -1\end{vmatrix}=-3,$$

从而由混合积的几何意义可知, 四面体 $ABCD$ 的体积为

$$V=\frac{1}{6}|(\overrightarrow{AB}\times\overrightarrow{AC})\cdot\overrightarrow{AD}|=\frac{1}{2}.$$

练习 3.3

1. 已知向量 $\boldsymbol{a}=(1,-2,1)$, $\boldsymbol{b}=(-1,3,5)$, 求
(1) $\boldsymbol{a}\cdot\boldsymbol{b}$, $\boldsymbol{a}\times\boldsymbol{b}$, $\langle\boldsymbol{a},\boldsymbol{b}\rangle$;
(2) $\boldsymbol{a}\cdot 3\boldsymbol{b}$, $2\boldsymbol{a}\times(-\boldsymbol{b})$.
2. 已知向量 $\boldsymbol{a}$ 与 $\boldsymbol{b}$ 的夹角为 $\frac{\pi}{4}$, 且 $|\boldsymbol{a}|=2$, $|\boldsymbol{b}|=4$, 求
(1) $\boldsymbol{a}\cdot\boldsymbol{b}$, $|\boldsymbol{a}\times\boldsymbol{b}|$;
(2) $(\boldsymbol{a}+\boldsymbol{b})\cdot(\boldsymbol{a}-\boldsymbol{b})$, $|(\boldsymbol{a}+\boldsymbol{b})\times(\boldsymbol{a}-\boldsymbol{b})|$.
3. 已知 $\overrightarrow{AB}=\boldsymbol{i}+2\boldsymbol{k}$, $\overrightarrow{AC}=2\boldsymbol{i}+5\boldsymbol{j}$, 求三角形 ABC 的面积.

3.4　平面与空间直线

在平面解析几何中, 我们曾在平面直角坐标系下建立直线的方程, 有一般式、点斜式、两点式、截距式和参数式等等. 本节将在空间直角坐标系下利用向量和坐标的相关知识建立空间直线和平面的方程, 并在下一节研究它们之间的位置关系.

3.4.1　平面方程

我们都知道不共线的三点可以确定一个平面. 设有不共线的三点 $M_1(x_1,y_1,z_1)$, $M_2(x_2,y_2,z_2)$, $M_3(x_3,y_3,z_3)$, 它们确定的平面记为 Π. 在 Π 上任取一点 $M(x,y,z)$, 则有 $(\overrightarrow{M_1M_2}\times\overrightarrow{M_1M_3})\cdot\overrightarrow{M_1M}=0$, 即

$$\begin{vmatrix}x-x_1 & y-y_1 & z-z_1\\ x_2-x_1 & y_2-y_1 & z_2-z_1\\ x_3-x_1 & y_3-y_1 & z_3-z_1\end{vmatrix}=0. \tag{3.1}$$

由点 M 的任意性可知, 平面 Π 上所有点的坐标都满足式 (3.1); 反之, 由上面的推导过程可知, 坐标满足式 (3.1) 的点都在平面 Π 上. 因此, 式 (3.1) 完全可以代表

平面 Π. 称式 (3.1) 为平面 Π 的方程，它由三点 M_1, M_2, M_3 所确定，故也称其为平面 Π 的 **三点式方程**.

特别地，若平面 Π 过点 $M_1(a,0,0)$, $M_2(0,b,0)$, $M_3(0,0,c)$, 其中 $abc \neq 0$, 则平面 Π 的方程为

$$\begin{vmatrix} x-a & y-0 & z-0 \\ 0-a & b-0 & 0-0 \\ 0-a & 0-0 & c-0 \end{vmatrix} = 0,$$

即

$$\frac{x}{a} + \frac{y}{b} + \frac{z}{c} = 1. \tag{3.2}$$

称式 (3.2) 为平面 Π 的 **截距式方程**.

下面我们从另一个角度来推导平面的方程. 在空间直角坐标系 $Oxyz$ 中，设 Π 为一个平面，垂直于平面 Π 的直线称为它的法线，平行于法线的非零向量称为平面 Π 的法向量，通常用 $\boldsymbol{n}$ 来表示.

设 $P_0(x_0, y_0, z_0)$ 为平面 Π 上一点， $\boldsymbol{n} = (A, B, C)$ 是 Π 的一个法向量，如图 3.4.1 所示. 在平面 Π 上任取一点 $P(x, y, z)$, 则有 $\overrightarrow{P_0P} = (x - x_0, y - y_0, z - z_0)$. 由于 $\boldsymbol{n} \perp \overrightarrow{P_0P}$, 故

$$A(x - x_0) + B(y - y_0) + C(z - z_0) = 0. \tag{3.3}$$

式 (3.3) 由点 $P_0(x_0, y_0, z_0)$ 及法向量 $\boldsymbol{n}$ 所确定，故也称其为平面 Π 的 **点法式方程**.

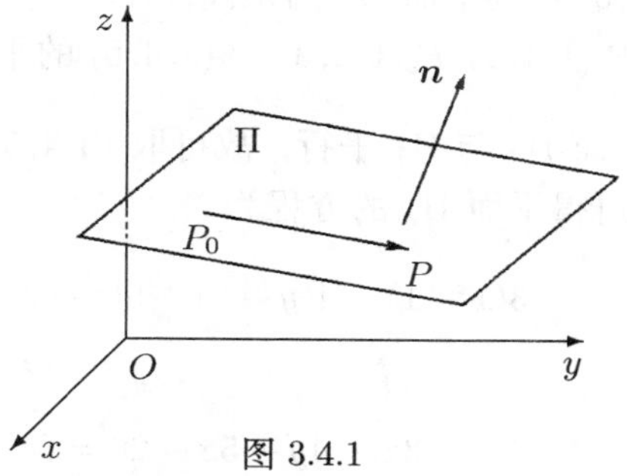

图 3.4.1

显然，平面方程都可以写成如下形式：

$$Ax + By + Cz + D = 0, \tag{3.4}$$

其中 A, B, C 不全为零. 反之，若有式 (3.4), 且 A, B, C 不全为零，不妨设 $A \neq 0$, 则式 (3.4) 可变形为

$$A\left(x - \left(-\frac{D}{A}\right)\right) + B(y - 0) + C(z - 0) = 0.$$

这是一个以 A, B, C 为法向量且过点 $(-\frac{D}{A}, 0, 0)$ 的平面方程. 因此，每一个形如式 (3.4) 的方程都可以表示一个平面. 称式 (3.4) 为平面的 **一般式方程**.

设平面 Π 的方程为 $Ax+By+Cz+D=0$, 点 $P(x_0, y_0, z_0)$ 不在平面 Π 上. 过点 P 作平面 Π 的垂线且垂足记为 $Q(x_1, y_1, z_1)$, 则

$$Ax_1+By_1+Cz_1+D=0. \tag{3.5}$$

而线段 PQ 的长度，即向量 $\overrightarrow{PQ}$ 的模就是点 P 到平面 Π 的距离. 由于 $\overrightarrow{PQ}$ 与平面的法向量平行，故 $(x_1-x_0, y_1-y_0, z_1-z_0)=\lambda(A, B, C)$, 即

$$x_1=\lambda A+x_0, y_1=\lambda B+y_0, z_1=\lambda C+z_0.$$

将其代入式 (3.5) 即得 $\lambda=-\dfrac{Ax_0+By_0+Cz_0+D}{A^2+B^2+C^2}$. 于是

$$\begin{aligned}|\overrightarrow{PQ}| &= \sqrt{(x_1-x_0)^2+(y_1-y_0)^2+(z_1-z_0)^2} \\ &= |\lambda|\sqrt{A^2+B^2+C^2}=\frac{|Ax_0+By_0+Cz_0+D|}{\sqrt{A^2+B^2+C^2}}.\end{aligned}$$

因此，点 P 到平面 Π 的距离为 $\dfrac{|Ax_0+By_0+Cz_0+D|}{\sqrt{A^2+B^2+C^2}}$.

例 3.4.1　(1) 求经过点 $M_1(1,2,3)$ 且与平面 $\Pi_1: 3x+4y+5z+9=0$ 平行的平面 Π_2 的方程;

(2) 求点 $M_2(4,5,6)$ 到平面 Π_2 的距离;

(3) 求经过点 $P_1(1,1,1), P_2(1,2,3), P_3(3,4,6)$ 的平面 Π_3 的方程.

解　(1) 由于平面 Π_2 与 Π_1 平行，故可取 $(3,4,5)$ 平面 Π_2 的法向量. 由平面的点法式方程公式可得平面 Π_2 的方程为

$$3(x-1)+4(y-2)+5(z-3)=0,$$

即

$$3x+4y+5z-26=0.$$

(2) 点 M_2 到平面 Π_2 的距离为

$$\frac{|3\times4+4\times5+5\times6-26|}{\sqrt{3^2+4^2+5^2}}=\frac{36}{\sqrt{50}}.$$

(3) 由平面的三点式方程公式可得平面 Π_3 的方程为

$$\begin{vmatrix} x-1 & y-1 & z-1 \\ 1-1 & 2-1 & 3-1 \\ 3-1 & 4-1 & 6-1 \end{vmatrix}=0,$$

即

$$x - 4y + 2z + 1 = 0.$$

3.4.2 空间直线方程

设直线 L 经过点 $M_0(x_0, y_0, z_0)$, 并与非零向量 $\boldsymbol{s} = (m, n, l)$ 平行. 我们称与直线平行的非零向量为直线的方向向量, 通常记为 $\boldsymbol{s}$. 对于直线 L 上的任意一点 $M(x, y, z)$, 有 $\boldsymbol{s} \parallel \overrightarrow{M_0M}$, 于是存在数 t 使得

$$(x - x_0, y - y_0, z - z_0) = t(m, n, l),$$

即

$$\begin{cases} x = x_0 + tm, \\ y = y_0 + tn, \\ z = z_0 + tl. \end{cases} \tag{3.6}$$

称方程组 (3.6) 为直线 L 的 **参数式方程**.

当然, 直线 L 也可只用

$$\frac{x - x_0}{m} = \frac{y - y_0}{n} = \frac{z - z_0}{l}$$

来表示, 称其为 L 的 **点向式** 或 **对称式方程**.[1]

如果直线 L 经过点 $M_1(x_1, y_1, z_1)$ 和 $M_2(x_2, y_2, z_2)$, 那么它的方向向量可取为 $\overrightarrow{M_1M_2}$, 故 L 的方程为

$$\frac{x - x_1}{x_2 - x_1} = \frac{y - y_1}{y_2 - y_1} = \frac{z - z_1}{z_2 - z_1},$$

也称其为 L 的 **两点式方程**.

另外, 空间中直线也可看作不平行的两个平面的交线. 设有两个平面

$$\Pi_1 : A_1x + B_1y + C_1z + D_1 = 0,$$
$$\Pi_2 : A_2x + B_2y + C_2z + D_2 = 0.$$

它们的交线记为 L, 如图 3.4.2 所示. 如果点 $M(x, y, z)$ 在直线 L 上, 则它的坐标满足方程组

$$\begin{cases} A_1x + B_1y + C_1z + D_1 = 0, \\ A_2x + B_2y + C_2z + D_2 = 0. \end{cases} \tag{3.7}$$

---

[1]如果 m, n, l 中有为零的, 比如说 $m = 0$, 则理解为

$$\begin{cases} x = x_0, \\ \dfrac{y - y_0}{n} = \dfrac{z - z_0}{l}. \end{cases}$$

反之，坐标满足方程组 (3.7) 的点都在直线 L 上．称方程组 (3.7) 为直线 L 的**一般式方程**. 由于 L 既在 Π_1 上又在 Π_2 上，故 L 的方向向量 $\boldsymbol{s}$ 与它们的法向量 $\boldsymbol{n}_1, \boldsymbol{n}_2$ 都垂直,

$$\boldsymbol{n}_1 \times \boldsymbol{n}_2 = \begin{vmatrix} \boldsymbol{i} & \boldsymbol{j} & \boldsymbol{k} \\ A_1 & B_1 & C_1 \\ A_2 & B_2 & C_2 \end{vmatrix} = \left(\begin{vmatrix} B_1 & C_1 \\ B_2 & C_2 \end{vmatrix}, \begin{vmatrix} C_1 & A_1 \\ C_2 & A_2 \end{vmatrix}, \begin{vmatrix} A_1 & B_1 \\ A_2 & B_2 \end{vmatrix} \right)$$

即为 L 的一个方向向量.

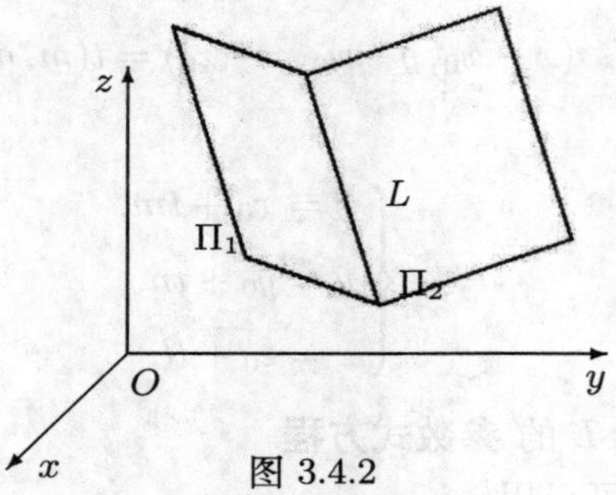

图 3.4.2

设过点 $P_0(x_0, y_0, z_0)$ 的直线 L 的方程为

$$\frac{x - x_0}{m} = \frac{y - y_0}{n} = \frac{z - z_0}{l},$$

点 $P(x_1, y_1, z_1)$ 不在直线 L 上．过点 P 作直线 L 的垂线交 L 于点 Q, 则线段 PQ 的长度，即向量 $\overrightarrow{PQ}$ 的模就是点 P 到直线 L 的距离．由于 $\overrightarrow{P_0Q}$ 与 L 的方向向量 $\boldsymbol{s} = (m, n, l)$ 平行，故

$$|\overrightarrow{PQ}| = |\overrightarrow{P_0P}| \sin\langle \overrightarrow{P_0P}, \boldsymbol{s} \rangle = \frac{|\overrightarrow{P_0P} \times \boldsymbol{s}|}{|\boldsymbol{s}|}.$$

由此可知，点 P 到直线 L 的距离为

$$\frac{|(x_1 - x_0, y_1 - y_0, z_1 - z_0) \times (m, n, l)|}{\sqrt{m^2 + n^2 + l^2}}. \tag{3.8}$$

例 3.4.2　(1) 求经过点 $P_1(1, 0, -2)$ 和 $P_2(7, 8, 1)$ 的直线 L_1 的方程;

(2) 求经过点 $P(2, 3, 1)$ 且与平面 $\Pi_1 : 5x + 2y + 6z + 1 = 0$ 垂直的直线 L_2 的方程;

(3) 求点 $M(1, 0, 1)$ 到直线 $L_3 : \dfrac{x}{2} = \dfrac{y-1}{3} = \dfrac{z+1}{2}$ 的距离.

解　(1) 由直线的两点式方程公式可得 L_1 的方程为

$$\frac{x - 1}{7 - 1} = \frac{y - 0}{8 - 0} = \frac{z - (-2)}{1 - (-2)},$$

即

$$\frac{x-1}{6}=\frac{y}{8}=\frac{z+2}{3}.$$

(2) 由于 L_2 与平面 Π_1 垂直，故可取 Π_1 的一个法向量 $(5,2,6)$ 作为 L_2 的方向向量. 于是，由直线的点向式方程公式可得 L_2 的方程为

$$\frac{x-2}{5}=\frac{y-3}{2}=\frac{z-1}{6}.$$

(3) 由于

$$\begin{aligned}&(1-0,0-1,1-(-1))\times(2,3,2)\\&=(1,-1,2)\times(2,3,2)\\&=\begin{vmatrix}\boldsymbol{i}&\boldsymbol{j}&\boldsymbol{k}\\1&-1&2\\2&3&2\end{vmatrix}=-8\boldsymbol{i}+2\boldsymbol{j}+5\boldsymbol{k},\end{aligned}$$

故由点到直线的距离公式可得所求距离为

$$\frac{\sqrt{(-8)^2+2^2+5^2}}{\sqrt{2^2+3^2+2^2}}=\sqrt{\frac{93}{17}}.$$

例 3.4.3 设直线 L 的一般式方程为

$$\begin{cases}2x-3y+5z+6=0,\\4x-3y+z=0,\end{cases}$$

求直线 L 的点向式方程.

解 令 $z=0$, 代入直线 L 的一般方程可得

$$\begin{cases}2x-3y+6=0,\\4x-3y=0,\end{cases}$$

解上面的方程组得 $x=3$, $y=4$. 由此可知，点 $M(3,4,0)$ 在直线上.

又因为所给两个平面的法向量分别为 $\boldsymbol{n}_1=(2,-3,5)$, $\boldsymbol{n}_2=(4,-3,1)$, 并且直线 L 在这两个平面上，所以直线 L 的方向向量与向量

$$\boldsymbol{n}_1\times\boldsymbol{n}_2=\begin{vmatrix}\boldsymbol{i}&\boldsymbol{j}&\boldsymbol{k}\\2&-3&5\\4&-3&1\end{vmatrix}=6(2,3,1)$$

平行，从而直线 L 的方向向量可取为 $(2,3,1)$.

综上可知，空间直线 L 的点向式方程为

$$\frac{x-3}{2}=\frac{y-4}{3}=\frac{z}{1}.$$

练习 3.4

1. (1) 求经过点 $M(-1,1,1)$ 且与平面 $x-4y+6z+8=0$ 平行的平面 Π_1 的方程;

(2) 求经过点 $P_1(1,0,1), P_2(-1,1,-2), P_3(0,2,1)$ 的平面 Π_2 的方程.

2. (1) 求经过点 $P_1(1,2,3)$ 和 $P_2(3,4,6)$ 的直线 L_1 的方程;

(2) 求经过点 $P(3,2,5)$ 且与平面 $\Pi_1: x+2y+3z+9=0$ 垂直的直线 L_2 的方程.

3. 设有点 $M(2,1,1)$, 求

(1) M 到直线 $L: \dfrac{x-1}{2}=\dfrac{y}{1}=\dfrac{z+2}{3}$ 的距离;

(2) M 到平面 $3x-2y+z+5=0$ 的距离.

4. 设空间直线 L 的一般式方程为

$$\begin{cases} x+y+z+3=0, \\ 2x+3y-z+1=0. \end{cases}$$

求直线 L 的点向式方程.

5. 将平面方程 $x+2y-z+4=0$ 化为截距式.

3.5 直线、平面的位置关系

3.5.1 直线与直线的位置关系

设有两直线

$$L_1: \frac{x-x_1}{m_1}=\frac{y-y_1}{n_1}=\frac{z-z_1}{l_1},$$
$$L_2: \frac{x-x_2}{m_2}=\frac{y-y_2}{n_2}=\frac{z-z_2}{l_2}.$$

记 $P_1(x_1,y_1,z_1)$, $P_2(x_2,y_2,z_2)$, $\boldsymbol{s}_1=(m_1,n_1,l_1)$, $\boldsymbol{s}_2=(m_2,n_2,l_2)$.

称两条直线相交所形成的锐角为两条直线的夹角. 记 L_1 与 L_2 的夹角为 θ, 则当 $\langle \boldsymbol{s}_1,\boldsymbol{s}_2\rangle \leqslant \dfrac{\pi}{2}$ 时, $\theta=\langle \boldsymbol{s}_1,\boldsymbol{s}_2\rangle$; 当 $\langle \boldsymbol{s}_1,\boldsymbol{s}_2\rangle > \dfrac{\pi}{2}$ 时, $\theta=\pi-\langle \boldsymbol{s}_1,\boldsymbol{s}_2\rangle$. 于是

$$\cos\theta=|\cos\langle \boldsymbol{s}_1,\boldsymbol{s}_2\rangle|=\frac{|\boldsymbol{s}_1\cdot\boldsymbol{s}_2|}{|\boldsymbol{s}_1||\boldsymbol{s}_2|}=\frac{|m_1m_2+n_1n_2+l_1l_2|}{\sqrt{m_1^2+n_1^2+l_1^2}\sqrt{m_2^2+n_2^2+l_2^2}}. \tag{3.9}$$

特别地, 当 $\theta=\dfrac{\pi}{2}$ 时, 称直线 L_1 与 L_2 垂直, 即为 $L_1\perp L_2$.

若 L_1 与 L_2 异面, 则 $\boldsymbol{s}_1,\boldsymbol{s}_2,\overrightarrow{P_1P_2}$ 不在一个平面上. 于是, $(\boldsymbol{s}_1\times\boldsymbol{s}_2)\cdot\overrightarrow{P_1P_2}\neq 0$. 若 L_1 与 L_2 在一个平面上, 则 $(\boldsymbol{s}_1\times\boldsymbol{s}_2)\cdot\overrightarrow{P_1P_2}=0$, 且显然有

(1) $L_1 /\!/ L_2 \Longleftrightarrow \boldsymbol{s}_1 /\!/ \boldsymbol{s}_2 \Longleftrightarrow \dfrac{m_1}{m_2}=\dfrac{n_1}{n_2}=\dfrac{l_1}{l_2}$;

(2) $L_1 \perp L_2 \Longleftrightarrow \boldsymbol{s}_1 \perp \boldsymbol{s}_2 \Longleftrightarrow m_1m_2+n_1n_2+l_1l_2=0$.

例 3.5.1 设有直线 $L:\ \dfrac{x}{2}=\dfrac{y+2}{-2}=\dfrac{z}{-1}$.

(1) 求过点 $P_1(1,1,1)$ 且与 L 平行的直线 L_1 的方程;

(2) 求过点 $P_2(0,-1,1)$ 且与 L 垂直的直线 L_2 的方程;

(3) 求直线 L 与 $L_3:\ \dfrac{x-1}{1}=\dfrac{y}{-4}=\dfrac{z+3}{1}$ 的夹角 θ.

解 (1) 由于 $L_1 /\!/ L$, 故由已知 L_1 的方向向量可取为 $(2,-2,-1)$. 又由点 P_1 在 L_1 上可知直线 L_1 的方程为

$$\frac{x-1}{2}=\frac{y-1}{-2}=\frac{z-1}{-1}.$$

(2) 设直线 L_2 与 L 的交点为 $Q(x_0,y_0,z_0)$, 则有

$$\frac{x_0}{2}=\frac{y_0+2}{-2}=\frac{z_0}{-1},$$

即有数 t 使 $x_0=2t, y_0=-2-2t, z_0=-t$. 由于 $L_2\perp L$, 故 $\overrightarrow{P_2Q}=(2t,-1-2t,-1-t)$ 与 L 的方向向量 $\boldsymbol{s}=(2,-2,-1)$ 垂直, 从而有 $2\times 2t+2(1+2t)+(1+t)=0$. 解得 $t=-\dfrac{1}{3}$. 于是 $\overrightarrow{P_2Q}=(-\dfrac{2}{3},-\dfrac{1}{3},-\dfrac{2}{3})$, 直线 L_2 的方向向量可取为 $(2,1,2)$, 从而直线 L_2 的方程为

$$\frac{x}{2}=\frac{y+1}{1}=\frac{z-1}{2}.$$

(3) 由于 L, L_3 的方向向量分别为 $\boldsymbol{s}_1=(2,-2,-1)$ 和 $\boldsymbol{s}_2=(1,-4,1)$, 故由两直线夹角公式 (3.9) 知

$$\cos\theta=\frac{|2\times 1+(-2)\times(-4)+(-1)\times 1|}{\sqrt{2^2+(-2)^2+(-1)^2}\sqrt{1^2+(-4)^2+1^2}}=\frac{1}{\sqrt{2}},$$

即 $\theta=\arccos\dfrac{1}{\sqrt{2}}=\dfrac{\pi}{4}$.

3.5.2 平面与平面的位置关系

设有两平面

$$\Pi_1:\ A_1x+B_1y+C_1z+D_1=0,$$
$$\Pi_2:\ A_2x+B_2y+C_2z+D_2=0,$$

记 $\boldsymbol{n}_1=(A_1,B_1,C_1)$, $\boldsymbol{n}_2=(A_2,B_2,C_2)$. 称两平面的法线的夹角为这两个平面的夹角. 记平面 Π_1 与 Π_2 的夹角为 φ, 则

$$\cos\varphi=\frac{|\boldsymbol{n}_1\cdot\boldsymbol{n}_2|}{|\boldsymbol{n}_1|\,|\boldsymbol{n}_2|}=\frac{|\,A_1A_2+B_1B_2+C_1C_2\,|}{\sqrt{A_1^2+B_1^2+C_1^2}\sqrt{A_2^2+B_2^2+C_2^2}}. \tag{3.10}$$

特别地，当 $\varphi=\dfrac{\pi}{2}$ 时，称直线 Π_1 与 Π_2 垂直，记为 $\Pi_1\perp\Pi_2$.

易知,

(1) $\Pi_1 /\!/ \Pi_2 \Longleftrightarrow \boldsymbol{n}_1 /\!/ \boldsymbol{n}_2 \Longleftrightarrow \dfrac{A_1}{A_2}=\dfrac{B_1}{B_2}=\dfrac{C_1}{C_2}$;

(2) $\Pi_1\perp\Pi_2 \Longleftrightarrow \boldsymbol{n}_1\perp\boldsymbol{n}_2 \Longleftrightarrow A_1A_2+B_1B_2+C_1C_2=0$.

例 3.5.2 设有平面 Π: $x+2y-2z+6=0$.

(1) 求过点 $P_1(1,0,1),P_2(-1,1,2)$ 且与 Π 垂直的平面 Π_1 的方程;

(2) 求平面 Π 与平面 $\Pi_2: 2x-y+2z+5=0$ 的夹角 φ.

解 (1) 设 Π_1 的法向量 $\boldsymbol{n}_1=(A,B,C)$. 由于 $\Pi_1\perp\Pi$, 故 $\boldsymbol{n}_1$ 与 Π 的法向量 $\boldsymbol{n}=(1,2,-2)$ 垂直，于是有

$$A+2B-2C=0. \tag{3.11}$$

又由已知得 $\overrightarrow{P_1P_2}\perp\boldsymbol{n}_1$, 而 $\overrightarrow{P_1P_2}=(-2,1,1)$, 故

$$-2A+B+C=0. \tag{3.12}$$

综合式 (3.11),(3.12) 可得 $A=\dfrac{4}{5}C, B=\dfrac{3}{5}C$, 故可取 $(A,B,C)=(4,3,5)$. 由点 $P_1(1,0,1)$ 在 Π_2 上可得 Π_1 的点法式方程为 $4(x-1)+3y+5(z-1)=0$, 即 $4x+3y+5z-9=0$.

(2) 由于 Π,Π_2 的法向量分别为 $\boldsymbol{n}=(1,2,-2)$ 和 $\boldsymbol{n}_2=(2,-1,2)$, 故由两平面夹角公式 (3.10) 知

$$\cos\varphi=\frac{|1\times 2+2\times(-1)+(-2)\times 2|}{\sqrt{1^2+2^2+(-2)^2}\sqrt{2^2+(-1)^2+2^2}}=\frac{4}{9},$$

即 $\varphi=\arccos\dfrac{4}{9}$.

3.5.3 直线与平面的位置关系

设有直线 L 和平面 Π 分别为

$$L:\ \frac{x-x_0}{m}=\frac{y-y_0}{n}=\frac{z-z_0}{l},$$
$$\Pi:\ Ax+By+Cz+D=0,$$

记 $\boldsymbol{s}=(m,n,l)$, $\boldsymbol{n}=(A,B,C)$. 过 L 作垂直于 Π 的平面 Π_1, 称 Π_1 与 Π 的交线为直线 L 在平面 Π 上的投影. 称 L 与其在 Π 上投影的夹角为直线 L 与平面 Π 的夹角，记为 ϕ, 如图 3.5.1 所示. 则

$$\sin\phi=|\cos\langle\boldsymbol{n},\boldsymbol{s}\rangle|=\frac{|\boldsymbol{n}\cdot\boldsymbol{s}|}{|\boldsymbol{n}|\,|\boldsymbol{s}|}=\frac{|Am+Bn+Cl|}{\sqrt{A^2+B^2+C^2}\sqrt{m^2+n^2+l^2}}, \tag{3.13}$$

特别地，当 $\phi=\dfrac{\pi}{2}$ 时，称直线 L 与平面 Π 垂直，记为 $L\perp\Pi$.

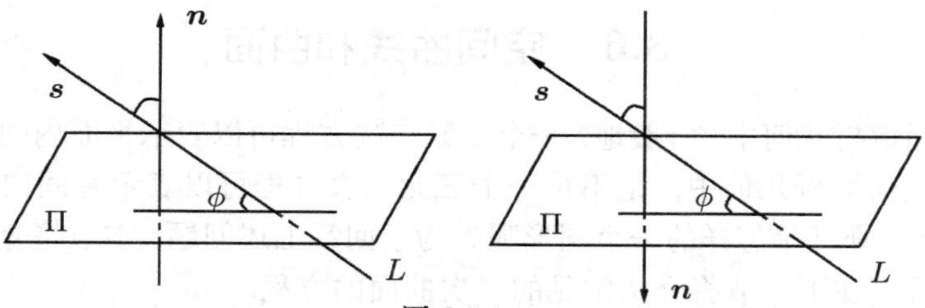

图 3.5.1

易知

(1) $L /\!/ \Pi \Longleftrightarrow \boldsymbol{s} \perp \boldsymbol{n} \Longleftrightarrow Am + Bn + Cl = 0$;

(2) $L \perp \Pi \Longleftrightarrow \boldsymbol{s} /\!/ \boldsymbol{n} \Longleftrightarrow \dfrac{A}{m} = \dfrac{B}{n} = \dfrac{C}{l}$.

例 3.5.3 设有直线 L: $\begin{cases} x + y - z - 1 = 0, \\ x - y + z + 1 = 0, \end{cases}$ 和平面 Π: $\sqrt{2}x - y - z = 0$. 求 L 与 Π 的夹角 ϕ.

解 由题意可知直线 L 的方向向量可取为

$$\boldsymbol{s} = (1, 1, -1) \times (1, -1, 1) = -2(0, 1, 1),$$

平面 Π 的法向量为 $\boldsymbol{n} = (\sqrt{2}, -1, -1)$, 于是 ϕ 满足

$$\sin\phi = \frac{|\boldsymbol{n} \cdot \boldsymbol{s}|}{|\boldsymbol{n}|\ |\boldsymbol{s}|} = \frac{|\sqrt{2} \times 0 + (-1) \times 1 + (-1) \times 1|}{\sqrt{(\sqrt{2})^2 + (-1)^2 + (-1)^2}\sqrt{0^2 + 1^2 + 1^2}} = \frac{\sqrt{2}}{2},$$

即 $\phi = \arcsin\dfrac{\sqrt{2}}{2} = \dfrac{\pi}{4}$.

练习 3.5

1. 设有直线 L: $\dfrac{x+1}{2} = \dfrac{y+2}{3} = \dfrac{z+3}{4}$.

(1) 求过点 $P_1(-1, 0, 1)$ 且与 L 平行的直线 L_1 的方程;

(2) 求过点 $P_2(1, -1, 2)$ 且与 L 垂直的直线 L_2 的方程;

(3) 求直线 L 与 L_3: $\dfrac{x-1}{3} = \dfrac{y-2}{-4} = \dfrac{z-3}{2}$ 的夹角.

2. 设有平面 Π: $-x + y - 2z + 7 = 0$.

(1) 求过点 $P_1(1, 1, 1), P_2(3, 2, 2)$ 且与 Π 垂直的平面 Π_1 的方程;

(2) 求过点 $P_3(2, 5, 8)$ 且与 Π 平行的平面 Π_2 的方程;

(2) 求平面 Π_1 与平面 Π_2 的夹角.

3. 设有直线 L: $\dfrac{x-1}{3} = \dfrac{y+2}{2} = \dfrac{z+3}{1}$ 和平面 Π: $x + y + z + 1 = 0$. 求 L 与 Π 的夹角 ϕ.

3.6 空间曲线和曲面

在平面解析几何中，一般地，一个二元二次方程可以表示平面内的一条曲线. 那么，在空间解析几何中，是不是一个三元二次方程可以表示空间内的一个曲面呢？如果是，那又是怎样的一个图形呢？为了回答上述问题，本节将介绍空间曲线和曲面方程，在下一节将介绍常见的二次曲面的方程.

空间中任何曲面 Σ 都可看作动点 $P(x,y,z)$ 按照一定规律运动而形成的轨迹，从而动点 $P(x,y,z)$ 满足的运动规律可表示为含有 x, y, z 的方程

$$F(x,y,z)=0. \tag{3.14}$$

如果曲面 Σ 上的点的坐标都满足方程 (3.14), 不在曲面 Σ 上的点的坐标都不满足方程 (3.14), 则称方程 (3.14) 为曲面 Σ 的方程，曲面 Σ 称为方程 (3.14) 的图形.

例 3.6.1 求以 $M_0(x_0,y_0,z_0)$ 为球心，半径为 R 的球面方程.

解 在球面上任取一点 $M(x,y,z)$, 则 $|M_0M|=R$. 于是,

$$\sqrt{(x-x_0)^2+(y-y_0)^2+(z-z_0)^2}=R,$$

或

$$(x-x_0)^2+(y-y_0)^2+(z-z_0)^2=R^2,$$

此即所求球面方程.

特别地,

$$x^2+y^2+z^2=R^2$$

代表以原点为球心，以 R 为半径的球面方程.

3.6.1 空间曲线方程

空间曲线可以看作两个曲面的交线. 设有两个相交曲面

$$F(x,y,z)=0,\ G(x,y,z)=0.$$

它们的交线记为 Γ, 则 Γ 上的点的坐标都满足方程组

$$\begin{cases} F(x,y,z)=0, \\ G(x,y,z)=0. \end{cases} \tag{3.15}$$

且不在曲线 Γ 上的点的坐标都不满足方程组 (3.15), 称方程组 (3.15) 为曲线 Γ 的一般式方程.

空间曲线也可用参数方程表示.

如果曲线 Γ 上动点 M 的坐标 (x,y,z) 都可以表为一个变量 t 的函数，即

$$\begin{cases} x=\varphi(t), \\ y=\psi(t), \quad (\alpha \leqslant t \leqslant \beta). \\ z=\omega(t), \end{cases} \tag{3.16}$$

而当 t 在 $[\alpha,\beta]$ 上连续变动时，动点 M 的坐标按方程组 (3.16) 变动，M 的轨迹即为曲线 Γ, 那么称方程组 (3.16) 为曲线 Γ 的参数方程， t 为参数.

例 3.6.2 已知动点 M 沿着圆柱面 $x^2+y^2=R^2$ 以角速度 ω 绕 z 轴匀速旋转，同时又以线速度 v 沿平行于 z 轴的正方向匀速上升（其中 ω, v 均为常数），求动点 M 的轨迹方程.

解 取时间变量 t 为参数，设在初始时刻 $t=0$ 时点 M 的坐标为 $(R,0,0)$, 经过时间 t 点 M 的坐标变为 (x,y,z), 则由题意可知

$$\begin{cases} x=R\cos\omega t, \\ y=R\sin\omega t, \\ z=vt, \quad (0\leqslant t<+\infty). \end{cases}$$

此参数方程表示的曲线称为螺旋线，如图 3.6.1 所示.

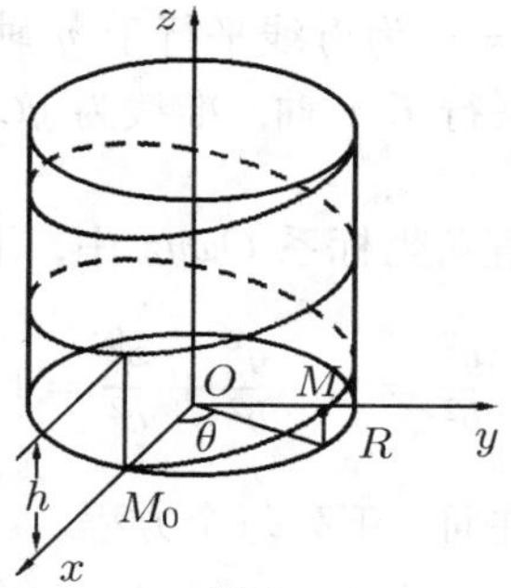

图 3.6.1

如果令 $\theta=\omega t$, 则上面的螺旋线的参数方程也可写为

$$\begin{cases} x=R\cos\theta, \\ y=R\sin\theta, \\ z=\dfrac{v}{\omega}\theta, \ (0\leqslant\theta<+\infty). \end{cases}$$

这里 $b=\dfrac{v}{\omega}$ 为常数，动点转过的角度 θ 为参数.

3.6.2 柱面

直线 L 沿着给定的空间曲线 Γ 平行移动所形成的曲面称为 **柱面**，动直线 L 称为柱面的母线，定曲线 Γ 称为柱面的准线.

柱面也可理解为平行于定直线 L 且与空间曲线 Γ 相交的所有直线所形成的曲面.

由柱面的定义可知，柱面的准线不唯一，母线也不唯一，但母线方向唯一. 为简单起见，现设有一柱面 Σ 的母线平行于 z 轴，准线为 xOy 面上的一条曲线

$$\begin{cases} F(x,y,z)=0, \\ z=0. \end{cases}$$

设 $M_1(x_1,y_1,z_1)$ 为 Σ 上任意一点，过点 M_1 作平行于 z 轴的直线交 xOy 面于点 $M_1'(x_1,y_1,0)$. 由柱面定义点 M_1' 在准线上，故 $F(x_1,y_1,0)=0$. 记 $f(x,y)=F(x,y,0)$, 则 $f(x_1,y_1)=0$. 反之，空间中若有点 $M_2(x_2,y_2,z_2)$, 满足 $f(x_2,y_2)=0$, 过点 M_2 作平行于 z 轴的直线交 xOy 面于点 $M_2'(x_2,y_2,0)$. 由于 $F(x_2,y_2,0)=f(x_2,y_2)=0$, 故点 M_2' 在准线上，从而点 $M_2(x_2,y_2,z_2)$ 在柱面 Σ 上. 因此

$$f(x,y)=0$$

就是柱面 Σ 的方程.

同理可知， $g(x,z)=0$ 为母线平行于 y 轴，准线为 xOz 面上曲线的柱面方程； $h(y,z)=0$ 为母线平行于 x 轴，准线为 yOz 面上曲线的柱面方程.

例 3.6.3　在空间直角坐标系 $Oxyz$ 中，下列每个方程

$$\frac{x^2}{a^2}+\frac{y^2}{b^2}=1,\quad \frac{y^2}{b^2}+\frac{z^2}{c^2}=1,\quad \frac{z^2}{c^2}+\frac{x^2}{a^2}=1$$

表示的柱面都称为椭圆柱面；下列每个方程

$$x^2=2b_1y,\ x^2=2c_1z,\ y^2=2a_1x,\ y^2=2c_1z,\ z^2=2b_1y,\ z^2=2a_1x$$

表示的柱面都称为抛物柱面；下列每个方程

$$\frac{x^2}{a^2}-\frac{y^2}{b^2}=\pm1,\quad \frac{y^2}{b^2}-\frac{z^2}{c^2}=\pm1,\quad \frac{z^2}{c^2}-\frac{x^2}{a^2}=\pm1$$

表示的柱面都称为双曲柱面. 这里 a, b, c 都是正数， a_1, b_1, c_1 都是非零常数.

上述三种柱面中，母线平行于 z 轴的三种柱面形状如图 3.6.2 所示.

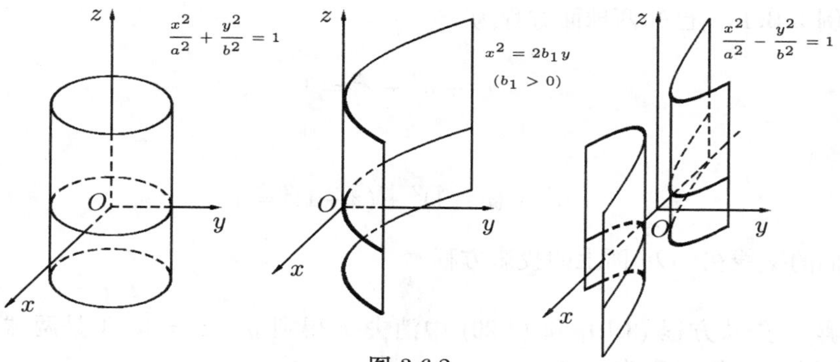

图 3.6.2

3.6.3 空间曲线在坐标平面上的投影

设 Γ 为一空间曲线，以 Γ 为准线，母线平行于 z 轴的柱面称为曲线 Γ 关于 xOy 面的投影柱面，该投影柱面与 xOy 面的交线称为曲线 Γ 在 xOy 面上的投影曲线，简称投影.

设曲线 Γ 的方程为

$$\begin{cases}F(x,y,z)=0,\\ G(x,y,z)=0,\end{cases} \tag{3.17}$$

在上面的方程组中消去变量 z, 得到方程

$$H(x,y)=0. \tag{3.18}$$

这是一个母线平行于 z 轴的柱面. 由于曲线 Γ 上点的坐标都满足方程组 (3.17), 从而满足方程 (3.18), 故曲线 Γ 在这个柱面上. 柱面 (3.18) 就是曲线 Γ 关于 xOy 面的投影柱面，方程

$$\begin{cases}H(x,y)=0,\\ z=0\end{cases}$$

所表示的曲线必包含曲线 Γ 在 xOy 面上的投影.

同理，如果在方程组 (3.17) 中消去变量 x, 则得到包含曲线 Γ 在 yOz 面上投影的曲线方程为

$$\begin{cases}R(y,z)=0,\\ x=0;\end{cases}$$

如果在方程组 (3.17) 中消去变量 y, 则得到包含曲线 Γ 在 xOz 面上投影的曲线方程为

$$\begin{cases}T(x,z)=0,\\ y=0.\end{cases}$$

例 3.6.4　已知两球面方程为

$$x^2+y^2+z^2=1, \tag{3.19}$$

和

$$x^2+(y-1)^2+(z-1)^2=1, \tag{3.20}$$

求它们的交线在 xOy 面上的投影方程.

解　先从方程 (3.19) 和 (3.20) 中消去 x 得到 $y+z=1$. 于是两球面交线在 yOz 面上的投影方程为

$$\begin{cases} y+z=1, \ \ 0 \leqslant y \leqslant 1, \\ x=0. \end{cases}$$

再将 $z=y-1$ 代入方程 (3.19) 得 $x^2+2y^2-2y=0$. 于是两球面交线在 xOy 面上的投影方程为

$$\begin{cases} x^2+2y^2-2y=0, \\ z=0. \end{cases}$$

同理求得两球面交线在 xOz 面上的投影方程为

$$\begin{cases} x^2+2z^2-2z=0, \\ y=0. \end{cases}$$

3.6.4　旋转曲面

平面 Π 上的曲线 Γ 绕 Π 上的一条直线 L 旋转一周所形成的曲面称为旋转曲面，定直线 L 称为轴，旋转曲线 Γ 称为母线.

设 yOz 面上有曲线

$$\Gamma: \begin{cases} f(y,z)=0, \\ x=0. \end{cases}$$

将 Γ 绕 z 轴旋转一周得曲面 S, 如图 3.6.3 所示. 在 S 上任取一点 $M(x,y,z)$, 过点 M 作垂直于 z 轴的平面交 Γ 于点 $M_0(0,y_0,z)$, 故 $f(y_0,z)=0$.

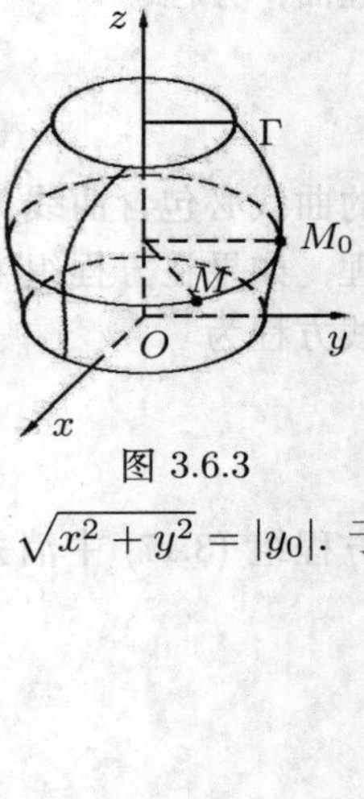

图 3.6.3

而由旋转曲面定义点 M 和点 M_0 到 z 轴距离相等，故 $\sqrt{x^2+y^2}=|y_0|$. 于是,

$$f(\pm\sqrt{x^2+y^2},z)=0,$$

此即旋转曲面 S 的方程.

同理可知，Γ 绕 y 轴旋转一周所得曲面的方程为

$$f(y, \pm\sqrt{x^2+z^2}) = 0.$$

特别地，yOz 平面上的抛物线

$$\begin{cases} y^2 = 2pz, \\ x = 0 \end{cases}$$

绕 z 轴旋转所得旋转曲面 (称为 **旋转抛物面**) 的方程为

$$x^2 + y^2 = 2pz;$$

yOz 平面上的直线 L : $\begin{cases} z = ay, \\ x = 0 \end{cases}$ 绕 z 轴旋转所得旋转曲面 (称为 **圆锥面**) 的方程为

$$z = \pm a\sqrt{x^2+y^2},$$

即

$$z^2 = a^2(x^2+y^2).$$

直线 L 与 z 轴的夹角 $\arctan\dfrac{1}{|a|}$ 称为该圆锥面的半顶角.

练习 3.6

1. 求以 $M_0(1,2,3)$ 为圆心且通过点 $M(4,5,6)$ 的球面方程.

2. 求下列旋转曲面的方程:

(1) $\begin{cases} z^2 = 3x^2, \\ y = 0 \end{cases}$ 绕 x 轴旋转;

(2) $\begin{cases} x^2 + 3y^2 = 1, \\ z = 0 \end{cases}$ 绕 y 轴旋转;

(3) $\begin{cases} 3x^2 - 4z^2 = 5, \\ y = 0 \end{cases}$ 绕 z 轴旋转.

3. 求母线平行于 x 轴且通过曲线 $\begin{cases} 2x^2 + y^2 + z^2 = 16, \\ x^2 - y^2 - z^2 = 0 \end{cases}$ 的柱面方程.

4. 求曲线 $\begin{cases} y^2 + z^2 = 2x, \\ z = 3 \end{cases}$ 在 xOy 面上的投影曲线的方程.

5. 将下列曲线的一般式方程化为参数式方程:

(1) $\begin{cases} x^2 + y^2 + z^2 = 9, \\ y = x; \end{cases}$ (2) $\begin{cases} (x-1)^2 + y^2 + (z+1)^2 = 4, \\ z = 0. \end{cases}$

3.7 二次曲面

类似于平面解析几何中的二次曲线，我们称三元二次方程所表示的曲面为二次曲面. 常用的几种二次曲线的形状在平面解析几何中我们已了解，本节主要讨论几种常见的二次曲面的几何形状. 我们把平行于坐标面的平面与二次曲面的交线称为截痕. 本节通过考察截痕的形状与性质来讨论二次曲面 (此方法也称为截痕法)，并讨论一般的三元二次方程所表示的曲面形状.

3.7.1 椭球面

方程

$$\frac{x^2}{a^2}+\frac{y^2}{b^2}+\frac{z^2}{c^2}=1 \tag{3.21}$$

表示的曲面称为椭球面，方程 (3.21) 称为椭球面的标准方程，其中 a, b, c 为正常数，称它们为椭球面的三个半轴.

由

$$\frac{x^2}{a^2}\leqslant 1,\ \frac{y^2}{b^2}\leqslant 1,\ \frac{z^2}{c^2}\leqslant 1$$

知

$$|x|\leqslant a,\ |y|\leqslant b,\ |z|\leqslant c,$$

故椭球面 (3.21) 完全包含在如下六个平面所围成的长方体内

$$x=\pm a,\ y=\pm b,\ z=\pm c.$$

我们首先考察用 xOy 面去截椭球面所得的截痕

$$\Gamma_0:\ \begin{cases}\dfrac{x^2}{a^2}+\dfrac{y^2}{b^2}=1,\\ z=0.\end{cases}$$

这是 xOy 面上一个以原点为中心的椭圆.

再考察用平行于 xOy 面的平面 $z=h\ (-c\leqslant h\leqslant c)$ 去截椭球面得到的截痕

$$\Gamma_h:\begin{cases}\dfrac{x^2}{a^2}+\dfrac{y^2}{b^2}=1-\dfrac{h^2}{c^2},\\ z=h.\end{cases} \tag{3.22}$$

这是平面 $z=h$ 上的一个以 $(0,0,h)$ 为中心的椭圆.

由式 (3.22) 可知，当 $|h|$ 由 0 逐渐增大到 c, 椭圆曲线 Γ_h 中心始终在 z 轴上，由 Γ_0 逐渐变小至 Γ_c(或 Γ_{-c}), 最后已浓缩为一点 $(0,0,c)$(或 $(0,0,-c)$), 如图 3.7.1 所示.

用平行于其他两个坐标面的平面去截椭球面可得类似结果.

综上可知，椭球面 (3.21) 的形状如图 3.7.2 所示.

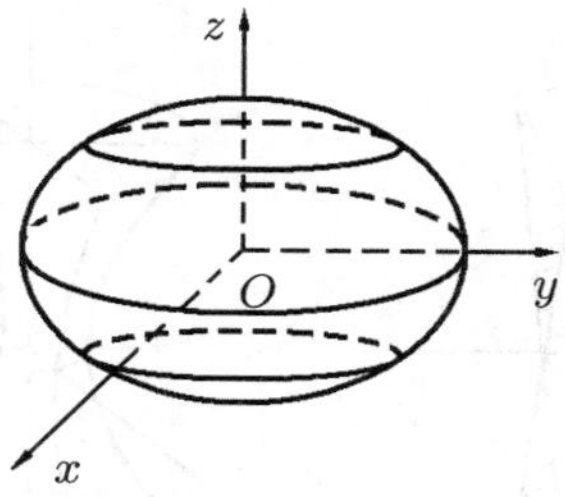

图 3.7.1

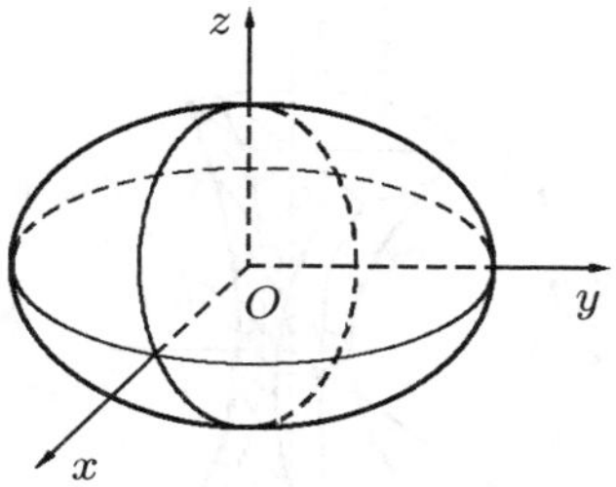

图 3.7.2

特别地，当 $a=b$ 时，椭球面方程 (3.21) 成为旋转椭球面方程

$$\frac{x^2+y^2}{a^2}+\frac{z^2}{c^2}=1;$$

当 $a=b=c$ 时，方程 (3.21) 成为

$$x^2+y^2+z^2=a^2,$$

椭球面成为球面.

3.7.2 双曲面

方程

$$\frac{x^2}{a^2}+\frac{y^2}{b^2}-\frac{z^2}{c^2}=1 \tag{3.23}$$

表示的曲面称为单叶双曲面，称方程 (3.23) 为单叶双曲面的标准方程，其中 a, b, c 都是正常数.

我们还是首先用平行于 xOy 面的平面 $z=h$ 截双曲面，所得的截痕

$$\begin{cases}\dfrac{x^2}{a^2}+\dfrac{y^2}{b^2}=1+\dfrac{h^2}{c^2},\\ z=h\end{cases}$$

是平面 $z=h$ 上的中心在 z 轴上的椭圆. 当 $|h|$ 从零开始逐渐增大时，椭圆逐渐增大. 这个单叶双曲面与椭球面不同，它可以上下无限延伸.

再考察用平行于 xOz 面的平面 $y=t$ 截双曲面所得的截痕

$$\begin{cases}\dfrac{x^2}{a^2}-\dfrac{z^2}{c^2}=1-\dfrac{t^2}{b^2},\\ y=t.\end{cases} \tag{3.24}$$

当 $|t|<b$ 时，方程 (3.24) 表示双曲线，它的实轴平行于 x 轴，虚轴平行于 z 轴；当 $|t|=b$ 时，方程 (3.24) 表示两条相交直线，并相交于点 $(0,b,0)$ 或 $(0,-b,0)$；当 $|t|>b$ 时，方程 (3.24) 表示双曲线，它的实轴平行于 z 轴，虚轴平行于 x 轴，如图 3.7.3 所示.

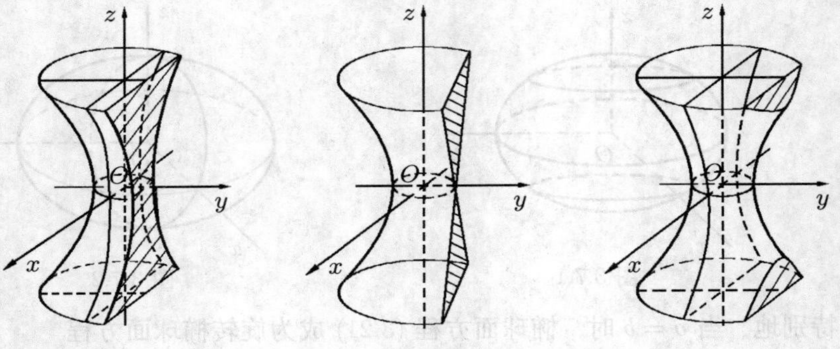

图 3.7.3

类似可得平行于 yOz 面的平面 $x=u$ 与单叶双曲面的截痕情况.

综上可知，单叶双曲面的形状如图 3.7.4 所示.

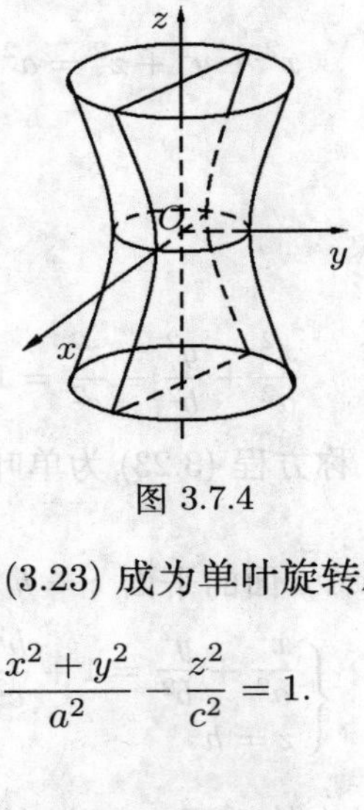

图 3.7.4

特别地，当 $a=b$ 时，方程 (3.23) 成为单叶旋转双曲面方程

$$\frac{x^2+y^2}{a^2}-\frac{z^2}{c^2}=1.$$

与方程 (3.23) 类似，

$$\frac{x^2}{a^2}-\frac{y^2}{b^2}+\frac{z^2}{c^2}=1,\ -\frac{x^2}{a^2}+\frac{y^2}{b^2}+\frac{z^2}{c^2}=1$$

均为单叶双曲面的标准方程.

下面讨论双叶双曲面.

方程

$$\frac{x^2}{a^2}+\frac{y^2}{b^2}-\frac{z^2}{c^2}=-1 \tag{3.25}$$

表示的曲面称为双叶双曲面，方程 (3.25) 称为双叶双曲面的标准方程，其中 a, b, c 都是正常数.

首先用平行于 xOy 面的平面 $z=h\ (|h|>c)$ 去截双叶双曲面，所得的截痕

$$\begin{cases}\dfrac{x^2}{a^2}+\dfrac{y^2}{b^2}=\dfrac{h^2}{c^2}-1,\\ z=h\end{cases}$$

是平面 $z=h$ 上的一个以 $(0,0,h)$ 为中心的椭圆，且随 $|h|$ 的增大而增大；若用平面 $z=\pm c$ 去截双叶双曲面，截痕为点 $(0,0,c)$ 或 $(0,0,-c)$；而平面 $z=h\ (|h|<c)$ 与双叶双曲面无交点.

再用平行于 xOz 面的平面 $y=t$ 去截双叶双曲面，所得的截痕

$$\begin{cases}\dfrac{z^2}{c^2}-\dfrac{x^2}{a^2}=1+\dfrac{t^2}{b^2},\\ y=t\end{cases}$$

为平面 $y=t$ 上的一个中心在 y 轴上、实轴平行于 z 轴、虚轴平行于 x 轴的双曲线. 类似地，用平行于 yOz 面的平面去截双叶双曲面所得的截痕也为双曲线.

综上可知，双叶双曲面的形状如图 3.7.5 所示.

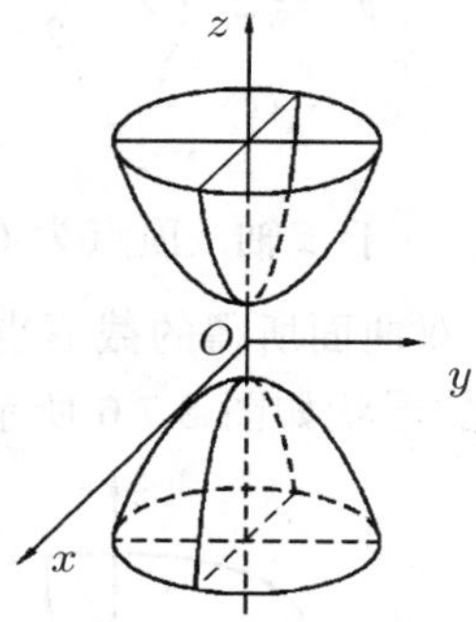

图 3.7.5

同样地，当 $a=b$ 时，方程

$$\frac{x^2+y^2}{a^2}-\frac{z^2}{c^2}=-1$$

表示的曲面称为双叶旋转双曲面.

与方程 (3.25) 类似，

$$\frac{x^2}{a^2}-\frac{y^2}{b^2}+\frac{z^2}{c^2}=-1,\ -\frac{x^2}{a^2}+\frac{y^2}{b^2}+\frac{z^2}{c^2}=-1$$

均为双叶双曲面的标准方程.

上面所提到的椭圆面和双曲面关于坐标面、坐标轴、坐标原点都是对称的，称原点为它们的对称中心.

3.7.3 抛物面

方程

$$\frac{x^2}{2p}+\frac{y^2}{2q}=z\quad(p,q\text{同号}) \tag{3.26}$$

表示的曲面称为椭圆抛物面，方程 (3.26) 称为椭圆抛物面的标准方程.

不妨设 $p>0,q>0$. 用平行于 xOy 面的平面 $z=h\ (h>0)$ 去截椭圆抛物面，所得的截痕为

$$\begin{cases}\dfrac{x^2}{2ph}+\dfrac{y^2}{2qh}=1,\\ z=h.\end{cases}$$

这是平面 $z=h$ 上的一个中心在 z 轴上的椭圆，它的两个半轴分别为 $\sqrt{2ph}$ 和 $\sqrt{2qh}$, 随 h 的增大而增大；用坐标面 xOy 去截椭圆抛物面，只得一点，为原点，称其为椭圆抛物面的顶点；而平面 $z=h\ (h<0)$ 与这个曲面无交点.

再用平行于 xOz 面的平面 $y=t$ 去截这个曲面，所得的截痕为

$$\begin{cases}x^2=2p\left(z-\dfrac{t^2}{2q}\right),\\ y=t.\end{cases}$$

这是平面 $y=t$ 上的一个轴平行于 z 轴，顶点为 $(0,t,\dfrac{t^2}{2q})$ 的抛物线. 类似地，用平行于 yOz 面的平面去截双叶双曲面所得的截痕也为抛物线.

综上可知，椭圆抛物面的形状如图 3.7.6 所示.

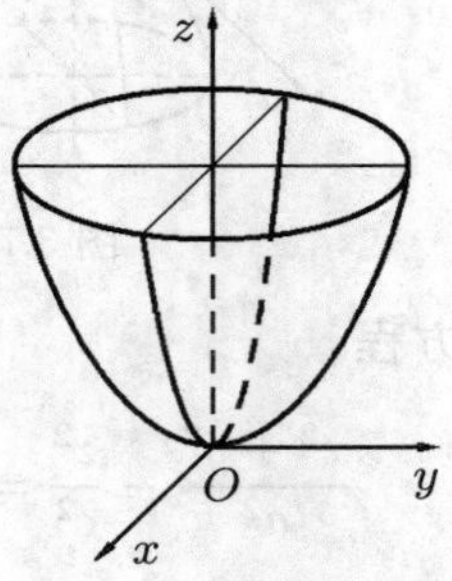

图 3.7.6

特别地，

$$x^2+y^2=2a^2z.$$

表示旋转抛物面.

与方程 (3.26) 类似，

$$\frac{y^2}{2p}+\frac{z^2}{2q}=x,\ \frac{x^2}{2p}+\frac{z^2}{2q}=y$$

均为椭圆抛物面的标准方程.

下列方程

$$-\frac{x^2}{2p}+\frac{y^2}{2q}=z,\ -\frac{y^2}{2p}+\frac{z^2}{2q}=x,\ \frac{x^2}{2p}-\frac{z^2}{2q}=y$$

表示的曲面均称为双曲抛物面，称它们为双曲抛物面的标准方程，其中 p 与 q 同号. 我们同样可以用截痕法讨论它们的几何形状. 其中第一个方程表示的双曲抛物面如图 3.7.7 所示.

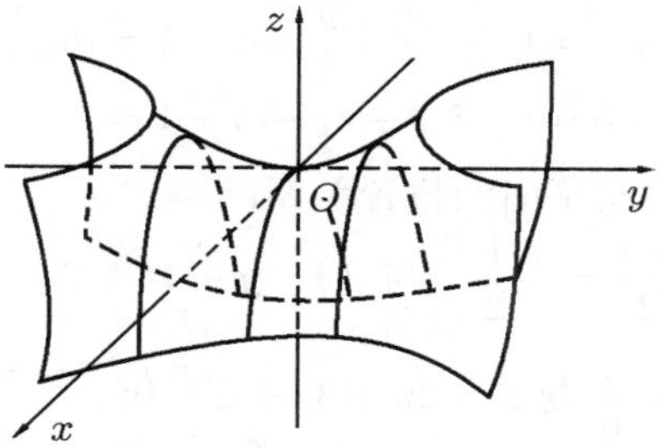

图 3.7.7

双曲抛物面形状如马鞍形，故双曲抛物面也称为马鞍面.

练习 3.7

1. 指出下列方程所表示的是何种二次曲面：

(1) $x^2+2y^2+3z^2=4$; (2) $2x^2+32y^2-4z^2=5$;

(3) $3x^2-4y^2-5z^2=6$; (4) $x^2-y^2+z^2=1$;

(5) $2x^2+y^2-3z=0$; (6) $5x^2-6y^2+z=0$.

2. 方程

$$\frac{x^2}{a^2}+\frac{y^2}{b^2}-\frac{z^2}{c^2}=0$$

表示的曲面称为椭圆锥面，该方程称为椭圆锥面的标准方程，其中 a, b, c 为正常数. 特别地， $a=b$ 时，该方程表示的曲面称为圆锥面. 试用截痕法讨论椭圆锥面的形状.

习　题　3

1. 已知有点 $M_1(1,1,2)$, $M_2(-1,0,-1)$, $M_3(1,1,4)$. 求与 $\overrightarrow{M_1M_2}$ 和 $\overrightarrow{M_1M_3}$ 都垂直的单位向量.

2. 求以向量 $\boldsymbol{a}=\boldsymbol{i}+\boldsymbol{j}-\boldsymbol{k}$ 和 $\boldsymbol{b}=2\boldsymbol{i}-\boldsymbol{j}+\boldsymbol{k}$ 作邻边的平行四边形的面积.

3.* 求以向量 $\boldsymbol{a}=(1,2,3)$, $\boldsymbol{b}=(2,3,4)$, $\boldsymbol{c}=(3,4,8)$ 作邻边的平行六面体的体积.

4. 已知一质量为 100 kg 的物体从点 $P_1(3,1,8)$ 沿直线移动到点 $P_2(1,4,2)$, 求重力所做的功 (长度单位为 m, 重力方向为 z 轴负方向).

5. 已知向量 $\boldsymbol{a},\boldsymbol{b},\boldsymbol{c}$ 两两垂直, 且 $|\boldsymbol{a}|=1$, $|\boldsymbol{b}|=2$, $|\boldsymbol{c}|=3$, 求 $\boldsymbol{r}=\boldsymbol{a}+\boldsymbol{b}+\boldsymbol{c}$ 的模以及它与 $\boldsymbol{c}$ 的夹角.

6. 求直线 $\begin{cases} x-y+z-1=0, \\ 2x+y+z-5=0 \end{cases}$ 的点向式和参数式方程.

7. 判别下列各对平面的位置关系:

(1) $x+2y-4z+1=0$ 与 $\dfrac{x}{4}+\dfrac{y}{2}-z+5=0$;

(2) $2x-y-2z-5=0$ 与 $x+3y-z-1=0$.

8. 判别下列直线与平面的位置关系:

(1) $\dfrac{x+1}{3}=\dfrac{y-1}{-2}=\dfrac{z+1}{2}$ 与 $2x-y-4z+3=0$;

(2) $\dfrac{x}{2}=\dfrac{y+1}{-4}=\dfrac{z}{6}$ 与 $x-2y+3z+5=0$;

(3) $\dfrac{x+3}{1}=\dfrac{y-1}{-2}=\dfrac{z+1}{3}$ 与 $x+2y+z+2=0$.

9. 判别下列各对直线的位置关系:

(1) $\begin{cases} x-2y+2z=0, \\ 3x+2y-6=0 \end{cases}$ 与 $\begin{cases} x+2y-z-11=0, \\ 2x+z-14=0; \end{cases}$

(2) $\dfrac{x-3}{3}=\dfrac{y-8}{-1}=\dfrac{z-3}{1}$ 与 $\dfrac{x+3}{-3}=\dfrac{y+7}{2}=\dfrac{z-6}{4}$.

10. 求平面 $x+y-11=0$ 与 $3x+8=0$ 的夹角.

11. 求直线 $\dfrac{x-1}{2}=\dfrac{y}{3}=\dfrac{z-2}{6}$ 与平面 $x-2y+z-1=0$ 的夹角.

12. 求下列各对直线间的夹角:

(1) $\dfrac{x-1}{1}=\dfrac{y}{-4}=\dfrac{z}{1}$ 与 $\dfrac{x}{2}=\dfrac{y+2}{-2}=\dfrac{z}{-1}$;

(2) $\begin{cases} 2x-2y+3z-21=0, \\ 2x-3z+13=0, \end{cases}$ 与 $\begin{cases} x+2y-2z-10=0, \\ x-y+z+8=0. \end{cases}$

13. 求满足下列条件的直线的方程:

(1) 过点 $(1,-5,3)$ 且与 x 轴、y 轴、z 轴分别成 $\dfrac{\pi}{3},\dfrac{\pi}{4},\dfrac{\pi}{3}$ 的直线;

(2) 过点 $(1,0,-2)$ 且与两直线 $\dfrac{x-1}{1}=\dfrac{y}{1}=\dfrac{z+1}{-1}$ 和 $\dfrac{x}{1}=\dfrac{y-1}{-1}=\dfrac{z+1}{0}$ 都垂直的直线;

(3) 过点 $(3,0,1)$ 且与两平面 $x+y+2z+1=0$ 和 $x-y-3z-4=0$ 都平行的直线.

第 4 章 n 维向量与线性方程组

本章将上一章的向量作形式推广，引入 n 维向量、n 维向量空间及其子空间、基、维数、坐标等来刻画 n 元齐次线性方程组的解的结构.

4.1 n 维向量

定义 4.1.1 一个 n 元有序数组称为一个 **n 维向量**，称 $(a_1, a_2, \cdots, a_n)$ 为一个 n 维行向量，称 $\begin{pmatrix} a_1 \\ a_2 \\ \vdots \\ a_n \end{pmatrix}$ 为一个 n 维列向量，称 a_i 为该 n 维向量的第 i 个分量，$i = 1, 2, \cdots, n$.

分量全为实数的叫实向量，分量全为复数的叫复向量. 本书除特别指明外，一般只讨论实向量.

空间解析几何中的向量就是三维向量. 同样地，我们仍用黑体字母 $\boldsymbol{a}$, $\boldsymbol{b}$, $\boldsymbol{\alpha}$, $\boldsymbol{\beta}$ 等表示向量. 如果 $\boldsymbol{\alpha}$ 是行向量，则 $\boldsymbol{\alpha}^{\mathrm{T}}$ 表示列向量，如果 $\boldsymbol{\alpha}$ 是列向量，则 $\boldsymbol{\alpha}^{\mathrm{T}}$ 表示行向量. 在上一章，我们都用行向量来表示. 行向量和列向量没有本质区别，只不过是表示形式的不同，在一个问题中要么全用行向量，要么全用列向量. 为了使用方便，**此后我们所讨论的向量除特别指明外一般均指列向量**. 行向量的相关理论可类似给出.

称分量全为 0 的向量为**零向量**，记作 $\mathbf{0}$. 对应分量全都相同的两个向量称为是相等的.

二维平面或三维空间中的向量有加法，有实数与向量的乘法. n 维向量也有一样的加法和数乘.

(1) $(a_1, a_2, \cdots, a_n) + (b_1, b_2, \cdots, b_n) = (a_1 + b_1, a_2 + b_2, \cdots, a_n + b_n)$;

(2) $\lambda(a_1\ a_2\ \cdots\ a_n) = (\lambda a_1\ \lambda a_2\ \cdots\ \lambda a_n)$.

n 维向量 $(a_1, a_2, \cdots, a_n)$ 也可写作 $(a_1\ a_2\ \cdots\ a_n)$. 例如向量 $(2, 3, 4, 5)$ 也可写作 $(2\ 3\ 4\ 5)$. 由此，我们可以把 n 维列向量和 n 维行向量分别看作 $n \times 1$ 和 $1 \times n$ 矩阵. n 维向量的运算就是矩阵的加法和数与矩阵的乘法运算.

n 维行向量 $(a_1\ a_2\ \cdots\ a_n)$ 和 n 维列向量 $\begin{pmatrix} a_1 \\ a_2 \\ \vdots \\ a_n \end{pmatrix}$ 尽管表示同一个 n 维向量，但在运算上总要看成是两个不同的向量.

若干 (有限或无限多) 个同维数的列向量 (行向量) 组成的集合称为 **向量组**(里面可以有重复的向量).

设 $\boldsymbol{A}=\begin{pmatrix} a_{11} & a_{12} & \cdots & a_{1n} \\ a_{21} & a_{22} & \cdots & a_{2n} \\ \vdots & \vdots & & \vdots \\ a_{m1} & a_{m2} & \cdots & a_{mn} \end{pmatrix}$, 将 $\boldsymbol{A}$ 按列分块写成 $\boldsymbol{A}=(\boldsymbol{\alpha}_1\ \boldsymbol{\alpha}_2\ \cdots\ \boldsymbol{\alpha}_n)$,

则称

$$\boldsymbol{\alpha}_1=\begin{pmatrix} a_{11} \\ a_{21} \\ \vdots \\ a_{m1} \end{pmatrix}, \boldsymbol{\alpha}_2=\begin{pmatrix} a_{12} \\ a_{22} \\ \vdots \\ a_{m2} \end{pmatrix}, \cdots, \boldsymbol{\alpha}_n=\begin{pmatrix} a_{1n} \\ a_{2n} \\ \vdots \\ a_{mn} \end{pmatrix}$$

为矩阵 $\boldsymbol{A}$ 的列向量组; 将 $\boldsymbol{A}$ 按行分块写成 $\boldsymbol{A}=\begin{pmatrix} \boldsymbol{\beta}_1 \\ \boldsymbol{\beta}_2 \\ \vdots \\ \boldsymbol{\beta}_m \end{pmatrix}$, 则称

$$\boldsymbol{\beta}_1=(a_{11}\quad a_{12}\quad \cdots\quad a_{1n}), \boldsymbol{\beta}_2=(a_{21}\quad a_{22}\quad \cdots\quad a_{2n}),$$

$$\cdots, \boldsymbol{\beta}_m=(a_{m1}\quad a_{m2}\quad \cdots\quad a_{mn})$$

为矩阵 $\boldsymbol{A}$ 的行向量组.

4.2 线性表示

定义 4.2.1 设向量 $\boldsymbol{\alpha}_1, \boldsymbol{\alpha}_2, \cdots, \boldsymbol{\alpha}_s$ 和 $\boldsymbol{\beta}$ 均为 n 维向量, 若存在数 $k_1, k_2, \cdots, k_s$ 使得

$$\boldsymbol{\beta}=k_1\boldsymbol{\alpha}_1+k_2\boldsymbol{\alpha}_2+\cdots+k_s\boldsymbol{\alpha}_s,$$

则称 $\boldsymbol{\beta}$ 为向量 $\boldsymbol{\alpha}_1, \boldsymbol{\alpha}_2, \cdots, \boldsymbol{\alpha}_s$ 的一个线性组合, 或称 $\boldsymbol{\beta}$ 可由向量 $\boldsymbol{\alpha}_1, \boldsymbol{\alpha}_2, \cdots, \boldsymbol{\alpha}_s$ 线性表示.

定理 4.2.1 设向量 $\boldsymbol{\alpha}_1, \boldsymbol{\alpha}_2, \cdots, \boldsymbol{\alpha}_m$ 和 $\boldsymbol{\beta}$ 均为 n 维向量, 则 $\boldsymbol{\beta}$ 可由向量 $\boldsymbol{\alpha}_1, \boldsymbol{\alpha}_2, \cdots, \boldsymbol{\alpha}_m$ 线性表示的充要条件是

$$秩(\boldsymbol{\alpha}_1\ \boldsymbol{\alpha}_2\cdots\boldsymbol{\alpha}_m)=秩(\boldsymbol{\alpha}_1\ \boldsymbol{\alpha}_2\cdots\boldsymbol{\alpha}_m\ \boldsymbol{\beta}).$$

证明 $\boldsymbol{\beta}$ 可由向量 $\boldsymbol{\alpha}_1, \boldsymbol{\alpha}_2, \cdots, \boldsymbol{\alpha}_m$ 线性表示的充要条件是存在数 $\lambda_1, \lambda_2, \cdots, \lambda_m$ 使得

$$\lambda_1\boldsymbol{\alpha}_1+\lambda_2\boldsymbol{\alpha}_2+\cdots+\lambda_m\boldsymbol{\alpha}_m=\boldsymbol{\beta},$$

即 $(\boldsymbol{\alpha}_1\ \boldsymbol{\alpha}_2\cdots\boldsymbol{\alpha}_m)\begin{pmatrix}\lambda_1\\\lambda_2\\\vdots\\\lambda_m\end{pmatrix}=\boldsymbol{\beta}$, 也即 $\begin{pmatrix}\lambda_1\\\lambda_2\\\vdots\\\lambda_m\end{pmatrix}$ 是方程组 $(\boldsymbol{\alpha}_1\ \boldsymbol{\alpha}_2\cdots\boldsymbol{\alpha}_m)\boldsymbol{x}=\boldsymbol{\beta}$ 的解.

而方程组 $(\boldsymbol{\alpha}_1\ \boldsymbol{\alpha}_2\cdots\boldsymbol{\alpha}_m)\boldsymbol{x}=\boldsymbol{\beta}$ 有解的充要条件是

$$\text{秩}(\boldsymbol{\alpha}_1\ \boldsymbol{\alpha}_2\cdots\boldsymbol{\alpha}_m)=\text{秩}(\boldsymbol{\alpha}_1\ \boldsymbol{\alpha}_2\cdots\boldsymbol{\alpha}_m\ \boldsymbol{\beta}).$$

例 4.2.1 设

$$\boldsymbol{\alpha}_1=\begin{pmatrix}1\\-1\\2\end{pmatrix},\boldsymbol{\alpha}_2=\begin{pmatrix}-1\\2\\-3\end{pmatrix},\boldsymbol{\alpha}_3=\begin{pmatrix}2\\-3\\5\end{pmatrix},\boldsymbol{\beta}=\begin{pmatrix}2\\3\\-1\end{pmatrix}$$

判断向量 $\boldsymbol{\beta}$ 能否由 $\boldsymbol{\alpha}_1,\boldsymbol{\alpha}_2,\boldsymbol{\alpha}_3$ 线性表示，如果能，写出一个线性表示式.

解 对 $(\boldsymbol{\alpha}_1\ \boldsymbol{\alpha}_2\ \boldsymbol{\alpha}_3\ \boldsymbol{\beta})$ 做如下的初等行变换

$$\begin{pmatrix}1&-1&2&2\\-1&2&-3&3\\2&-3&5&-1\end{pmatrix}\longrightarrow\begin{pmatrix}1&-1&2&2\\0&1&-1&5\\0&0&0&0\end{pmatrix}\longrightarrow\begin{pmatrix}1&0&1&7\\0&1&-1&5\\0&0&0&0\end{pmatrix}$$

于是秩 $(\boldsymbol{\alpha}_1\ \boldsymbol{\alpha}_2\ \boldsymbol{\alpha}_3)=$ 秩 $(\boldsymbol{\alpha}_1\ \boldsymbol{\alpha}_2\ \boldsymbol{\alpha}_3\ \boldsymbol{\beta})$, 所以 $\boldsymbol{\beta}$ 可由向量 $\boldsymbol{\alpha}_1,\boldsymbol{\alpha}_2,\boldsymbol{\alpha}_3$ 线性表示，且 $\boldsymbol{\beta}=7\boldsymbol{\alpha}_1+5\boldsymbol{\alpha}_2+0\boldsymbol{\alpha}_3$.

定义 4.2.2 设向量组 I 和向量组 II 均为由 n 维向量构成的向量组，如果向量组 I 中每个向量都可由向量组 II 中有限多个向量线性表示，则称向量组 I 可由向量组 II 线性表示. 如果两个向量组可以互相线性表示，则称这两个向量组是等价的.

设向量组 $\boldsymbol{\beta}_1,\boldsymbol{\beta}_2,\cdots,\boldsymbol{\beta}_s$ 可由 $\boldsymbol{\alpha}_1,\boldsymbol{\alpha}_2,\cdots,\boldsymbol{\alpha}_t$ 线性表示，则有数 k_{1j}, k_{2j}, $\cdots$, $k_{tj}, j=1,2,\cdots,s$ 使得

$$\begin{cases}\boldsymbol{\beta}_1=k_{11}\boldsymbol{\alpha}_1+k_{21}\boldsymbol{\alpha}_2+\cdots+k_{t1}\boldsymbol{\alpha}_t,\\\boldsymbol{\beta}_2=k_{12}\boldsymbol{\alpha}_1+k_{22}\boldsymbol{\alpha}_2+\cdots+k_{t2}\boldsymbol{\alpha}_t,\\\cdots\ \cdots\ \cdots\ \cdots\\\boldsymbol{\beta}_s=k_{1s}\boldsymbol{\alpha}_1+k_{2s}\boldsymbol{\alpha}_2+\cdots+k_{ts}\boldsymbol{\alpha}_t,\end{cases}$$

即

$$(\boldsymbol{\beta}_1\ \boldsymbol{\beta}_2\cdots\boldsymbol{\beta}_s)=(\boldsymbol{\alpha}_1\ \boldsymbol{\alpha}_2\cdots\boldsymbol{\alpha}_t)\begin{pmatrix}k_{11}&k_{12}&\cdots&k_{1s}\\k_{21}&k_{22}&\cdots&k_{2s}\\\vdots&\vdots&&\vdots\\k_{t1}&k_{t2}&\cdots&k_{ts}\end{pmatrix},$$

其中 $\boldsymbol{K}=(k_{ij})_{t\times s}$ 称为线性表示系数矩阵. 记 $\boldsymbol{A}=(\boldsymbol{\alpha}_1\ \boldsymbol{\alpha}_2\cdots\boldsymbol{\alpha}_t)$, $\boldsymbol{B}=(\boldsymbol{\beta}_1\ \boldsymbol{\beta}_2\cdots\boldsymbol{\beta}_s)$, 则有 $\boldsymbol{B}=\boldsymbol{AK}$. 由上一章矩阵的秩的性质可得

定理 4.2.2 如果向量组 $\boldsymbol{\beta}_1,\boldsymbol{\beta}_2,\cdots,\boldsymbol{\beta}_s$ 可由向量组 $\boldsymbol{\alpha}_1,\boldsymbol{\alpha}_2,\cdots,\boldsymbol{\alpha}_t$ 线性表示，则秩 $\boldsymbol{B}\leqslant$ 秩 $\boldsymbol{A}$, 其中 $\boldsymbol{B}=(\boldsymbol{\beta}_1\ \boldsymbol{\beta}_2\cdots\boldsymbol{\beta}_s),\boldsymbol{A}=(\boldsymbol{\alpha}_1\ \boldsymbol{\alpha}_2\cdots\boldsymbol{\alpha}_t)$.

推论 4.2.1 如果向量组 $\boldsymbol{\beta}_1,\boldsymbol{\beta}_2,\cdots,\boldsymbol{\beta}_s$ 和向量组 $\boldsymbol{\alpha}_1,\boldsymbol{\alpha}_2,\cdots,\boldsymbol{\alpha}_t$ 等价，则秩 $\boldsymbol{B}=$ 秩 $\boldsymbol{A}$, 其中 $\boldsymbol{B}=(\boldsymbol{\beta}_1\ \boldsymbol{\beta}_2\cdots\boldsymbol{\beta}_s),\boldsymbol{A}=(\boldsymbol{\alpha}_1\ \boldsymbol{\alpha}_2\cdots\boldsymbol{\alpha}_t)$.

练习 4.2

1. 设

$$\boldsymbol{\alpha}_1=\begin{pmatrix}1\\2\\3\\1\end{pmatrix},\boldsymbol{\alpha}_2=\begin{pmatrix}2\\3\\1\\2\end{pmatrix},\boldsymbol{\alpha}_3=\begin{pmatrix}3\\1\\2\\-2\end{pmatrix},\boldsymbol{\beta}=\begin{pmatrix}3\\9\\6\\8\end{pmatrix}.$$

$\boldsymbol{\beta}$ 能否由 $\boldsymbol{\alpha}_1,\boldsymbol{\alpha}_2,\boldsymbol{\alpha}_3$ 线性表示？如果能，写出一个线性表示式.

4.3 向量组的线性相关性

向量组 $\begin{pmatrix}1\\0\\0\end{pmatrix},\begin{pmatrix}2\\4\\0\end{pmatrix},\begin{pmatrix}5\\6\\7\end{pmatrix}$ 中的向量相互之间是独立的，即其中任意一个向量都不能由其他的一个或几个向量线性表示. 而向量组 $\begin{pmatrix}1\\2\\3\end{pmatrix},\begin{pmatrix}1\\1\\1\end{pmatrix},\begin{pmatrix}2\\3\\4\end{pmatrix}$ 中的向量相互之间是不独立的，因为最后一个向量可以由前两个向量线性表示. 为了区别这两种向量组，我们引入线性相关和线性无关的概念.

4.3.1 线性相关和线性无关的定义

定义 4.3.1 设 $\boldsymbol{\alpha}_1,\boldsymbol{\alpha}_2,\cdots,\boldsymbol{\alpha}_m$ 是一个向量组，如果存在一组不全为 0 的数 $k_1,k_2,\cdots,k_m$ 使得 $k_1\boldsymbol{\alpha}_1+k_2\boldsymbol{\alpha}_2+\cdots+k_m\boldsymbol{\alpha}_m=\boldsymbol{0}$, 则称向量组 $\boldsymbol{\alpha}_1,\boldsymbol{\alpha}_2,\cdots,\boldsymbol{\alpha}_m$ 线性相关.

定义 4.3.2 设 $\boldsymbol{\alpha}_1,\boldsymbol{\alpha}_2,\cdots,\boldsymbol{\alpha}_m$ 是一个向量组，如果仅当 $k_1,k_2,\cdots,k_m$ 都为 0 时才能使 $k_1\boldsymbol{\alpha}_1+k_2\boldsymbol{\alpha}_2+\cdots+k_m\boldsymbol{\alpha}_m=\boldsymbol{0}$ 成立，则称 $\boldsymbol{\alpha}_1,\boldsymbol{\alpha}_2,\cdots,\boldsymbol{\alpha}_m$ 线性无关.

显然, 一个向量组不是线性相关的, 就是线性无关的. 例如, 向量组 $\begin{pmatrix}2\\1\end{pmatrix},\begin{pmatrix}3\\8\end{pmatrix}$ 是线性无关的，而向量组 $\begin{pmatrix}-1\\1\\0\end{pmatrix},\begin{pmatrix}3\\4\\1\end{pmatrix},\begin{pmatrix}2\\5\\1\end{pmatrix}$ 是线性相关的.

从几何上看空间中的两个向量线性相关当且仅当它们共线，空间中的三个向量线性相关当且仅当它们共面. 下面的这个命题，或许是对线性相关的最好注解.

命题 4.3.1 设 $\boldsymbol{\alpha}_1,\boldsymbol{\alpha}_2,\cdots,\boldsymbol{\alpha}_s(s\geqslant 2)$ 均为 n 维向量，则向量组 $\boldsymbol{\alpha}_1,\boldsymbol{\alpha}_2,\cdots,\boldsymbol{\alpha}_s$ 线性相关的充要条件是其中至少有一个向量可由其余的 $s-1$ 个向量线性表示.

证明 充分性 不妨设 $\boldsymbol{\alpha}_1$ 可由 $\boldsymbol{\alpha}_2,\cdots,\boldsymbol{\alpha}_s$ 线性表示，即存在数 $k_2,\cdots,k_s$ 使得

$$\boldsymbol{\alpha}_1=k_2\boldsymbol{\alpha}_2+\cdots+k_s\boldsymbol{\alpha}_s,$$

移项得

$$-\boldsymbol{\alpha}_1+k_2\boldsymbol{\alpha}_2+\cdots+k_s\boldsymbol{\alpha}_s=\mathbf{0}.$$

显然 $-1,k_2,\cdots,k_s$ 不全为零，故 $\boldsymbol{\alpha}_1,\boldsymbol{\alpha}_2,\cdots,\boldsymbol{\alpha}_s$ 线性相关.

必要性 如果 $\boldsymbol{\alpha}_1,\boldsymbol{\alpha}_2,\cdots,\boldsymbol{\alpha}_s$ 线性相关，则存在不全为 0 的数 $k_1,k_2,\cdots,k_s$ 使得 $k_1\boldsymbol{\alpha}_1+k_2\boldsymbol{\alpha}_2+\cdots+k_s\boldsymbol{\alpha}_s=\mathbf{0}$. 设 $k_i\neq 0$, 则

$$\boldsymbol{\alpha}_i=-\frac{k_1}{k_i}\boldsymbol{\alpha}_1-\cdots-\frac{k_{i-1}}{k_i}\boldsymbol{\alpha}_{i-1}-\frac{k_{i+1}}{k_i}\boldsymbol{\alpha}_{i+1}-\cdots-\frac{k_s}{k_i}\boldsymbol{\alpha}_s,$$

即 $\boldsymbol{\alpha}_i$ 可由其余向量线性表示.

显然，一个向量 $\boldsymbol{\alpha}$ 线性相关的充要条件是 $\boldsymbol{\alpha}=\mathbf{0}$, $\boldsymbol{\alpha}$ 线性无关的充要条件是 $\boldsymbol{\alpha}\neq\mathbf{0}$.

4.3.2 线性相关和线性无关的判定

定理 4.3.1 设有向量组 $\boldsymbol{\alpha}_1,\boldsymbol{\alpha}_2,\cdots,\boldsymbol{\alpha}_s$, 则

(1) $\boldsymbol{\alpha}_1,\boldsymbol{\alpha}_2,\cdots,\boldsymbol{\alpha}_s$ 线性相关 $\Longleftrightarrow$ 秩$(\boldsymbol{\alpha}_1\ \boldsymbol{\alpha}_2\cdots\boldsymbol{\alpha}_s)<s$;

(2) $\boldsymbol{\alpha}_1,\boldsymbol{\alpha}_2,\cdots,\boldsymbol{\alpha}_s$ 线性无关 $\Longleftrightarrow$ 秩$(\boldsymbol{\alpha}_1\ \boldsymbol{\alpha}_2\cdots\boldsymbol{\alpha}_s)=s$.

证明 (1) 向量组 $\boldsymbol{\alpha}_1,\boldsymbol{\alpha}_2,\cdots,\boldsymbol{\alpha}_s$ 线性相关的充要条件是存在不全为 0 的数 $k_1,k_2,\cdots,k_s$ 使得 $k_1\boldsymbol{\alpha}_1+k_2\boldsymbol{\alpha}_2+\cdots+k_s\boldsymbol{\alpha}_s=\mathbf{0}$, 即存在不全为 0 的数 $k_1,k_2,\cdots,k_s$ 使得

$$(\boldsymbol{\alpha}_1\ \boldsymbol{\alpha}_2\cdots\boldsymbol{\alpha}_s)\begin{pmatrix}k_1\\k_2\\\vdots\\k_s\end{pmatrix}=\mathbf{0},$$

也即齐次线性方程组

$$(\boldsymbol{\alpha}_1\ \boldsymbol{\alpha}_2\cdots\boldsymbol{\alpha}_s)\begin{pmatrix}x_1\\x_2\\\vdots\\x_s\end{pmatrix}=\mathbf{0}$$

有非零解，而上面的方程组有非零解的充要条件是秩 $(\boldsymbol{\alpha}_1\ \boldsymbol{\alpha}_2 \cdots \boldsymbol{\alpha}_s) < s$.

(2) 注意到秩 $(\boldsymbol{\alpha}_1\ \boldsymbol{\alpha}_2 \cdots \boldsymbol{\alpha}_s) \leqslant s$, 由 (1) 立得 (2).

推论 4.3.1 对于 n 个 n 维向量 $\boldsymbol{\alpha}_1, \boldsymbol{\alpha}_2, \cdots, \boldsymbol{\alpha}_n$ 有

(1) $\boldsymbol{\alpha}_1, \boldsymbol{\alpha}_2, \cdots, \boldsymbol{\alpha}_n$ 线性相关 $\Longleftrightarrow |\boldsymbol{\alpha}_1\ \boldsymbol{\alpha}_2 \cdots \boldsymbol{\alpha}_n| = 0$;

(2) $\boldsymbol{\alpha}_1, \boldsymbol{\alpha}_2, \cdots, \boldsymbol{\alpha}_n$ 线性无关 $\Longleftrightarrow |\boldsymbol{\alpha}_1\ \boldsymbol{\alpha}_2 \cdots \boldsymbol{\alpha}_n| \neq 0$.

例 4.3.1 设

$$\boldsymbol{\alpha}_1 = \begin{pmatrix} -1 \\ 2 \\ -1 \\ 2 \end{pmatrix}, \boldsymbol{\alpha}_2 = \begin{pmatrix} 1 \\ 6 \\ -1 \\ 2 \end{pmatrix}, \boldsymbol{\alpha}_3 = \begin{pmatrix} 1 \\ 2 \\ 0 \\ 0 \end{pmatrix},$$

判断 $\boldsymbol{\alpha}_1, \boldsymbol{\alpha}_2, \boldsymbol{\alpha}_3$ 是线性相关还是线性无关.

解 对 $(\boldsymbol{\alpha}_1\ \boldsymbol{\alpha}_2\ \boldsymbol{\alpha}_3)$ 做如下的初等行变换

$$\begin{pmatrix} -1 & 1 & 1 \\ 2 & 6 & 2 \\ -1 & -1 & 0 \\ 2 & 2 & 0 \end{pmatrix} \longrightarrow \begin{pmatrix} -1 & 1 & 1 \\ 0 & 8 & 4 \\ 0 & -2 & -1 \\ 0 & 4 & 2 \end{pmatrix} \longrightarrow \begin{pmatrix} -1 & 1 & 1 \\ 0 & 8 & 4 \\ 0 & 0 & 0 \\ 0 & 0 & 0 \end{pmatrix}.$$

于是秩 $(\boldsymbol{\alpha}_1\ \boldsymbol{\alpha}_2\ \boldsymbol{\alpha}_3) = 2 < 3$, 从而 $\boldsymbol{\alpha}_1, \boldsymbol{\alpha}_2, \boldsymbol{\alpha}_3$ 线性相关.

例 4.3.2 当 t 为何值时，向量组

$$\boldsymbol{\alpha}_1 = \begin{pmatrix} t \\ 1 \\ 1 \end{pmatrix}, \boldsymbol{\alpha}_2 = \begin{pmatrix} 1 \\ t \\ 1 \end{pmatrix}, \boldsymbol{\alpha}_3 = \begin{pmatrix} 1 \\ 1 \\ t \end{pmatrix}$$

线性相关.

解 由于

$$|\boldsymbol{\alpha}_1\ \boldsymbol{\alpha}_2\ \boldsymbol{\alpha}_3| = \begin{vmatrix} t & 1 & 1 \\ 1 & t & 1 \\ 1 & 1 & t \end{vmatrix} = (t+2)(t-1)^2,$$

故 $t = -2$ 或 1 时， $|\boldsymbol{\alpha}_1\ \boldsymbol{\alpha}_2\ \boldsymbol{\alpha}_3| = 0$, $\boldsymbol{\alpha}_1, \boldsymbol{\alpha}_2, \boldsymbol{\alpha}_3$ 线性相关.

例 4.3.3 设 $\boldsymbol{\alpha}_1, \boldsymbol{\alpha}_2, \boldsymbol{\alpha}_3$ 线性无关，证明 $\boldsymbol{\beta}_1 = \boldsymbol{\alpha}_1 + \boldsymbol{\alpha}_2, \boldsymbol{\beta}_2 = \boldsymbol{\alpha}_2 + \boldsymbol{\alpha}_3, \boldsymbol{\beta}_3 = \boldsymbol{\alpha}_3 + \boldsymbol{\alpha}_1$ 也线性无关.

证明 我们将根据定义和定理给出两种基本的证明方法.

方法一：令 $k_1\boldsymbol{\beta}_1+k_2\boldsymbol{\beta}_2+k_3\boldsymbol{\beta}_3=\mathbf{0}$, 即 $k_1(\boldsymbol{\alpha}_1+\boldsymbol{\alpha}_2)+k_2(\boldsymbol{\alpha}_2+\boldsymbol{\alpha}_3)+k_3(\boldsymbol{\alpha}_3+\boldsymbol{\alpha}_1)=\mathbf{0}$, 整理得 $(k_1+k_3)\boldsymbol{\alpha}_1+(k_1+k_2)\boldsymbol{\alpha}_2+(k_2+k_3)\boldsymbol{\alpha}_3=\mathbf{0}$. 由于 $\boldsymbol{\alpha}_1,\boldsymbol{\alpha}_2,\boldsymbol{\alpha}_3$ 线性无关，故

$$k_1+k_3=0, k_1+k_2=0, k_2+k_3=0.$$

解得 $k_1=k_2=k_3=0$, 所以 $\boldsymbol{\beta}_1,\boldsymbol{\beta}_2,\boldsymbol{\beta}_3$ 线性无关.

方法二：由已知有

$$\boldsymbol{\beta}_1=(\boldsymbol{\alpha}_1\ \boldsymbol{\alpha}_2\ \boldsymbol{\alpha}_3)\begin{pmatrix}1\\1\\0\end{pmatrix},\ \boldsymbol{\beta}_2=(\boldsymbol{\alpha}_1\ \boldsymbol{\alpha}_2\ \boldsymbol{\alpha}_3)\begin{pmatrix}0\\1\\1\end{pmatrix},\ \boldsymbol{\beta}_3=(\boldsymbol{\alpha}_1\ \boldsymbol{\alpha}_2\ \boldsymbol{\alpha}_3)\begin{pmatrix}1\\0\\1\end{pmatrix},$$

故

$$(\boldsymbol{\beta}_1\ \boldsymbol{\beta}_2\ \boldsymbol{\beta}_3)=(\boldsymbol{\alpha}_1\ \boldsymbol{\alpha}_2\ \boldsymbol{\alpha}_3)\begin{pmatrix}1&0&1\\1&1&0\\0&1&1\end{pmatrix}.$$

易知 $\begin{pmatrix}1&0&1\\1&1&0\\0&1&1\end{pmatrix}$ 是可逆阵，所以秩 $(\boldsymbol{\beta}_1\ \boldsymbol{\beta}_2\ \boldsymbol{\beta}_3)=$ 秩 $(\boldsymbol{\alpha}_1\ \boldsymbol{\alpha}_2\ \boldsymbol{\alpha}_3)$.

由于 $\boldsymbol{\alpha}_1,\boldsymbol{\alpha}_2,\boldsymbol{\alpha}_3$ 线性无关，故秩 $(\boldsymbol{\alpha}_1\ \boldsymbol{\alpha}_2\ \boldsymbol{\alpha}_3)=3$. 于是秩 $(\boldsymbol{\beta}_1\ \boldsymbol{\beta}_2\ \boldsymbol{\beta}_3)=3$, 因此 $\boldsymbol{\beta}_1,\boldsymbol{\beta}_2,\boldsymbol{\beta}_3$ 也线性无关.

4.3.3 几个常用结论

1. (1) 如果向量组 $\boldsymbol{\alpha}_1,\boldsymbol{\alpha}_2,\cdots,\boldsymbol{\alpha}_m$ 线性相关, 则向量组 $\boldsymbol{\alpha}_1,\cdots,\boldsymbol{\alpha}_m,\cdots,\boldsymbol{\alpha}_{m+s}$ 也线性相关；

(2) 如果向量组 $\boldsymbol{\alpha}_1,\boldsymbol{\alpha}_2,\cdots,\boldsymbol{\alpha}_{m+s}$ 线性无关，则向量组 $\boldsymbol{\alpha}_1,\boldsymbol{\alpha}_2,\cdots,\boldsymbol{\alpha}_m$ 也线性无关.

2. 设向量组 $\boldsymbol{\alpha}_1,\boldsymbol{\alpha}_2,\cdots,\boldsymbol{\alpha}_s$ 线性无关，而向量组 $\boldsymbol{\alpha}_1,\boldsymbol{\alpha}_2,\cdots,\boldsymbol{\alpha}_s,\boldsymbol{\beta}$ 线性相关, 则向量 $\boldsymbol{\beta}$ 可由向量组 $\boldsymbol{\alpha}_1,\boldsymbol{\alpha}_2,\cdots,\boldsymbol{\alpha}_s$ 线性表示，且表示方法唯一.

3. 设有向量组

$$\mathrm{I}:\boldsymbol{\alpha}_1=\begin{pmatrix}a_{11}\\\vdots\\a_{m1}\end{pmatrix},\cdots,\boldsymbol{\alpha}_n=\begin{pmatrix}a_{1n}\\\vdots\\a_{mn}\end{pmatrix}$$

和向量组

$$\text{II}:\boldsymbol{\beta}_1=\begin{pmatrix}a_{11}\\ \vdots\\ a_{m1}\\ a_{m+1,1}\\ \vdots\\ a_{m+s,1}\end{pmatrix},\cdots,\boldsymbol{\beta}_n=\begin{pmatrix}a_{1n}\\ \vdots\\ a_{mn}\\ a_{m+1,n}\\ \vdots\\ a_{m+s,n}\end{pmatrix}.$$

(1) 如果向量组 I 线性无关，则向量组 II 也线性无关.

(2) 如果向量组 II 线性相关，则向量组 I 也线性相关.

证明 1. (2) 是 (1) 的逆否命题，只需证 (1). 由于 $\boldsymbol{\alpha}_1,\boldsymbol{\alpha}_2,\cdots,\boldsymbol{\alpha}_m$ 线性相关，故存在不全为 0 的数 $k_1,\cdots,k_m$ 使得 $k_1\boldsymbol{\alpha}_1+\cdots+k_m\boldsymbol{\alpha}_m=\mathbf{0}$. 于是

$$k_1\boldsymbol{\alpha}_1+\cdots+k_m\boldsymbol{\alpha}_m+0\boldsymbol{\alpha}_{m+1}+\cdots+0\boldsymbol{\alpha}_{m+s}=\mathbf{0},$$

且 $k_1,k_2,\cdots,k_m,0,\cdots,0$ 不全为 0, 因此 $\boldsymbol{\alpha}_1,\boldsymbol{\alpha}_2,\cdots,\boldsymbol{\alpha}_{m+1}$ 线性相关.

2. 由于向量组 $\boldsymbol{\alpha}_1,\boldsymbol{\alpha}_2,\cdots,\boldsymbol{\alpha}_s,\boldsymbol{\beta}$ 线性相关，故存在一组不全为零的数 $k,k_1,k_2,\cdots,k_s$ 使得

$$k\boldsymbol{\beta}+k_1\boldsymbol{\alpha}_1+k_2\boldsymbol{\alpha}_2+\cdots+k_s\boldsymbol{\alpha}_s=\mathbf{0}.$$

如果 $k=0$, 则 $k_1,k_2,\cdots,k_s$ 不全为零，且

$$k_1\boldsymbol{\alpha}_1+k_2\boldsymbol{\alpha}_2+\cdots+k_s\boldsymbol{\alpha}_s=\mathbf{0},$$

这与向量组 $\boldsymbol{\alpha}_1,\boldsymbol{\alpha}_2,\cdots,\boldsymbol{\alpha}_s$ 线性无关矛盾. 因此， $k\neq 0$, 于是

$$\boldsymbol{\beta}=-\frac{k_1}{k}\boldsymbol{\alpha}_1-\frac{k_2}{k}\boldsymbol{\alpha}_2-\cdots-\frac{k_s}{k}\boldsymbol{\alpha}_s.$$

若 $\boldsymbol{\beta}=x_1\boldsymbol{\alpha}_1+x_2\boldsymbol{\alpha}_2+\cdots+x_s\boldsymbol{\alpha}_s$, 且 $\boldsymbol{\beta}=y_1\boldsymbol{\alpha}_1+y_2\boldsymbol{\alpha}_2+\cdots+y_s\boldsymbol{\alpha}_s$, 则

$$(x_1-y_1)\boldsymbol{\alpha}_1+(x_2-y_2)\boldsymbol{\alpha}_2+\cdots+(x_s-y_s)\boldsymbol{\alpha}_s=\mathbf{0}.$$

由于 $\boldsymbol{\alpha}_1,\boldsymbol{\alpha}_2,\cdots,\boldsymbol{\alpha}_s$ 线性无关，故

$$x_1-y_1=x_2-y_2=\cdots=x_s-y_s=0,$$

即 $x_1=y_1,\ x_2=y_2,\ \cdots,\ x_s=y_s$.

3. (2) 是 (1) 的逆否命题, 只需证 (1). 由于向量组 I 线性无关, 故秩 $(\boldsymbol{\alpha}_1\ \boldsymbol{\alpha}_2\cdots\ \boldsymbol{\alpha}_n)=n$. 而秩 $(\boldsymbol{\alpha}_1\ \boldsymbol{\alpha}_2\cdots\ \boldsymbol{\alpha}_n)\leqslant$ 秩 $(\boldsymbol{\beta}_1\ \boldsymbol{\beta}_2\cdots\ \boldsymbol{\beta}_n)\leqslant n$, 所以秩 $(\boldsymbol{\beta}_1\ \boldsymbol{\beta}_2\cdots\ \boldsymbol{\beta}_n)=n$, 从而向量组 II 也线性无关.

练习 4.3

1. 判断下列向量组是线性相关还是线性无关.

(1) $\boldsymbol{\alpha}_1=\begin{pmatrix}1\\2\\3\end{pmatrix},\boldsymbol{\alpha}_2=\begin{pmatrix}4\\5\\6\end{pmatrix}$;

(2) $\boldsymbol{\alpha}_1=\begin{pmatrix}1\\-2\\3\end{pmatrix},\boldsymbol{\alpha}_2=\begin{pmatrix}-1\\0\\2\end{pmatrix},\boldsymbol{\alpha}_3=\begin{pmatrix}0\\4\\-2\end{pmatrix}$;

(3) $\boldsymbol{\alpha}_1=\begin{pmatrix}2\\1\\-1\\-1\end{pmatrix},\boldsymbol{\alpha}_2=\begin{pmatrix}0\\-3\\2\\0\end{pmatrix},\boldsymbol{\alpha}_3=\begin{pmatrix}2\\4\\-3\\-1\end{pmatrix}$.

2. 求满足下列条件的实数 λ.

(1) $\boldsymbol{\alpha}_1=\begin{pmatrix}1\\2\\3\end{pmatrix},\boldsymbol{\alpha}_2=\begin{pmatrix}0\\-1\\1\end{pmatrix},\boldsymbol{\alpha}_3=\begin{pmatrix}\lambda\\0\\2\end{pmatrix}$ 线性无关;

(2) $\boldsymbol{\alpha}_1=\begin{pmatrix}\lambda\\1\\1\end{pmatrix},\boldsymbol{\alpha}_2=\begin{pmatrix}1\\\lambda\\1\end{pmatrix},\boldsymbol{\alpha}_3=\begin{pmatrix}-1\\1\\-\lambda\end{pmatrix}$ 线性相关.

3. 判断下列叙述正确与否，正确者说明理由，错误者举出反例.

(1) 含相同向量的向量组必线性相关;

(2) 当 $k_1=\cdots=k_m=0$ 时， $k_1\boldsymbol{\alpha}_1+\cdots+k_m\boldsymbol{\alpha}_m=\mathbf{0}$, 则 $\boldsymbol{\alpha}_1,\cdots,\boldsymbol{\alpha}_m$ 线性无关;

(3) 如果对任意不全为零的 $k_1,\cdots,k_m$ 都有 $k_1\boldsymbol{\alpha}_1+\cdots+k_m\boldsymbol{\alpha}_m\neq\mathbf{0}$, 则向量组 $\boldsymbol{\alpha}_1,\cdots,\boldsymbol{\alpha}_m$ 线性无关;

(4) $\boldsymbol{\alpha}_1,\boldsymbol{\alpha}_2$ 线性相关的充要条件是 $\boldsymbol{\alpha}_1$ 可由 $\boldsymbol{\alpha}_2$ 线性表示， $\boldsymbol{\alpha}_2$ 也可由 $\boldsymbol{\alpha}_1$ 线性表示;

(5) $\boldsymbol{\alpha}_1,\cdots,\boldsymbol{\alpha}_s$ 线性无关， $\boldsymbol{\beta}_1,\cdots,\boldsymbol{\beta}_t$ 线性无关，则 $\boldsymbol{\alpha}_1,\cdots,\boldsymbol{\alpha}_s,\boldsymbol{\beta}_1,\cdots,\boldsymbol{\beta}_t$ 也线性无关.

4. 设 $\boldsymbol{\alpha}_1,\cdots,\boldsymbol{\alpha}_m$ 线性无关，证明向量组 $\boldsymbol{\beta}_1=\boldsymbol{\alpha}_1$, $\boldsymbol{\beta}_2=\boldsymbol{\alpha}_1+\boldsymbol{\alpha}_2$, $\cdots$, $\boldsymbol{\beta}_m=\boldsymbol{\alpha}_1+\boldsymbol{\alpha}_2+\cdots+\boldsymbol{\alpha}_m$ 也线性无关.

5. 证明： $n+1$ 个 n 维向量必线性相关.

4.4 向量组的秩

向量组 I：$\begin{pmatrix}-1\\2\end{pmatrix},\begin{pmatrix}3\\5\end{pmatrix},\begin{pmatrix}4\\-2\end{pmatrix},\begin{pmatrix}7\\8\end{pmatrix},\begin{pmatrix}-9\\12\end{pmatrix},\begin{pmatrix}37\\-5\end{pmatrix},\begin{pmatrix}6\\2\end{pmatrix}$ 是线性相关的，它的一个部分组 II：$\begin{pmatrix}-1\\2\end{pmatrix},\begin{pmatrix}3\\5\end{pmatrix}$ 是线性无关的，如果在其中添加 I 中的任意向量则变成线性相关的，我们把向量组中具有这样性质的部分组称为向量组的极大无关组.

4.4.1 极大无关组的定义

定义 4.4.1 给定向量组 S, 如果 S 中存在向量 $\boldsymbol{\alpha}_1,\boldsymbol{\alpha}_2,\cdots,\boldsymbol{\alpha}_r$ 满足

(1) 向量组 $\boldsymbol{\alpha}_1,\boldsymbol{\alpha}_2,\cdots,\boldsymbol{\alpha}_r$ 线性无关，

(2) 向量组 S 中任意 $r+1$ 个向量 (如果存在的话) 都线性相关，

则称向量组 $\boldsymbol{\alpha}_1,\boldsymbol{\alpha}_2,\cdots,\boldsymbol{\alpha}_r$ 是向量组 S 的一个极大线性无关组，简称为极大无关组.

命题 4.4.1 设向量组 $\boldsymbol{\alpha}_1,\boldsymbol{\alpha}_2,\cdots,\boldsymbol{\alpha}_r$ 为向量组 S 中的一个线性无关的部分组，则 $\boldsymbol{\alpha}_1,\boldsymbol{\alpha}_2,\cdots,\boldsymbol{\alpha}_r$ 是向量组 S 的一个极大无关组的充要条件是向量组 S 中任一向量都可由 $\boldsymbol{\alpha}_1,\boldsymbol{\alpha}_2,\cdots,\boldsymbol{\alpha}_r$ 线性表示.

证明 必要性 设 $\boldsymbol{\alpha}_1,\boldsymbol{\alpha}_2,\cdots,\boldsymbol{\alpha}_r$ 是向量组 S 的一个极大无关组，$\boldsymbol{\alpha}$ 为 S 中任一向量，则 $\boldsymbol{\alpha}_1,\boldsymbol{\alpha}_2,\cdots,\boldsymbol{\alpha}_r,\boldsymbol{\alpha}$ 线性相关，这意味着 $\boldsymbol{\alpha}$ 可由 $\boldsymbol{\alpha}_1,\boldsymbol{\alpha}_2,\cdots,\boldsymbol{\alpha}_r$ 线性表示.

充分性 如果 $\boldsymbol{\alpha}_1,\boldsymbol{\alpha}_2,\cdots,\boldsymbol{\alpha}_r$ 是向量组 S 的 r 个线性无关的向量，且 S 中任一向量均可由 $\boldsymbol{\alpha}_1,\boldsymbol{\alpha}_2,\cdots,\boldsymbol{\alpha}_r$ 线性表示，设 $\boldsymbol{\beta}_1,\boldsymbol{\beta}_2,\cdots,\boldsymbol{\beta}_{r+1}$ 为 S 中任意 $r+1$ 个向量，则向量组 $\boldsymbol{\beta}_1,\boldsymbol{\beta}_2,\cdots\boldsymbol{\beta}_{r+1}$ 可由向量组 $\boldsymbol{\alpha}_1,\boldsymbol{\alpha}_2,\cdots,\boldsymbol{\alpha}_r$ 线性表示. 于是秩 $(\boldsymbol{\beta}_1\ \boldsymbol{\beta}_2\cdots\boldsymbol{\beta}_{r+1})\leqslant$ 秩 $(\boldsymbol{\alpha}_1\ \boldsymbol{\alpha}_2\cdots\boldsymbol{\alpha}_r)=r<r+1$, 向量组 $\boldsymbol{\beta}_1,\boldsymbol{\beta}_2,\cdots,\boldsymbol{\beta}_{r+1}$ 线性相关，这说明 $\boldsymbol{\alpha}_1,\boldsymbol{\alpha}_2,\cdots,\boldsymbol{\alpha}_r$ 就是向量组 S 的一个极大无关组.

从这个命题可以看出，如果一个向量组有极大无关组，那么 **向量组和它的极大无关组是等价的**，从而 **向量组的任意两个极大无关组**(如果存在)**是等价的**.

向量组

$$\boldsymbol{\alpha}_1=\begin{pmatrix}1\\0\end{pmatrix},\boldsymbol{\alpha}_2=\begin{pmatrix}0\\1\end{pmatrix},\boldsymbol{\alpha}_3=\begin{pmatrix}3\\4\end{pmatrix},\boldsymbol{\alpha}_4=\begin{pmatrix}5\\6\end{pmatrix}$$

中 $\boldsymbol{\alpha}_1,\boldsymbol{\alpha}_2$ 是极大无关组，$\boldsymbol{\alpha}_3,\boldsymbol{\alpha}_4$ 也是极大无关组，$\boldsymbol{\alpha}_1,\boldsymbol{\alpha}_3$ 还是极大无关组. 而向量组

$$\boldsymbol{\beta}_1=\begin{pmatrix}1\\0\\0\end{pmatrix},\boldsymbol{\beta}_2=\begin{pmatrix}2\\3\\0\end{pmatrix},\boldsymbol{\beta}_3=\begin{pmatrix}4\\5\\6\end{pmatrix}$$

线性无关，所以它的极大无关组只有它自己．那么，任给一个向量组是不是都有极大无关组呢？

命题 4.4.2 在一个由 n 维向量组成的向量组 S 中，若 $\boldsymbol{\alpha}_1,\cdots,\boldsymbol{\alpha}_t$ 线性无关，且不是 S 的极大无关组，则 $\boldsymbol{\alpha}_1,\cdots,\boldsymbol{\alpha}_t$ 可扩充为 S 的一个极大无关组

$$\boldsymbol{\alpha}_1,\cdots,\boldsymbol{\alpha}_t,\cdots,\boldsymbol{\alpha}_r.$$

证明 因为 $\boldsymbol{\alpha}_1,\cdots,\boldsymbol{\alpha}_t$ 不是 S 的极大无关组，所以 S 中必有 $\boldsymbol{\alpha}_{t+1}$ 不能由 $\boldsymbol{\alpha}_1,\cdots,\boldsymbol{\alpha}_t$ 线性表示．如果 $\boldsymbol{\alpha}_1,\cdots,\boldsymbol{\alpha}_t,\boldsymbol{\alpha}_{t+1}$ 线性相关，则 $\boldsymbol{\alpha}_{t+1}$ 可由 $\boldsymbol{\alpha}_1,\cdots,\boldsymbol{\alpha}_t$ 线性表示，矛盾．于是 $\boldsymbol{\alpha}_1,\cdots,\boldsymbol{\alpha}_t,\boldsymbol{\alpha}_{t+1}$ 线性无关．如此继续，不断扩充，由于 $n+1$ 个 n 维向量必线性相关，故终能得到由 $\boldsymbol{\alpha}_1,\cdots,\boldsymbol{\alpha}_t$ 扩充而成的极大无关组．

上面的命题表明，**任一含有非零向量的向量组必有极大无关组**．但**只含有零向量的向量组没有极大无关组**．

4.4.2 极大无关组的求法

对于简单情形，极大无关组很容易看出来．一般情形下，我们如何来求一个向量组的极大无关组呢？如果像对矩阵做初等变换一样，能对向量组也进行初等变换，将它们化到能看出结论的程度就好了．虽然没有向量组的初等变换，但我们可以将其组成矩阵，就可以利用初等变换了．但变换后，向量都变了，它们的线性关系还能代表原来那些向量的线性关系吗？

设有向量组 $\boldsymbol{\alpha}_1,\boldsymbol{\alpha}_2,\cdots,\boldsymbol{\alpha}_s$，记 $\boldsymbol{A}=(\boldsymbol{\alpha}_1,\cdots,\boldsymbol{\alpha}_s)$．对矩阵 $\boldsymbol{A}$ 做初等行变换化到矩阵 $\boldsymbol{B}=(\boldsymbol{\beta}_1\ \boldsymbol{\beta}_2\ \cdots\ \boldsymbol{\beta}_s)$．由上一章的知识我们知道存在可逆阵 $\boldsymbol{P}$ 使得 $\boldsymbol{PA}=\boldsymbol{B}$，即

$$\boldsymbol{P}(\boldsymbol{\alpha}_1,\cdots,\boldsymbol{\alpha}_s)=(\boldsymbol{\beta}_1\ \boldsymbol{\beta}_2\ \cdots\ \boldsymbol{\beta}_s).$$

于是 $\boldsymbol{P\alpha}_i=\boldsymbol{\beta}_i, i=1,\cdots,s$．设 $\boldsymbol{\alpha}_{i_1},\boldsymbol{\alpha}_{i_2},\cdots,\boldsymbol{\alpha}_{i_t}$ 为 $\boldsymbol{\alpha}_1\ \boldsymbol{\alpha}_2\ \cdots\ \boldsymbol{\alpha}_s$ 中任意 t 个向量，则

$$\begin{aligned}&k_1\boldsymbol{\alpha}_{i_1}+k_2\boldsymbol{\alpha}_{i_2}+\cdots+k_t\boldsymbol{\alpha}_{i_t}=\boldsymbol{0}\\ \Longleftrightarrow&\boldsymbol{P}(k_1\boldsymbol{\alpha}_{i_1}+k_2\boldsymbol{\alpha}_{i_2}+\cdots+k_t\boldsymbol{\alpha}_{i_t})=\boldsymbol{0}\\ \Longleftrightarrow&k_1\boldsymbol{\beta}_{i_1}+k_2\boldsymbol{\beta}_{i_2}+\cdots+k_t\boldsymbol{\beta}_{i_t}=\boldsymbol{0}.\end{aligned}\tag{4.1}$$

这就是说

命题 4.4.3 对一个矩阵进行初等行（列）变换不改变这个矩阵的列（行）向量间的线性关系．

于是，考察向量组 $\boldsymbol{\alpha}_1,\boldsymbol{\alpha}_2,\cdots,\boldsymbol{\alpha}_s$ 的向量之间的线性关系等价于考察矩阵 $\boldsymbol{A}=(\boldsymbol{\alpha}_1\ \boldsymbol{\alpha}_2\ \cdots\ \boldsymbol{\alpha}_s)$ 经初等行变换后得到的矩阵的列向量之间的线性关系．设 $\boldsymbol{A}$ 的行阶梯形为

$$(\boldsymbol{\beta_1}\boldsymbol{\beta_2}\cdots\boldsymbol{\beta_s})=\begin{pmatrix}0&\cdots&0&b_{1i_1}&\cdots&*&*&\cdots&*&*&\cdots&*\\0&\cdots&0&0&\cdots&0&b_{2i_2}&\cdots&*&*&\cdots&*\\\vdots&&\vdots&\vdots&&\vdots&\vdots&&\vdots&\vdots&&\vdots\\0&\cdots&0&0&\cdots&0&0&\cdots&0&b_{ri_r}&\cdots&*\\0&\cdots&0&0&\cdots&0&0&\cdots&0&0&\cdots&0\\\vdots&&\vdots&\vdots&&\vdots&\vdots&&\vdots&\vdots&&\vdots\\0&\cdots&0&0&\cdots&0&0&\cdots&0&0&\cdots&0\end{pmatrix},\quad(4.2)$$

其中 (j,i_j) 位置的元素 $b_{ji_j}\neq 0, j=1,2,\cdots,r$. 由于秩 $(\boldsymbol{\beta}_{i_1}\ \boldsymbol{\beta}_{i_2}\ \cdots\ \boldsymbol{\beta}_{i_r})=r$, 故 $\boldsymbol{\beta}_{i_1},\boldsymbol{\beta}_{i_2},\cdots,\boldsymbol{\beta}_{i_r}$ 线性无关. 设 $\boldsymbol{\beta}_{t_1},\boldsymbol{\beta}_{t_2},\cdots,\boldsymbol{\beta}_{t_{r+1}}$ 为 $\boldsymbol{\beta}_1,\boldsymbol{\beta}_2,\cdots,\boldsymbol{\beta}_s$ 中任意 $r+1$ 个向量, 则秩 $(\boldsymbol{\beta}_{t_1}\ \boldsymbol{\beta}_{t_2}\ \cdots\ \boldsymbol{\beta}_{t_{r+1}})\leqslant$ 秩$(\boldsymbol{\beta}_1\ \boldsymbol{\beta}_2\ \cdots\ \boldsymbol{\beta}_s)=r$, 故 $\boldsymbol{\beta}_{t_1},\boldsymbol{\beta}_{t_2},\cdots,\boldsymbol{\beta}_{t_{r+1}}$ 线性相关. 因此, $\boldsymbol{\beta}_{i_1},\boldsymbol{\beta}_{i_2},\cdots,\boldsymbol{\beta}_{i_r}$ 就是向量组 $\boldsymbol{\beta}_1,\boldsymbol{\beta}_2,\cdots,\boldsymbol{\beta}_s$ 的一个极大无关组. 从而由命题 4.4.3 知 $\boldsymbol{\alpha}_{i_1},\boldsymbol{\alpha}_{i_2},\cdots,\boldsymbol{\alpha}_{i_r}$ 是向量组 $\boldsymbol{\alpha}_1,\boldsymbol{\alpha}_2,\cdots,\boldsymbol{\alpha}_s$ 的一个极大无关组. 如果 $\boldsymbol{\beta_j}=k_{j1}\boldsymbol{\beta}_{i_1}+k_{j2}\boldsymbol{\beta}_{i_2}+\cdots+k_{jr}\boldsymbol{\beta}_{i_r}$, 则由式组 (4.1) 知 $\boldsymbol{\alpha_j}=k_{j1}\boldsymbol{\alpha}_{i_1}+k_{j2}\boldsymbol{\alpha}_{i_2}+\cdots+k_{jr}\boldsymbol{\alpha}_{i_r}, j=1,2,\cdots,s$.

例 4.4.1 求向量组

$$\boldsymbol{\alpha}_1=\begin{pmatrix}1\\-1\\0\\4\end{pmatrix},\boldsymbol{\alpha}_2=\begin{pmatrix}2\\1\\5\\6\end{pmatrix},\boldsymbol{\alpha}_3=\begin{pmatrix}5\\4\\15\\14\end{pmatrix},\boldsymbol{\alpha}_4=\begin{pmatrix}1\\-1\\-2\\0\end{pmatrix},\boldsymbol{\alpha}_5=\begin{pmatrix}3\\0\\7\\14\end{pmatrix}$$

的一个极大无关组, 并将其余向量用所求的极大无关组线性表示.

解 由已知有

$$(\boldsymbol{\alpha}_1\ \boldsymbol{\alpha}_2\ \boldsymbol{\alpha}_3\ \boldsymbol{\alpha}_4\ \boldsymbol{\alpha}_5)=\begin{pmatrix}1&2&5&1&3\\-1&1&4&-1&0\\0&5&15&-2&7\\4&6&14&0&14\end{pmatrix}.$$

先将其化成行阶梯形 $\begin{pmatrix}1&2&5&1&3\\0&1&3&0&1\\0&0&0&-2&2\\0&0&0&0&0\end{pmatrix}$, 再化成行最简形 $\begin{pmatrix}1&0&-1&0&2\\0&1&3&0&1\\0&0&0&1&-1\\0&0&0&0&0\end{pmatrix}$.

由上面最后一个矩阵可知 $\boldsymbol{\alpha}_1,\boldsymbol{\alpha}_2,\boldsymbol{\alpha}_4$ 是一个极大无关组, 并且 $\boldsymbol{\alpha}_3=-\boldsymbol{\alpha}_1+3\boldsymbol{\alpha}_2, \boldsymbol{\alpha}_5=2\boldsymbol{\alpha}_1+\boldsymbol{\alpha}_2-\boldsymbol{\alpha}_4$.

从上例可以看出, 如果仅是求列向量组的极大无关组, 只要将它们组成的矩阵化成行阶梯形即可, 但如果要用极大无关组去表示向量, 则进一步化成行最简形会比较简便. 另外，上述方法对列向量组是有效的，如果求行向量组 $\boldsymbol{\alpha}_1,\boldsymbol{\alpha}_2,\cdots,\boldsymbol{\alpha}_m$ 的相关问题，只需将其转化为列向量组 $\boldsymbol{\alpha}_1{}^{\mathrm{T}},\boldsymbol{\alpha}_2{}^{\mathrm{T}},\cdots,\boldsymbol{\alpha}_m{}^{\mathrm{T}}$ 即可.

4.4.3 向量组的秩

定义 4.4.2 称向量组 S 的极大无关组中所含向量的个数为向量组 S 的秩，记作秩 S. 只含零向量的向量组没有极大线性无关组，规定它的秩为 0.

例如，本节开始部分的向量组 I 的秩为 2, 例 4.4.1 中的向量组的秩为 3.

称一个矩阵的列向量组的秩为该矩阵的 **列秩**，称其行向量组的秩为它的 **行秩**. 从式 (4.2) 可以看出，矩阵 $\boldsymbol{A}$ 的列秩与矩阵 $\boldsymbol{A}$ 的秩相等，于是矩阵 $\boldsymbol{A}$ 的行秩 (即矩阵 $\boldsymbol{A}^{\mathrm{T}}$ 的列秩) 与 $\boldsymbol{A}^{\mathrm{T}}$ 的秩相等. 而秩 $\boldsymbol{A}=$ 秩 $\boldsymbol{A}^{\mathrm{T}}$, 因此有

定理 4.4.1 矩阵的秩等于它的行秩，也等于它的列秩.

在一个矩阵 $\boldsymbol{A}$ 中，任取 p 行 q 列，位于这些行、列相交处的元素按原来的顺序所构成的矩阵称为 $\boldsymbol{A}$ 的一个 $p\times q$ 子矩阵，简称子阵. 如果 $p=q$, 则称其为 $\boldsymbol{A}$ 的一个 p **阶子阵**. 称矩阵 $\boldsymbol{A}$ 的一个 p 阶子阵的行列式为 $\boldsymbol{A}$ 的一个 p **阶子式**.

设矩阵 $\boldsymbol{A}$ 的秩为 r, 则 $\boldsymbol{A}$ 的列秩也为 r. 在 $\boldsymbol{A}$ 中任取 $r+1$ 列 (如果有的话), 则这 $r+1$ 个列向量线性相关. 再在这 $r+1$ 列中任取 $r+1$ 行 (如果有的话) 组成 $r+1$ 阶子矩阵. 由于这个 $r+1$ 阶子矩阵的列向量组线性相关，由推论 4.3.1 知这个子矩阵的行列式一定为 0. 因此， $\boldsymbol{A}$ 的任一 $r+1$ 阶子式均为 0. 任取 $\boldsymbol{A}$ 的列向量组的一个极大无关组 $\boldsymbol{\alpha}_1,\cdots,\boldsymbol{\alpha}_r$, 令 $\boldsymbol{B}=(\boldsymbol{\alpha}_1\ \cdots\ \boldsymbol{\alpha}_r)$, 则秩 $\boldsymbol{B}=r$, 进而 $\boldsymbol{B}$ 的行秩也为 r. 在 $\boldsymbol{B}$ 中任取 r 个线性无关的行向量，则由推论 4.3.1 知由它们组成的 r 阶子式不为 0. 这就是说

定理 4.4.2 矩阵的秩就是矩阵中非零子式的最高阶数.

例如，矩阵 $\boldsymbol{A}=\begin{pmatrix}1&0&-1&1&2\\0&1&3&0&1\\1&1&2&1&3\\1&2&5&1&4\end{pmatrix}$ 的秩为 2, $\boldsymbol{A}$ 的所有 3 阶和 4 阶子式全为 0, 它有一个 2 阶子式 $\begin{vmatrix}3&0\\5&1\end{vmatrix}$ 不为 0.

推论 4.4.1 矩阵 $\boldsymbol{A}$ 的任一子矩阵的秩小于等于 $\boldsymbol{A}$ 的秩.

类似于矩阵的秩，向量组的秩也有其重要性质.

定理 4.4.3 如果向量组 I 可由向量组 II 线性表示，则向量组 I 的秩小于等于向量组 II 的秩.

证明 设 $\boldsymbol{\alpha}_1,\boldsymbol{\alpha}_2,\cdots,\boldsymbol{\alpha}_r$ 是向量组 I 的一个极大无关组， $\boldsymbol{\beta}_1,\boldsymbol{\beta}_2,\cdots,\boldsymbol{\beta}_s$ 是向量组 II 的一个极大无关组，则 $\boldsymbol{\alpha}_1,\boldsymbol{\alpha}_2,\cdots,\boldsymbol{\alpha}_r$ 可由 I 线性表示， I 可由 II 线性表

示，II 可由 $\beta_1,\beta_2,\cdots,\beta_s$ 线性表示．于是 $\alpha_1,\alpha_2,\cdots,\alpha_r$ 可由 $\beta_1,\beta_2,\cdots,\beta_s$ 线性表示，故秩 $(\alpha_1\ \alpha_2\ \cdots\ \alpha_r)\leqslant$ 秩 $(\beta_1\ \beta_2\ \cdots\ \beta_s)$，即 $r\leqslant s$.

推论 4.4.2 等价的向量组有相同的秩.

练习 4.4

1. 求下列向量组的一个极大无关组，并将其余向量用所求的极大无关组线性表示.

(1) $\alpha_1=\begin{pmatrix}-1\\0\\1\end{pmatrix},\alpha_2=\begin{pmatrix}2\\1\\-1\end{pmatrix},\alpha_3=\begin{pmatrix}-2\\0\\2\end{pmatrix},\alpha_4=\begin{pmatrix}-1\\1\\2\end{pmatrix},\alpha_5=\begin{pmatrix}2\\1\\-2\end{pmatrix}$;

(2) $\alpha_1=(1,-1,0,4),\alpha_2=(2,1,5,6),\alpha_3=(1,-1,-2,0),\alpha_4=(3,0,7,14)$.

2. 若向量组 $\mathrm{I}:\alpha_1,\cdots,\alpha_m$ 的秩为 r. 证明 I 的任意 r 个线性无关的向量均为 I 的一个极大无关组.

4.5 R^n 空间及其子空间

现在我们引入 n 维向量空间及其子空间的概念，并介绍子空间的基、维数、坐标等．本书中的 R 指的是全体实数构成的集合.

4.5.1 R^n 空间及其子空间

定义 4.5.1 称 $\left\{\begin{pmatrix}x_1\\x_2\\\vdots\\x_n\end{pmatrix}\middle| x_1,x_2,\cdots,x_n\in R\right\}$ 为 n 维向量空间，记为 R^n.

R^n 空间中的向量也可写为 $(x_1,x_2,\cdots,x_n)$，但在同一个问题中写法要统一，或者都写成行向量，或者都写成列向量．本书中除特别指明外，R^n 空间中的向量都写成列向量形式.

特别地，$R^2=\left\{\begin{pmatrix}x\\y\end{pmatrix}\middle| x,y\in R\right\}$ 就是二维平面，$R^3=\left\{\begin{pmatrix}x\\y\\z\end{pmatrix}\middle| x,y,z\in R\right\}$ 就是三维几何空间.

定义 4.5.2 设 V 为 R^n 的一个非空子集，如果 V 满足

(1) $\alpha+\beta\in V,\forall\ \alpha,\beta\in V$,

(2) $\lambda\alpha\in V,\forall\lambda\in R,\alpha\in V$,

则称 V 是 R^n 的一个子空间.

显然 $\{\mathbf{0}\}$ 和 $\boldsymbol{R}^n$ 均为 $\boldsymbol{R}^n$ 的子空间. 称 $\{\mathbf{0}\}$ 为**零子空间**, 有时也简记为 $\mathbf{0}$. 从定义可以看出 $\boldsymbol{R}^n$ 的任一子空间都包含零向量. 在三维几何空间中, 所有起点在原点, 终点在一个通过坐标原点的平面上的全体向量构成一个子空间. 在二维平面上, 所有起点在原点, 终点在一个通过坐标原点的直线上的全体向量也构成一个子空间.

例 4.5.1 判断下面的集合是否为 $\boldsymbol{R}^4$ 的子空间

(1) $V_1=\{(x,y,0,z)^{\mathrm{T}}|x+z=0,x,y,z\in\boldsymbol{R}\}$;

(2) $V_2=\{(0,y,z,0)^{\mathrm{T}}|y+z=2,y,z\in\boldsymbol{R}\}$.

解 任取 $\boldsymbol{\alpha}=(a_1,a_2,0,a_4)^{\mathrm{T}}\in V_1,\boldsymbol{\beta}=(b_1,b_2,0,b_4)^{\mathrm{T}}\in V_1$ 和实数 λ, 则 $a_1+a_4=b_1+b_4=0$. 于是 $(a_1+b_1)+(a_4+b_4)=0$, 且 $\lambda(a_1+a_4)=0$, 从而 $\boldsymbol{\alpha}+\boldsymbol{\beta}=(a_1+b_1,a_2+b_2,0,a_4+b_4)^{\mathrm{T}}\in V_1,\lambda\boldsymbol{\alpha}=(\lambda a_1,\lambda a_2,0,\lambda a_4)^{\mathrm{T}}\in V_1$, 所以 V_1 是 $\boldsymbol{R}^4$ 的一个子空间.

(2) 由于 $\mathbf{0}=(0,0,0,0)^{\mathrm{T}}$ 不在 V_2 中, 故 V_2 不是 $\boldsymbol{R}^4$ 的一个子空间.

4.5.2 子空间的基与维数

定义 4.5.3 设 V 是 $\boldsymbol{R}^n$ 的一个子空间, 如果 V 中向量 $\boldsymbol{\alpha}_1,\cdots,\boldsymbol{\alpha}_r$ 满足

(1) $\boldsymbol{\alpha}_1,\cdots,\boldsymbol{\alpha}_r$ 线性无关,

(2) V 中任何向量均可由 $\boldsymbol{\alpha}_1,\cdots,\boldsymbol{\alpha}_r$ 线性表示,

则称向量组 $\boldsymbol{\alpha}_1,\cdots,\boldsymbol{\alpha}_r$ 是子空间 V 的一个基, 称 r 为 V 的维数, 并称 V 是 $\boldsymbol{R}^n$ 的 r 维子空间.

显然, 零子空间是没有基的, 我们规定零子空间的维数为 0. $\boldsymbol{e_1}=(1,0,\cdots,0)^{\mathrm{T}}$, $\boldsymbol{e_2}=(0,1,\cdots,0)^{\mathrm{T}},\cdots,\boldsymbol{e_n}=(0,0,\cdots,1)^{\mathrm{T}}$ 为 $\boldsymbol{R}^n$ 空间的一组基, $\boldsymbol{R}^n$ 空间的维数为 n. 如果将非零子空间 V 看成是向量组, 则 V 的基就是 V 的极大无关组, V 的维数就是 V 的秩. 因此非零子空间 V 的任意两个基向量组是等价的, V 中任一与基向量组等价的线性无关的向量组都是 V 的基.

在例 4.5.1 中, $(1,0,0,-1)^{\mathrm{T}},(0,1,0,0)^{\mathrm{T}}$ 为 V_1 的基, $(-2,0,0,2)^{\mathrm{T}},(0,3,0,0)^{\mathrm{T}}$ 也为 V_1 的基, V_1 的维数为 2.

设 $\boldsymbol{\alpha}_1,\cdots,\boldsymbol{\alpha}_m$ 为 m 个不全为零的 n 维向量, 则

$$\{\lambda_1\boldsymbol{\alpha}_1+\lambda_2\boldsymbol{\alpha}_2+\cdots+\lambda_m\boldsymbol{\alpha}_m|\lambda_1,\cdots,\lambda_m\in\boldsymbol{R}\}$$

是 $\boldsymbol{R}^n$ 的一个子空间, 称其为由 $\boldsymbol{\alpha}_1,\cdots,\boldsymbol{\alpha}_m$ 生成的子空间, 记作 $\boldsymbol{L}(\boldsymbol{\alpha}_1,\cdots,\boldsymbol{\alpha}_m)$. 它的基就是 $\boldsymbol{\alpha}_1,\cdots,\boldsymbol{\alpha}_m$ 的极大无关组, 维数就是向量组 $\boldsymbol{\alpha}_1,\cdots,\boldsymbol{\alpha}_m$ 的秩.

例 4.5.2 设

$$\boldsymbol{\alpha}_1=\begin{pmatrix}1\\0\\1\\1\end{pmatrix},\boldsymbol{\alpha}_2=\begin{pmatrix}2\\1\\2\\4\end{pmatrix},\boldsymbol{\alpha}_3=\begin{pmatrix}-1\\0\\-1\\-1\end{pmatrix},\boldsymbol{\alpha}_4=\begin{pmatrix}1\\-1\\-2\\-1\end{pmatrix},\boldsymbol{\alpha}_5=\begin{pmatrix}1\\2\\0\\5\end{pmatrix},$$

求生成子空间 $V=\boldsymbol{L}(\boldsymbol{\alpha}_1,\boldsymbol{\alpha}_2,\boldsymbol{\alpha}_3,\boldsymbol{\alpha}_4,\boldsymbol{\alpha}_5)$ 的基和维数.

解 将矩阵 $(\boldsymbol{\alpha}_1\ \boldsymbol{\alpha}_2\ \boldsymbol{\alpha}_3\ \boldsymbol{\alpha}_4\ \boldsymbol{\alpha}_5)$ 化成行阶梯形

$$\begin{pmatrix}1&2&-1&1&1\\0&1&0&-1&2\\0&0&0&-3&-1\\0&0&0&0&0\end{pmatrix},$$

于是，$\boldsymbol{\alpha}_1,\boldsymbol{\alpha}_2,\boldsymbol{\alpha}_4$ 为 V 的一个基，V 的维数为 3.

4.5.3 向量在一组基下的坐标 *

定义 4.5.4 设 V 是 $\boldsymbol{R}^n$ 的一个非零子空间. 在 V 中取定一组基 $\boldsymbol{\alpha}_1,\cdots,\boldsymbol{\alpha}_r$，那么 V 中任何一个向量 $\boldsymbol{\alpha}$ 均可唯一地表示为

$$\boldsymbol{\alpha}=\lambda_1\boldsymbol{\alpha}_1+\cdots+\lambda_r\boldsymbol{\alpha}_r,$$

称数 $\lambda_1,\cdots,\lambda_r$ 为向量 $\boldsymbol{\alpha}$ 在基 $\boldsymbol{\alpha}_1,\cdots,\boldsymbol{\alpha}_r$ 下的坐标，记为 $(\lambda_1,\cdots,\lambda_r)$.

例如，在例 4.5.1 中，V_1 中的向量 $(4,3,0,-4)^{\mathrm{T}}$ 在基 $(1,0,0,-1)^{\mathrm{T}},(0,1,0,0)^{\mathrm{T}}$ 下的坐标是 $(4,3)$，而在基 $(-2,0,0,2)^{\mathrm{T}},(0,3,0,0)^{\mathrm{T}}$ 下的坐标是 $(-2,1)$. n 维向量 $\boldsymbol{\alpha}=(a_1,a_2,\cdots,a_n)$ 在 $\boldsymbol{R}^n$ 的基 $\boldsymbol{e}_1,\boldsymbol{e}_2,\cdots,\boldsymbol{e}_n$ 下的坐标为 $(a_1,a_2,\cdots,a_n)$，故通常称 $\boldsymbol{e}_1,\boldsymbol{e}_2,\cdots,\boldsymbol{e}_n$ 为 $\boldsymbol{R}^n$ 的一个自然基.

4.5.4 基变换与坐标变换 *

设 $\boldsymbol{\xi}_1,\cdots,\boldsymbol{\xi}_r$ 和 $\boldsymbol{\eta}_1,\cdots,\boldsymbol{\eta}_r$ 均为 $\boldsymbol{R}^n$ 的子空间 V 的基. 由基的定义有

$$\begin{cases}\boldsymbol{\eta}_1=a_{11}\boldsymbol{\xi}_1+a_{21}\boldsymbol{\xi}_2+\cdots+a_{r1}\boldsymbol{\xi}_r,\\ \boldsymbol{\eta}_2=a_{12}\boldsymbol{\xi}_1+a_{22}\boldsymbol{\xi}_2+\cdots+a_{r2}\boldsymbol{\xi}_r,\\ \cdots\ \cdots\cdots\cdots\\ \boldsymbol{\eta}_r=a_{1r}\boldsymbol{\xi}_1+a_{2r}\boldsymbol{\xi}_2+\cdots+a_{rr}\boldsymbol{\xi}_r.\end{cases}$$

记

$$\boldsymbol{A}=\begin{pmatrix}a_{11}&a_{12}&\cdots&a_{1r}\\a_{21}&a_{22}&\cdots&a_{2r}\\\vdots&\vdots&&\vdots\\a_{r1}&a_{r2}&\cdots&a_{rr}\end{pmatrix},$$

则有

$$(\boldsymbol{\eta}_1 \ \cdots \ \boldsymbol{\eta}_r) = (\boldsymbol{\xi}_1 \ \cdots \ \boldsymbol{\xi}_r)\boldsymbol{A}.$$

称上式为从基 $\boldsymbol{\xi}_1,\cdots,\boldsymbol{\xi}_r$ 到基 $\boldsymbol{\eta}_1,\cdots,\boldsymbol{\eta}_r$ 的基变换公式，称 $\boldsymbol{A}$ 为从基 $\boldsymbol{\xi}_1,\cdots,\boldsymbol{\xi}_r$ 到基 $\boldsymbol{\eta}_1,\cdots,\boldsymbol{\eta}_r$ 的过渡矩阵.

由于矩阵乘积的秩小于或等于因子阵的秩，故 $r=$ 秩 $(\boldsymbol{\eta}_1 \ \cdots \ \boldsymbol{\eta}_r) \leqslant$ 秩 $\boldsymbol{A} \leqslant r$，即秩 $\boldsymbol{A}=r$，因此过渡矩阵 $\boldsymbol{A}$ 必为可逆阵.

任取 V 中向量 $\boldsymbol{\alpha}$，设 $\boldsymbol{\alpha}$ 在基 $\boldsymbol{\xi}_1,\cdots,\boldsymbol{\xi}_r$ 下的坐标为 $(x_1,\cdots,x_r)$，在基 $\boldsymbol{\eta}_1,\cdots,\boldsymbol{\eta}_r$ 下的坐标为 $(y_1,\cdots,y_r)$，则有

$$\boldsymbol{\alpha} = x_1\boldsymbol{\xi}_1+\cdots+x_r\boldsymbol{\xi}_r = y_1\boldsymbol{\eta}_1+\cdots+y_r\boldsymbol{\eta}_r,$$

即

$$\boldsymbol{\alpha} = (\boldsymbol{\xi}_1 \ \cdots \ \boldsymbol{\xi}_r)\begin{pmatrix} x_1 \\ \vdots \\ x_r \end{pmatrix} = (\boldsymbol{\eta}_1 \ \cdots \ \boldsymbol{\eta}_r)\begin{pmatrix} y_1 \\ \vdots \\ y_r \end{pmatrix}.$$

于是

$$(\boldsymbol{\xi}_1 \ \cdots \ \boldsymbol{\xi}_r)\begin{pmatrix} x_1 \\ \vdots \\ x_r \end{pmatrix} = (\boldsymbol{\xi}_1 \ \cdots \ \boldsymbol{\xi}_r)\boldsymbol{A}\begin{pmatrix} y_1 \\ \vdots \\ y_r \end{pmatrix},$$

从而

$$(\boldsymbol{\xi}_1 \ \cdots \ \boldsymbol{\xi}_r)\left(\begin{pmatrix} x_1 \\ \vdots \\ x_r \end{pmatrix} - \boldsymbol{A}\begin{pmatrix} y_1 \\ \vdots \\ y_r \end{pmatrix}\right) = 0.$$

再由 $\boldsymbol{\xi}_1,\cdots,\boldsymbol{\xi}_r$ 线性无关知

$$\begin{pmatrix} x_1 \\ \vdots \\ x_r \end{pmatrix} - \boldsymbol{A}\begin{pmatrix} y_1 \\ \vdots \\ y_r \end{pmatrix} = \boldsymbol{0},$$

即

$$\begin{pmatrix} x_1 \\ \vdots \\ x_r \end{pmatrix} = \boldsymbol{A}\begin{pmatrix} y_1 \\ \vdots \\ y_r \end{pmatrix} \quad 或 \quad \begin{pmatrix} y_1 \\ \vdots \\ y_r \end{pmatrix} = \boldsymbol{A}^{-1}\begin{pmatrix} x_1 \\ \vdots \\ x_r \end{pmatrix}.$$

上面的两个式子统称为坐标变换公式.

例 4.5.3 求从 $\boldsymbol{R}^3$ 的基 $\boldsymbol{\xi}_1=(0,1,1)^{\mathrm{T}},\boldsymbol{\xi}_2=(-1,1,0)^{\mathrm{T}},\boldsymbol{\xi}_3=(1,2,1)^{\mathrm{T}}$ 到基 $\boldsymbol{\eta}_1=(1,0,-1)^{\mathrm{T}},\boldsymbol{\eta}_2=(2,1,1)^{\mathrm{T}},\boldsymbol{\eta}_3=(1,1,1)^{\mathrm{T}}$ 的过渡矩阵及向量 $\boldsymbol{\alpha}=(3,0,1)^{\mathrm{T}}$ 在基 $\boldsymbol{\xi}_1,\boldsymbol{\xi}_2,\boldsymbol{\xi}_3$ 下的坐标.

解　设从 $\boldsymbol{\xi}_1,\boldsymbol{\xi}_2,\boldsymbol{\xi}_3$ 到 $\boldsymbol{\eta}_1\ \boldsymbol{\eta}_2\ \boldsymbol{\eta}_3$ 的过渡矩阵为 $\boldsymbol{A}$, 则 $(\boldsymbol{\eta}_1\ \boldsymbol{\eta}_2\ \boldsymbol{\eta}_3)=(\boldsymbol{\xi}_1,\boldsymbol{\xi}_2,\boldsymbol{\xi}_3)\boldsymbol{A}$, 即

$$\boldsymbol{A}=(\boldsymbol{\xi}_1,\boldsymbol{\xi}_2,\boldsymbol{\xi}_3)^{-1}(\boldsymbol{\eta}_1\ \boldsymbol{\eta}_2\ \boldsymbol{\eta}_3)=\begin{pmatrix}0&-1&1\\1&1&2\\1&0&1\end{pmatrix}^{-1}\begin{pmatrix}1&2&1\\0&1&1\\-1&1&1\end{pmatrix}$$
$$=\frac{1}{2}\begin{pmatrix}-4&0&1\\0&-2&-1\\2&2&1\end{pmatrix}.$$

设 $\boldsymbol{\alpha}$ 在基 $\boldsymbol{\xi}_1,\boldsymbol{\xi}_2,\boldsymbol{\xi}_3$ 下的坐标为 (x_1,x_2,x_3), 则

$$\boldsymbol{\alpha}=x_1\boldsymbol{\xi}_1+x_2\boldsymbol{\xi}_2+x_3\boldsymbol{\xi}_3=(\boldsymbol{\xi}_1,\boldsymbol{\xi}_2,\boldsymbol{\xi}_3)\begin{pmatrix}x_1\\x_2\\x_3\end{pmatrix}.$$

于是

$$\begin{pmatrix}x_1\\x_2\\x_3\end{pmatrix}=(\boldsymbol{\xi}_1,\boldsymbol{\xi}_2,\boldsymbol{\xi}_3)^{-1}\boldsymbol{\alpha}=\begin{pmatrix}0&-1&1\\1&1&2\\1&0&1\end{pmatrix}^{-1}\begin{pmatrix}3\\0\\1\end{pmatrix}=\begin{pmatrix}0\\-2\\1\end{pmatrix},$$

即向量 $\boldsymbol{\alpha}$ 在基 $\boldsymbol{\xi}_1,\boldsymbol{\xi}_2,\boldsymbol{\xi}_3$ 下的坐标为 $(0,-2,1)$.

练习 4.5

1. 下列集合是否构成 $\boldsymbol{R}^3$ 的子空间？若构成，求出它的维数和基.

(1) $\left\{\begin{pmatrix}x_1\\0\\x_3\end{pmatrix}\middle|\, x_1+x_3=0\right\}$;

(2) $\left\{\begin{pmatrix}x_1\\x_2\\0\end{pmatrix}\middle|\, x_1+x_2=1\right\}$;

(3) $\left\{\begin{pmatrix}1&1&1\\0&1&1\\0&0&1\end{pmatrix}\begin{pmatrix}x_1\\x_2\\x_3\end{pmatrix}\middle|\, x_1,x_2,x_3\in\boldsymbol{R}\right\}$;

(4) $\left\{\begin{pmatrix}1&1&1\\1&1&1\\0&0&1\end{pmatrix}\begin{pmatrix}x_1\\x_2\\x_3\end{pmatrix}\middle|\, x_1,x_2,x_3\in\boldsymbol{R}\right\}$.

2. 设

$$\boldsymbol{\alpha}_1=\begin{pmatrix}1\\0\\-1\end{pmatrix},\boldsymbol{\alpha}_2=\begin{pmatrix}-2\\1\\3\end{pmatrix},\boldsymbol{\alpha}_3=\begin{pmatrix}2\\5\\-1\end{pmatrix}.$$

证明 $\boldsymbol{\alpha}_1,\boldsymbol{\alpha}_2,\boldsymbol{\alpha}_3$ 是 $\boldsymbol{R}^3$ 的一组基，并求向量 $\boldsymbol{\alpha}=\begin{pmatrix}4\\12\\4\end{pmatrix}$ 在这组基下的坐标.

3. 设 $\boldsymbol{\alpha}_1=(1,2,1,0)^{\mathrm{T}}$, $\boldsymbol{\alpha}_2=(1,1,1,2)^{\mathrm{T}}$, $\boldsymbol{\alpha}_3=(3,4,3,4)^{\mathrm{T}}$, $\boldsymbol{\alpha}_4=(1,1,2,1)^{\mathrm{T}}$, $\boldsymbol{\alpha}_5=(4,5,6,4)^{\mathrm{T}}$, 求生成子空间 $\boldsymbol{L}(\boldsymbol{\alpha}_1,\boldsymbol{\alpha}_2,\boldsymbol{\alpha}_3,\boldsymbol{\alpha}_4,\boldsymbol{\alpha}_5)$ 的维数和一个基.

4.* 设 $\boldsymbol{\alpha}_1,\boldsymbol{\alpha}_2,\boldsymbol{\alpha}_3$ 为 $\boldsymbol{R}^3$ 的一组基.

(1) 求由基 $\boldsymbol{\alpha}_1,\boldsymbol{\alpha}_2,\boldsymbol{\alpha}_3$ 到基 $\boldsymbol{\alpha}_3,\boldsymbol{\alpha}_1,\boldsymbol{\alpha}_2$ 的过渡矩阵;

(2) 求由基 $\boldsymbol{\alpha}_1,2\boldsymbol{\alpha}_2,3\boldsymbol{\alpha}_3$ 到基 $\boldsymbol{\alpha}_1,\boldsymbol{\alpha}_1+\boldsymbol{\alpha}_2,\boldsymbol{\alpha}_1+\boldsymbol{\alpha}_2+\boldsymbol{\alpha}_3$ 的过渡矩阵.

5.* 已知 $\boldsymbol{R}^3$ 的两组基为

$$\boldsymbol{\alpha}_1=\begin{pmatrix}1\\-2\\1\end{pmatrix},\boldsymbol{\alpha}_2=\begin{pmatrix}2\\-3\\1\end{pmatrix},\boldsymbol{\alpha}_3=\begin{pmatrix}-3\\3\\1\end{pmatrix};$$

$$\boldsymbol{\beta}_1=\begin{pmatrix}4\\1\\-3\end{pmatrix},\boldsymbol{\beta}_2=\begin{pmatrix}5\\-2\\1\end{pmatrix},\boldsymbol{\beta}_3=\begin{pmatrix}1\\1\\0\end{pmatrix}.$$

(1) 求由基 $\boldsymbol{\alpha}_1,\boldsymbol{\alpha}_2,\boldsymbol{\alpha}_3$ 到基 $\boldsymbol{\beta}_1,\boldsymbol{\beta}_2,\boldsymbol{\beta}_3$ 的过渡矩阵;

(2) 若 $\boldsymbol{R}^3$ 中的向量 $\boldsymbol{\alpha}$ 在基 $\boldsymbol{\beta}_1,\boldsymbol{\beta}_2,\boldsymbol{\beta}_3$ 下的坐标为 $(-1,0,1)$, 求 $\boldsymbol{\alpha}$ 在基 $\boldsymbol{\alpha}_1,\boldsymbol{\alpha}_2,\boldsymbol{\alpha}_3$ 下的坐标.

4.6 线性方程组解的结构

4.6.1 齐次线性方程组

设有 n 元齐次线性方程组

$$\begin{cases}a_{11}x_1+a_{12}x_2+\cdots+a_{1n}x_n=0,\\a_{21}x_1+a_{22}x_2+\cdots+a_{2n}x_n=0,\\\cdots\cdots\cdots\cdots\\a_{m1}x_1+a_{m2}x_2+\cdots+a_{mn}x_n=0.\end{cases}\tag{4.3}$$

仍然用 $\boldsymbol{Ax}=\boldsymbol{0}$ 来表示上面的方程组，其中 $\boldsymbol{A}=(a_{ij})_{m\times n},\boldsymbol{x}=(x_1,x_2,\cdots,x_n)^{\mathrm{T}}$. 显然，齐次线性方程组的解满足下面两个性质.

性质 4.6.1 如果 $\boldsymbol{\xi}_1,\boldsymbol{\xi}_2$ 都是方程组 (4.3) 的解，则 $\boldsymbol{\xi}_1+\boldsymbol{\xi}_2$ 也是方程组 (4.3) 的解.

性质 4.6.2 如果 $\boldsymbol{\xi}$ 是方程组 (4.3) 的解，则 $k\boldsymbol{\xi}$ 也是方程组 (4.3) 的解，其中 k 为任意常数.

将方程组 (4.3) 的全体解组成的集合记为 U. 由于齐次线性方程组总有解，故 U 非空. 又由上面两个性质知 U 是 n 维向量空间 $\boldsymbol{R}^n$ 的一个子空间，称其为齐次线性方程组 (4.3) 的 **解空间**.

如果秩 $\boldsymbol{A}=n$, 则方程组 (4.3) 只有零解，方程组 (4.3) 的解空间 U 就是 $\boldsymbol{R}^n$ 的零子空间. 如果秩 $\boldsymbol{A}=r<n$, 则由第二章最后一节，不失一般性可设方程组 (4.3) 同解于方程组

$$\begin{cases} x_1 = c_{1,r+1}x_{r+1}+c_{1,r+2}x_{r+2}+\cdots+c_{1n}x_n, \\ x_2 = c_{2,r+1}x_{r+1}+c_{2,r+2}x_{r+2}+\cdots+c_{2n}x_n, \\ \cdots\ \cdots\ \cdots\cdots \\ x_r = c_{r,r+1}x_{r+1}+c_{r,r+2}x_{r+2}+\cdots+c_{rn}x_n, \end{cases}$$

从而同解于方程组

$$\begin{cases} x_1 = c_{1,r+1}x_{r+1}+c_{1,r+2}x_{r+2}+\cdots+c_{1n}x_n, \\ x_2 = c_{2,r+1}x_{r+1}+c_{2,r+2}x_{r+2}+\cdots+c_{2n}x_n, \\ \cdots\ \cdots\ \cdots\ \cdots \\ x_r = c_{r,r+1}x_{r+1}+c_{r,r+2}x_{r+2}+\cdots+c_{rn}x_n, \\ x_{r+1} = x_{r+1}, \\ x_{r+2} = x_{r+2}, \\ \cdots\ \cdots\ \cdots\ \cdots \\ x_n = x_n. \end{cases}$$

于是,

$$\begin{pmatrix} x_1 \\ x_2 \\ \vdots \\ x_r \\ x_{r+1} \\ x_{r+2} \\ \vdots \\ x_n \end{pmatrix} = \begin{pmatrix} c_{1,r+1} \\ c_{2,r+1} \\ \vdots \\ c_{r,r+1} \\ 1 \\ 0 \\ \vdots \\ 0 \end{pmatrix} x_{r+1} + \begin{pmatrix} c_{1,r+2} \\ c_{2,r+2} \\ \vdots \\ c_{r,r+2} \\ 0 \\ 1 \\ \vdots \\ 0 \end{pmatrix} x_{r+2} + \cdots + \begin{pmatrix} c_{1n} \\ c_{2n} \\ \vdots \\ c_{rn} \\ 0 \\ 0 \\ \vdots \\ 1 \end{pmatrix} x_n.$$

由于 $x_{r+1},x_{r+2},\cdots,x_n$ 为自由未知量，可任意取值，所以方程组 (4.3) 的解空间

是由向量组 $\begin{pmatrix} c_{1,r+1} \\ c_{2,r+1} \\ \vdots \\ c_{r,r+1} \\ 1 \\ 0 \\ \vdots \\ 0 \end{pmatrix}, \begin{pmatrix} c_{1,r+2} \\ c_{2,r+2} \\ \vdots \\ c_{r,r+2} \\ 0 \\ 1 \\ \vdots \\ 0 \end{pmatrix}, \cdots, \begin{pmatrix} c_{1n} \\ c_{2n} \\ \vdots \\ c_{rn} \\ 0 \\ 0 \\ \vdots \\ 1 \end{pmatrix}$ 生成的子空间. 由这个向量组的后 $n-r$ 个分量可以看出这是一个线性无关的向量组, 所以它就是方程组 (4.3) 的解空间的基, 也称方程组解空间的基为方程组的 **基础解系**. 我们将上面的叙述总结为

定理 4.6.1 n 元齐次线性方程组 $\boldsymbol{Ax} = \boldsymbol{0}$ 的所有解构成解空间. 如果秩 $\boldsymbol{A} = r < n$, 则解空间的维数为 $n-r$. 如果 $\boldsymbol{\xi}_1, \cdots, \boldsymbol{\xi}_{n-r}$ 是方程组 $\boldsymbol{Ax} = \boldsymbol{0}$ 的基础解系, 则方程组的通解为 $\boldsymbol{x} = c_1\boldsymbol{\xi}_1 + c_2\boldsymbol{\xi}_2 + \cdots + c_{n-r}\boldsymbol{\xi}_{n-r}$, 其中 $c_1, \cdots, c_{n-r}$ 是任意常数.

三元齐次线性方程组

$$\begin{cases} a_{11}x_1 + a_{12}x_2 + a_{13}x_3 = 0, \\ a_{21}x_1 + a_{22}x_2 + a_{23}x_3 = 0, \\ \cdots\ \cdots\ \cdots\ \cdots \\ a_{m1}x_1 + a_{m2}x_2 + a_{m3}x_3 = 0 \end{cases} \tag{4.4}$$

中的每一个方程都代表三维几何空间里的一个通过原点的平面. 若记它的系数阵为 $\boldsymbol{A}$, 则当秩 $\boldsymbol{A} = 1$ 时, 方程组 (4.4) 的解空间为通过原点的一个平面; 当秩 $\boldsymbol{A} = 2$ 时, 方程组 (4.4) 的解空间为通过原点的一条直线; 当秩 $\boldsymbol{A} = 3$ 时, 方程组 (4.4) 的解空间为一个点 —— 原点.

例 4.6.1 求齐次线性方程组

$$\begin{cases} x_1 + x_2 - x_3 + x_4 + x_5 = 0, \\ 3x_1 + 6x_2 + 2x_3 + x_4 - 3x_5 = 0, \\ 4x_1 + 7x_2 + x_3 + 2x_4 - 2x_5 = 0 \end{cases}$$

的基础解系及通解.

解 将方程组的系数矩阵化为行最简形

$$\boldsymbol{A} = \begin{pmatrix} 1 & 1 & -1 & 1 & 1 \\ 3 & 6 & 2 & 1 & -3 \\ 4 & 7 & 1 & 2 & -2 \end{pmatrix} \longrightarrow \begin{pmatrix} 1 & 0 & -\frac{8}{3} & \frac{5}{3} & 3 \\ 0 & 1 & \frac{5}{3} & -\frac{2}{3} & -2 \\ 0 & 0 & 0 & 0 & 0 \end{pmatrix},$$

即原方程组同解于方程组

$$\begin{cases} x_1 - \dfrac{8}{3}x_3 + \dfrac{5}{3}x_4 + 3x_5 = 0, \\ x_2 + \dfrac{5}{3}x_3 - \dfrac{2}{3}x_4 - 2x_5 = 0, \end{cases}$$

从而同解于方程组

$$\begin{cases} x_1 = \dfrac{8}{3}x_3 - \dfrac{5}{3}x_4 - 3x_5, \\ x_2 = -\dfrac{5}{3}x_3 + \dfrac{2}{3}x_4 + 2x_5, \\ x_3 = x_3, \\ x_4 = x_4, \\ x_5 = x_5. \end{cases}$$

所以

$$\boldsymbol{\xi}_1 = \begin{pmatrix} \frac{8}{3} \\ -\frac{5}{3} \\ 1 \\ 0 \\ 0 \end{pmatrix}, \boldsymbol{\xi}_2 = \begin{pmatrix} -\frac{5}{3} \\ \frac{2}{3} \\ 0 \\ 1 \\ 0 \end{pmatrix}, \boldsymbol{\xi}_3 = \begin{pmatrix} -3 \\ 2 \\ 0 \\ 0 \\ 1 \end{pmatrix}$$

为原方程组的一个基础解系，原方程组的通解是

$$\boldsymbol{x} = c_1 \begin{pmatrix} \frac{8}{3} \\ -\frac{5}{3} \\ 1 \\ 0 \\ 0 \end{pmatrix} + c_2 \begin{pmatrix} -\frac{5}{3} \\ \frac{2}{3} \\ 0 \\ 1 \\ 0 \end{pmatrix} + c_3 \begin{pmatrix} -3 \\ 2 \\ 0 \\ 0 \\ 1 \end{pmatrix},$$

其中 c_1, c_2, c_3 为任意常数.

上例中的基础解系也可取 $\boldsymbol{\xi}_1 = \begin{pmatrix} 8 \\ -5 \\ 3 \\ 0 \\ 0 \end{pmatrix}, \boldsymbol{\xi}_2 = \begin{pmatrix} -5 \\ 2 \\ 0 \\ 3 \\ 0 \end{pmatrix}, \boldsymbol{\xi}_3 = \begin{pmatrix} -3 \\ 2 \\ 0 \\ 0 \\ 1 \end{pmatrix}$.

例 4.6.2 如果 $\boldsymbol{A}_{m\times n}\boldsymbol{B}_{n\times l} = \boldsymbol{O}$, 证明秩 $\boldsymbol{A}+$ 秩 $\boldsymbol{B} \leqslant n$.

证明 记 $\boldsymbol{B} = (\boldsymbol{\beta}_1 \cdots \boldsymbol{\beta}_l)$, 则由 $\boldsymbol{AB} = \boldsymbol{O}$ 得 $\boldsymbol{A}(\boldsymbol{\beta}_1 \cdots \boldsymbol{\beta}_l) = (\boldsymbol{A}\boldsymbol{\beta}_1 \cdots A\boldsymbol{\beta}_l) = \boldsymbol{O}$. 从而 $\boldsymbol{A}\boldsymbol{\beta}_j = \boldsymbol{0}, j = 1, 2, \cdots, l$, 即 $\boldsymbol{\beta}_1, \cdots, \boldsymbol{\beta}_l$ 都是方程组 $\boldsymbol{Ax} = \boldsymbol{0}$ 的解. 记 $\boldsymbol{Ax} = \boldsymbol{0}$ 的解空间为 S, 于是 $\boldsymbol{\beta}_1, \cdots, \boldsymbol{\beta}_l \in S$. 故有秩 $\boldsymbol{B} =$ 秩 $(\boldsymbol{\beta}_1, \cdots, \boldsymbol{\beta}_l) \leqslant$ 秩 S. 由定理 4.6.1 知秩 $S = n -$ 秩 $\boldsymbol{A}$, 于是秩 $\boldsymbol{A} +$ 秩 $\boldsymbol{B} \leqslant n$.

4.6.2 非齐次线性方程组

设有 n 元非齐次线性方程组

$$\begin{cases} a_{11}x_1 + a_{12}x_2 + \cdots + a_{1n}x_n = b_1, \\ a_{21}x_1 + a_{22}x_2 + \cdots + a_{2n}x_n = b_2, \\ \cdots\ \cdots\ \cdots\ \cdots \\ a_{m1}x_1 + a_{m2}x_2 + \cdots + a_{mn}x_n = b_m. \end{cases} \tag{4.5}$$

我们用 $\boldsymbol{Ax}=\boldsymbol{b}$ 来表示这个方程组，其中 $\boldsymbol{A}=(a_{ij})_{m\times n}, \boldsymbol{x}=(x_1,x_2,\cdots,x_n)^{\mathrm{T}}, \boldsymbol{b}=(b_1,b_2,\cdots,b_m)^{\mathrm{T}}\neq\boldsymbol{0}$. 这个方程组与方程组 (4.3) 只有常数项的区别，所有的未知数系数都是一样的．称方程组 (4.3) 为方程组 (4.5) 的导出组．

性质 4.6.3 如果 $\boldsymbol{\eta}_1,\boldsymbol{\eta}_2$ 都是非齐次线性方程组 $\boldsymbol{Ax}=\boldsymbol{b}$ 的解，则 $\boldsymbol{\eta}_1-\boldsymbol{\eta}_2$ 是它的导出组 $\boldsymbol{Ax}=\boldsymbol{0}$ 的解．

性质 4.6.4 如果 $\boldsymbol{\eta}_1,\boldsymbol{\eta}_2$ 都是非齐次线性方程组 $\boldsymbol{Ax}=\boldsymbol{b}$ 的解， k_1 和 k_2 是两个常数，则 $k_1\boldsymbol{\eta}_1+k_2\boldsymbol{\eta}_2$ 也是方程组 $\boldsymbol{Ax}=\boldsymbol{b}$ 的解的充要条件是 $k_1+k_2=1$.

性质 4.6.5 如果 $\boldsymbol{\eta}$ 是非齐次线性方程组 $\boldsymbol{Ax}=\boldsymbol{b}$ 的解， $\boldsymbol{\xi}$ 是它的导出组 $\boldsymbol{Ax}=\boldsymbol{0}$ 的解，则 $\boldsymbol{\xi}+\boldsymbol{\eta}$ 是方程组 $\boldsymbol{Ax}=\boldsymbol{b}$ 的解．

将方程组 (4.5) 的全体解组成的集合记为 S. 由于 S 中不含零向量，故 S 不是 $\boldsymbol{R}^n$ 的一个子空间．当秩 $\boldsymbol{A}\neq$ 秩 $\overline{\boldsymbol{A}}$ 时，方程组 (4.5) 无解， S 为空集；当秩$\boldsymbol{A}=$ 秩$\overline{\boldsymbol{A}}=n$ 时，方程组 (4.5) 有唯一解， S 中只有一个元素，是一个非零向量；当秩 $\boldsymbol{A}=$ 秩 $\overline{\boldsymbol{A}}=r<n$ 时，方程组 (4.5) 有无穷多个解， S 中含有无穷多个向量，此时由第二章最后一节，不失一般性可设方程组 (4.5) 同解于方程组

$$\begin{cases} x_1 = d_1 + c_{1,r+1}x_{r+1} + c_{1,r+2}x_{r+2} + \cdots + c_{1n}x_n, \\ x_2 = d_2 + c_{2,r+1}x_{r+1} + c_{2,r+2}x_{r+2} + \cdots + c_{2n}x_n, \\ \cdots\cdots\cdots\cdots \\ x_r = d_r + c_{r,r+1}x_{r+1} + c_{r,r+2}x_{r+2} + \cdots + c_{rn}x_n, \end{cases}$$

从而同解于方程组

$$\begin{cases} x_1 = d_1 + c_{1,r+1}x_{r+1} + c_{1,r+2}x_{r+2} + \cdots + c_{1n}x_n, \\ x_2 = d_2 + c_{2,r+1}x_{r+1} + c_{2,r+2}x_{r+2} + \cdots + c_{2n}x_n, \\ \cdots\ \cdots\ \cdots\ \cdots \\ x_r = d_r + c_{r,r+1}x_{r+1} + c_{r,r+2}x_{r+2} + \cdots + c_{rn}x_n, \\ x_{r+1} = \qquad x_{r+1}, \\ x_{r+2} = \qquad\qquad x_{r+2}, \\ \cdots\ \cdots\ \cdots\ \cdots \\ x_n = \qquad\qquad\qquad x_n. \end{cases}$$

于是,

$$\begin{pmatrix} x_1 \\ x_2 \\ \vdots \\ x_r \\ x_{r+1} \\ x_{r+2} \\ \vdots \\ x_n \end{pmatrix} = \begin{pmatrix} d_1 \\ d_2 \\ \vdots \\ d_r \\ 0 \\ 0 \\ \vdots \\ 0 \end{pmatrix} + \begin{pmatrix} c_{1,r+1} \\ c_{2,r+1} \\ \vdots \\ c_{r,r+1} \\ 1 \\ 0 \\ \vdots \\ 0 \end{pmatrix} x_{r+1} + \begin{pmatrix} c_{1,r+2} \\ c_{2,r+2} \\ \vdots \\ c_{r,r+2} \\ 0 \\ 1 \\ \vdots \\ 0 \end{pmatrix} x_{r+2} + \cdots + \begin{pmatrix} c_{1n} \\ c_{2n} \\ \vdots \\ c_{rn} \\ 0 \\ 0 \\ \vdots \\ 1 \end{pmatrix} x_n.$$

因为 $x_{r+1}, x_{r+2}, \cdots, x_n$ 是自由未知量，可任意取值，所以在上式中令 $x_{r+1} = x_{r+2} = \cdots = x_n = 0$ 可知向量 $(d_1, d_2, \cdots, d_r, 0, \cdots, 0)^{\mathrm{T}}$ 为方程组 (4.5) 的一个解. 如果我们将方程组 (4.5) 的常数项全部换成 0, 即变成方程组 (4.3), 则不论对方程组进行怎样的消元，方程组的常数项始终都是 0, 即上式中等号右侧的第一项为零向量，这就是说上式中等号右侧除第一项外剩下的就是方程组 (4.3) 的全部解. 于是，我们有

定理 4.6.2　如果 $\boldsymbol{\eta}_0$ 是非齐次线性方程组 $\boldsymbol{Ax} = \boldsymbol{b}$ 的一个解，$\boldsymbol{\xi}_1, \cdots, \boldsymbol{\xi}_{n-r}$ 是它的导出组 $\boldsymbol{Ax} = \boldsymbol{0}$ 的基础解系，则非齐次线性方程组 $\boldsymbol{Ax} = \boldsymbol{b}$ 的通解为

$$\boldsymbol{x} = \boldsymbol{\eta}_0 + c_1\boldsymbol{\xi}_1 + c_2\boldsymbol{\xi}_2 + \cdots + c_{n-r}\boldsymbol{\xi}_{n-r},$$

其中 $c_1, c_2, \cdots, c_{n-r}$ 是任意常数.

证明　由性质 4.6.5 知 $\boldsymbol{x} = \boldsymbol{\eta}_0 + c_1\boldsymbol{\xi}_1 + c_2\boldsymbol{\xi}_2 + \cdots + c_{n-r}\boldsymbol{\xi}_{n-r}$ 显然是方程组 $\boldsymbol{Ax} = \boldsymbol{b}$ 的解. 反之, 设 $\boldsymbol{\eta}$ 是方程组 $\boldsymbol{Ax} = \boldsymbol{b}$ 的任一解, 由性质 4.6.3 知 $\boldsymbol{\eta} - \boldsymbol{\eta}_0$ 是方程组 $\boldsymbol{Ax} = \boldsymbol{0}$ 的一个解，从而存在数 $k_1, k_2, \cdots, k_{n-r}$ 使得 $\boldsymbol{\eta} - \boldsymbol{\eta}_0 = k_1\boldsymbol{\xi}_1 + k_2\boldsymbol{\xi}_2 + \cdots + k_{n-r}\boldsymbol{\xi}_{n-r}$, 即 $\boldsymbol{\eta} = \boldsymbol{\eta}_0 + k_1\boldsymbol{\xi}_1 + k_2\boldsymbol{\xi}_2 + \cdots + k_{n-r}\boldsymbol{\xi}_{n-r}$.

例 4.6.3　求非齐次线性方程组

$$\begin{cases} 2x_1 + \ 6x_2 + \ x_3 - 3x_4 = 1, \\ \ x_1 + \ 3x_2 + 3x_3 - 2x_4 = 4, \\ 5x_1 + 15x_2 \qquad\quad - 7x_4 = -1 \end{cases}$$

的通解.

解　将方程组的增广矩阵化成行最简形

$$\overline{\boldsymbol{A}} = (\boldsymbol{A}\ \boldsymbol{b}) = \begin{pmatrix} 2 & 6 & 1 & -3 & 1 \\ 1 & 3 & 3 & -2 & 4 \\ 5 & 15 & 0 & -7 & -1 \end{pmatrix} \longrightarrow \begin{pmatrix} 1 & 3 & 0 & -\dfrac{7}{5} & -\dfrac{1}{5} \\ 0 & 0 & 1 & -\dfrac{1}{5} & \dfrac{7}{5} \\ 0 & 0 & 0 & 0 & 0 \end{pmatrix},$$

从而原方程组同解于方程组

$$\begin{cases} x_1 + 3x_2 - \dfrac{7}{5}x_4 = -\dfrac{1}{5}, \\ x_3 - \dfrac{1}{5}x_4 = \dfrac{7}{5}. \end{cases}$$

于是,

$$\begin{cases} x_1 = -\dfrac{1}{5} - 3x_2 + \dfrac{7}{5}x_4, \\ x_2 = \qquad\quad x_2, \\ x_3 = \dfrac{7}{5} \qquad\quad + \dfrac{1}{5}x_4, \\ x_4 = \qquad\qquad\quad x_4. \end{cases}$$

因此方程组的通解为

$$\begin{pmatrix} x_1 \\ x_2 \\ x_3 \\ x_4 \end{pmatrix} = \begin{pmatrix} -\dfrac{1}{5} \\ 0 \\ \dfrac{7}{5} \\ 0 \end{pmatrix} + c_1 \begin{pmatrix} -3 \\ 1 \\ 0 \\ 0 \end{pmatrix} + c_2 \begin{pmatrix} \dfrac{7}{5} \\ 0 \\ \dfrac{1}{5} \\ 1 \end{pmatrix},$$

其中 c_1, c_2 为任意常数.

练习 4.6

1. 求下列齐次线性方程组的一个基础解系及通解.

(1) $\begin{cases} x_1 + x_2 - x_3 + x_4 = 0, \\ x_1 - x_2 + 2x_3 - x_4 = 0, \\ 3x_1 + x_2 + x_4 = 0; \end{cases}$

(2) $\begin{cases} 3x_1 - 6x_2 - 8x_3 + x_4 - 4x_5 = 0, \\ 2x_1 - 4x_2 - 7x_3 - x_4 - x_5 = 0, \\ 3x_1 - 6x_2 - 7x_3 - 3x_5 = 0. \end{cases}$

2. 求下列非齐次线性方程组的通解.

(1) $\begin{cases} 2x_1 + x_2 - x_3 + x_4 = 1, \\ 3x_1 - 2x_2 + x_3 - 3x_4 = 4, \\ x_1 + 4x_2 - 3x_3 + 5x_4 = -2; \end{cases}$

(2) $\begin{cases} x_1 + x_2 + x_3 + x_4 + x_5 = -1, \\ 3x_1 + 2x_2 + x_3 + x_4 - 3x_5 = -5, \\ x_2 + 2x_3 + 2x_4 + 6x_5 = 2, \\ 5x_1 + 4x_2 + 3x_3 + 3x_4 - x_5 = -7. \end{cases}$

3. 设 $\boldsymbol{\alpha}_1,\boldsymbol{\alpha}_2,\boldsymbol{\alpha}_3$ 是线性方程组 $A\boldsymbol{x}=\boldsymbol{0}$ 的基础解系. 证明 $\boldsymbol{\alpha}_1,\boldsymbol{\alpha}_1+\boldsymbol{\alpha}_2,\boldsymbol{\alpha}_1+\boldsymbol{\alpha}_2+\boldsymbol{\alpha}_3$ 仍为 $A\boldsymbol{x}=\boldsymbol{0}$ 的基础解系.

4. 设四元非齐次线性方程组的系数矩阵的秩为 3, 已知 $\boldsymbol{\eta}_1,\boldsymbol{\eta}_2,\boldsymbol{\eta}_3$ 是它的三个解向量, 且

$$\boldsymbol{\eta}_1=\begin{pmatrix}1\\2\\3\\4\end{pmatrix},\boldsymbol{\eta}_2+\boldsymbol{\eta}_3=\begin{pmatrix}3\\4\\5\\6\end{pmatrix},$$

求该方程组的通解.

4.7 向量的内积

在前面几节, 我们介绍了 n 维向量空间及其子空间, 还有它们的基、维数及坐标的概念, 并得到了 n 元齐次线性方程组的所有解构成解空间的结论. 但二维和三维几何空间中我们有很多结果是以向量的长度、夹角等度量概念为基础的, 现在我们将这些概念推广到 $\boldsymbol{R}^n$ 中, 并介绍一种重要的矩阵 —— 正交阵.

在上一章三维空间 $\boldsymbol{R}^3$ 中有向量的点积也称内积

$$\boldsymbol{x}\cdot\boldsymbol{y}=|\boldsymbol{x}||\boldsymbol{y}|\cos\langle\boldsymbol{x},\boldsymbol{y}\rangle, \tag{4.6}$$

其中 $|\boldsymbol{x}|,|\boldsymbol{y}|$ 分别为向量 $\boldsymbol{x}$ 和向量 $\boldsymbol{y}$ 的长度, $\langle\boldsymbol{x},\boldsymbol{y}\rangle$ 为 $\boldsymbol{x}$ 和 $\boldsymbol{y}$ 的夹角. 若 $\boldsymbol{x}=(x_1,x_2,x_3),\boldsymbol{y}=(y_1,y_2,y_3)$, 则 $\boldsymbol{x}\cdot\boldsymbol{y}=x_1y_1+x_2y_2+x_3y_3, |\boldsymbol{x}|=\sqrt{x_1^2+x_2^2+x_3^2}=\sqrt{\boldsymbol{x}\cdot\boldsymbol{x}}$. 由此, 我们首先将这里的点积和长度推广到 $\boldsymbol{R}^n$ 中.

4.7.1 内积

定义 4.7.1 设 $\boldsymbol{\alpha}=(a_1,\cdots,a_n)^{\mathrm{T}},\boldsymbol{\beta}=(b_1,\cdots,b_n)^{\mathrm{T}}$ 为 $\boldsymbol{R}^n$ 中任意两个向量, 称数 $a_1b_1+\cdots+a_nb_n$ 为向量 $\boldsymbol{\alpha}$ 与 $\boldsymbol{\beta}$ 的内积, 记作 $(\boldsymbol{\alpha},\boldsymbol{\beta})$.

例如, 在空间 $\boldsymbol{R}^4$ 中, 如果 $\boldsymbol{\alpha}=(1,-2,3,4)^{\mathrm{T}},\boldsymbol{\beta}=(3,4,-5,6)^{\mathrm{T}}$, 则 $(\boldsymbol{\alpha},\boldsymbol{\beta})=1\times3+(-2)\times4+3\times(-5)+4\times6=4$.

显然, $(\boldsymbol{\alpha},\boldsymbol{\beta})=\boldsymbol{\alpha}^{\mathrm{T}}\boldsymbol{\beta}=\boldsymbol{\beta}^{\mathrm{T}}\boldsymbol{\alpha}$. 易证, 内积具有以下基本性质:

(1) $(\boldsymbol{\alpha},\boldsymbol{\beta})=(\boldsymbol{\beta},\boldsymbol{\alpha}),\forall\ \boldsymbol{\alpha},\boldsymbol{\beta}\in\boldsymbol{R}^n$;

(2) $(\boldsymbol{\alpha}+\boldsymbol{\beta},\boldsymbol{\gamma})=(\boldsymbol{\alpha},\boldsymbol{\gamma})+(\boldsymbol{\beta},\boldsymbol{\gamma}),\forall\ \boldsymbol{\alpha},\boldsymbol{\beta},\boldsymbol{\gamma}\in\boldsymbol{R}^n$;

(3) $(\lambda\boldsymbol{\alpha},\boldsymbol{\beta})=\lambda(\boldsymbol{\alpha},\boldsymbol{\beta}),\forall\ \lambda\in\boldsymbol{R},\boldsymbol{\alpha},\boldsymbol{\beta}\in\boldsymbol{R}^n$;

(4) $(\boldsymbol{\alpha},\boldsymbol{\alpha})\geqslant0,\forall\ \boldsymbol{\alpha}\in\boldsymbol{R}^n$, 且 $(\boldsymbol{\alpha},\boldsymbol{\alpha})=\boldsymbol{0}\Longleftrightarrow\boldsymbol{\alpha}=\boldsymbol{0}$.

4.7.2 长度和夹角

定义 4.7.2 设 $\boldsymbol{\alpha}=(a_1,\cdots,a_n)^{\mathrm{T}}$, 称数 $\sqrt{(\boldsymbol{\alpha},\boldsymbol{\alpha})}$ 为向量 $\boldsymbol{\alpha}$ 的长度, 记作 $|\boldsymbol{\alpha}|$.

我们称长度是 1 的向量为**单位向量**. 一般地，一个非零向量 $\boldsymbol{\alpha}$ 如果不是单位向量，则乘上 $\dfrac{1}{|\boldsymbol{\alpha}|}$ 后变成 $\dfrac{\boldsymbol{\alpha}}{|\boldsymbol{\alpha}|}$ 就是单位向量了，称为将 $\boldsymbol{\alpha}$ 单位化.

有了内积和长度的概念，我们将平行于 (4.6) 式建立 $\boldsymbol{R}^n$ 空间中向量夹角的概念. 为此我们需要下面的 **柯西 – 布尼亚科夫斯基不等式**:

$$(\boldsymbol{\alpha},\boldsymbol{\beta})^2 \leqslant (\boldsymbol{\alpha},\boldsymbol{\alpha})(\boldsymbol{\beta},\boldsymbol{\beta}),$$

即

$$|(\boldsymbol{\alpha},\boldsymbol{\beta})| \leqslant |\boldsymbol{\alpha}||\boldsymbol{\beta}|, \forall \boldsymbol{\alpha},\boldsymbol{\beta} \in \boldsymbol{R}^n.$$

证明 对于取定的两个向量 $\boldsymbol{\alpha}$ 及 $\boldsymbol{\beta}$, 如果 $\alpha = 0$, 那么不等式显然成立. 如果 $\alpha \neq 0$, 那么由内积的性质，对任意的实数 λ 有

$$\lambda^2(\boldsymbol{\alpha},\boldsymbol{\alpha}) + 2\lambda(\boldsymbol{\alpha},\boldsymbol{\beta}) + (\boldsymbol{\beta},\boldsymbol{\beta}) = (\lambda\boldsymbol{\alpha}+\boldsymbol{\beta}, \lambda\boldsymbol{\alpha}+\boldsymbol{\beta}) \geqslant 0.$$

将上式左侧看成以 λ 为未知数的一元二次多项式，则其判别式

$$4(\boldsymbol{\alpha},\boldsymbol{\beta})^2 - 4(\boldsymbol{\alpha},\boldsymbol{\alpha})(\boldsymbol{\beta},\boldsymbol{\beta}) \leqslant 0,$$

即

$$(\boldsymbol{\alpha},\boldsymbol{\beta})^2 \leqslant (\boldsymbol{\alpha},\boldsymbol{\alpha})(\boldsymbol{\beta},\boldsymbol{\beta}) = |\boldsymbol{\alpha}|^2|\boldsymbol{\beta}|^2.$$

定义 4.7.3 设 $\boldsymbol{\alpha},\boldsymbol{\beta}$ 为 $\boldsymbol{R}^n$ 中任意两个向量，称

$$\theta = \begin{cases} \arccos\dfrac{(\boldsymbol{\alpha},\boldsymbol{\beta})}{|\boldsymbol{\alpha}||\boldsymbol{\beta}|}, & \text{当}|\boldsymbol{\alpha}||\boldsymbol{\beta}| \neq 0\text{时} \\ \dfrac{\pi}{2}, & \text{当}|\boldsymbol{\alpha}||\boldsymbol{\beta}| = 0\text{时} \end{cases}$$

为 $\boldsymbol{\alpha}$ 与 $\boldsymbol{\beta}$ 的夹角.

例如，如果 $\boldsymbol{\alpha} = (1,0,1,1)^{\mathrm{T}}, \boldsymbol{\beta} = (-1,2,1,3)^{\mathrm{T}}$, 则 $(\boldsymbol{\alpha},\boldsymbol{\beta}) = 3, |\boldsymbol{\alpha}| = \sqrt{3}, |\boldsymbol{\beta}| = \sqrt{15}$, 从而 $\boldsymbol{\alpha}$ 与 $\boldsymbol{\beta}$ 的夹角为 $\arccos\dfrac{1}{\sqrt{5}}$.

4.7.3 正交、正交向量组和 (标准) 正交基

定义 4.7.4 设 $\boldsymbol{\alpha},\boldsymbol{\beta}$ 为 $\boldsymbol{R}^n$ 中任意两个向量，如果 $(\boldsymbol{\alpha},\boldsymbol{\beta}) = 0$, 则称向量 $\boldsymbol{\alpha}$ 与 $\boldsymbol{\beta}$ 正交 (或垂直).

显然，零向量与任一同维向量正交， $\boldsymbol{\alpha}$ 与 $\boldsymbol{\beta}$ 正交的充要条件是 $\boldsymbol{\alpha}$ 与 $\boldsymbol{\beta}$ 的夹角为 $\dfrac{\pi}{2}$.

解析几何中的平面直角坐标系其实就是为空间 $\boldsymbol{R}^2$ 选定了一个基向量组 $(1,0)^{\mathrm{T}}$, $(0,1)^{\mathrm{T}}$, 空间直角坐标系就是为空间 $\boldsymbol{R}^3$ 选定了一个基向量组 $(1,0,0)^{\mathrm{T}}$, $(0,1,0)^{\mathrm{T}}$,

$(0,0,1)^{\mathrm{T}}$. 这两个基向量组不仅满足我们之前对基的要求，而且还都是由两两正交的单位向量组成的.

我们称一组两两正交的非零向量为一个 **正交向量组**，称每个向量都是单位向量的正交向量组为 **标准正交向量组**. 如果 $\boldsymbol{R}^n$ 的子空间 V 的一个基是一个 (标准) 正交向量组，则称其为 V 的一个 (**标准**) **正交基**. $(1,0)^{\mathrm{T}},(0,1)^{\mathrm{T}}$ 就是 $\boldsymbol{R}^2$ 的一个标准正交基， $(1,0,0)^{\mathrm{T}},(0,1,0)^{\mathrm{T}},(0,0,1)^{\mathrm{T}}$ 是 $\boldsymbol{R}^3$ 的一个标准正交基.

标准正交基与我们前几节所介绍的基有什么不同呢？首先当然是标准正交基里的向量都是单位向量，但还有更重要的一点就是标准正交基是一个正交向量组，而前几节所介绍的基向量组是线性无关向量组. 这两者之间有什么联系呢？我们有下面的结论.

定理 4.7.1 正交向量组必为线性无关的向量组.

证明 设 $\boldsymbol{\alpha}_1,\boldsymbol{\alpha}_2,\cdots,\boldsymbol{\alpha}_m$ 为一个正交向量组. 令

$$k_1\boldsymbol{\alpha}_1+k_2\boldsymbol{\alpha}_2+\cdots+k_m\boldsymbol{\alpha}_m=\mathbf{0}$$

用向量 $\boldsymbol{\alpha}_i$ 与上式两端做内积得

$$(\boldsymbol{\alpha}_i,k_1\boldsymbol{\alpha}_1)+\cdots+(\boldsymbol{\alpha}_i,k_i\boldsymbol{\alpha}_i)+\cdots+(\boldsymbol{\alpha}_i,k_m\boldsymbol{\alpha}_m)=(\boldsymbol{\alpha}_i,\mathbf{0}),$$

即

$$k_1(\boldsymbol{\alpha}_i,\boldsymbol{\alpha}_1)+\cdots+k_i(\boldsymbol{\alpha}_i,\boldsymbol{\alpha}_i)+\cdots+k_m(\boldsymbol{\alpha}_i,\boldsymbol{\alpha}_m)=0.$$

由于 $\boldsymbol{\alpha}_i$ 与其余向量正交，故 $k_j(\boldsymbol{\alpha}_i,\boldsymbol{\alpha}_j)=0,\ \forall i\neq j$, 所以 $k_i(\boldsymbol{\alpha}_i,\boldsymbol{\alpha}_i)=0$. 又 $\boldsymbol{\alpha}_i$ 非零，故 $(\boldsymbol{\alpha}_i,\boldsymbol{\alpha}_i)>0$, 于是 $k_i=0$. 由 i 的任意性知 $k_1=k_2=\cdots=k_m=0$, 因此向量组 $\boldsymbol{\alpha}_1,\cdots,\boldsymbol{\alpha}_m$ 线性无关.

反之，线性无关的向量组却不一定是正交向量组，这方面的例子几乎可以信手拈来. 例如， $(1,0,0)^{\mathrm{T}},(1,1,0)^{\mathrm{T}},(1,1,1)^{\mathrm{T}}$ 是一个线性无关的向量组，但不是一个正交向量组. 尽管如此，我们却可以通过下面的方法，从一个给定的线性无关的向量组出发，得到一个与之等价的正交向量组.

定理 4.7.2 设 $\boldsymbol{\alpha}_1,\cdots,\boldsymbol{\alpha}_m$ 线性无关，令

$$\boldsymbol{\beta}_1=\boldsymbol{\alpha}_1,$$

$$\boldsymbol{\beta}_2=\boldsymbol{\alpha}_2-\frac{(\boldsymbol{\alpha}_2,\boldsymbol{\beta}_1)}{(\boldsymbol{\beta}_1,\boldsymbol{\beta}_1)}\boldsymbol{\beta}_1,$$

$$\cdots\cdots\cdots\cdots$$

$$\boldsymbol{\beta}_m=\boldsymbol{\alpha}_m-\frac{(\boldsymbol{\alpha}_m,\boldsymbol{\beta}_1)}{(\boldsymbol{\beta}_1,\boldsymbol{\beta}_1)}\boldsymbol{\beta}_1-\frac{(\boldsymbol{\alpha}_m,\boldsymbol{\beta}_2)}{(\boldsymbol{\beta}_2,\boldsymbol{\beta}_2)}\boldsymbol{\beta}_2-\cdots-\frac{(\boldsymbol{\alpha}_m,\boldsymbol{\beta}_{m-1})}{(\boldsymbol{\beta}_{m-1},\boldsymbol{\beta}_{m-1})}\boldsymbol{\beta}_{m-1},$$

则 $\boldsymbol{\beta}_1,\cdots,\boldsymbol{\beta}_m$ 是一个正交向量组，且与向量组 $\boldsymbol{\alpha}_1,\cdots,\boldsymbol{\alpha}_m$ 等价. (证明参见参考文献 [5])

如果在上面的定理中，进一步取

$$\boldsymbol{\gamma}_1=\frac{1}{|\boldsymbol{\beta}_1|}\boldsymbol{\beta}_1,\boldsymbol{\gamma}_2=\frac{1}{|\boldsymbol{\beta}_2|}\boldsymbol{\beta}_2,\cdots,\boldsymbol{\gamma}_m=\frac{1}{|\boldsymbol{\beta}_m|}\boldsymbol{\beta}_m,$$

则 $\boldsymbol{\gamma}_1,\cdots,\boldsymbol{\gamma}_m$ 是一个标准正交向量组，并且它们也与 $\boldsymbol{\alpha}_1,\cdots,\boldsymbol{\alpha}_m$ 等价.

定理 4.7.2 中从线性无关的向量组导出正交向量组的过程称为施密特 (Schimidt) 正交化，再由正交向量组导出标准正交向量组的过程称为单位化.

例 4.7.1 设向量组 $\boldsymbol{\alpha}_1=(1,0,1)^{\mathrm{T}},\boldsymbol{\alpha}_2=(1,1,0)^{\mathrm{T}},\boldsymbol{\alpha}_3=(0,1,1)^{\mathrm{T}}$，将这组向量正交化，然后再单位化.

解 (1) 令

$$\begin{aligned}
\boldsymbol{\beta}_1&=\boldsymbol{\alpha}_1=(1,0,1)^{\mathrm{T}},\\
\boldsymbol{\beta}_2&=\boldsymbol{\alpha}_2-\frac{(\boldsymbol{\alpha}_2,\boldsymbol{\beta}_1)}{(\boldsymbol{\beta}_1,\boldsymbol{\beta}_1)}\boldsymbol{\beta}_1=(1,1,0)^{\mathrm{T}}-\frac{1}{2}(1,0,1)^{\mathrm{T}}=(\frac{1}{2},1,-\frac{1}{2})^{\mathrm{T}},\\
\boldsymbol{\beta}_3&=\boldsymbol{\alpha}_3-\frac{(\boldsymbol{\alpha}_3,\boldsymbol{\beta}_1)}{(\boldsymbol{\beta}_1,\boldsymbol{\beta}_1)}\boldsymbol{\beta}_1-\frac{(\boldsymbol{\alpha}_3,\boldsymbol{\beta}_2)}{(\boldsymbol{\beta}_2,\boldsymbol{\beta}_2)}\boldsymbol{\beta}_2=(0,1,1)^{\mathrm{T}}-\frac{1}{2}(1,0,1)^{\mathrm{T}}-\frac{1}{3}(\frac{1}{2},1,-\frac{1}{2})^{\mathrm{T}}\\
&=(-\frac{2}{3},\frac{2}{3},\frac{2}{3})^{\mathrm{T}},
\end{aligned}$$

则 $\boldsymbol{\beta}_1,\boldsymbol{\beta}_2,\boldsymbol{\beta}_3$ 是与 $\boldsymbol{\alpha}_1,\boldsymbol{\alpha}_2,\boldsymbol{\alpha}_3$ 等价的正交向量组.

(2) 由于

$|\boldsymbol{\beta}_1|=\sqrt{(\boldsymbol{\beta}_1,\boldsymbol{\beta}_1)}=\sqrt{2}$, $|\boldsymbol{\beta}_2|=\sqrt{(\boldsymbol{\beta}_2,\boldsymbol{\beta}_2)}=\dfrac{\sqrt{6}}{2}$, $|\boldsymbol{\beta}_3|=\sqrt{(\boldsymbol{\beta}_3,\boldsymbol{\beta}_3)}=\dfrac{2}{3}\sqrt{3}$, 取

$$\begin{aligned}
\boldsymbol{\gamma}_1&=\frac{1}{|\boldsymbol{\beta}_1|}\boldsymbol{\beta}_1=(\frac{1}{\sqrt{2}},0,\frac{1}{\sqrt{2}})^{\mathrm{T}},\\
\boldsymbol{\gamma}_2&=\frac{1}{|\boldsymbol{\beta}_2|}\boldsymbol{\beta}_2=(\frac{1}{\sqrt{6}},\frac{2}{\sqrt{6}},-\frac{1}{\sqrt{6}})^{\mathrm{T}},\\
\boldsymbol{\gamma}_3&=\frac{1}{|\boldsymbol{\beta}_3|}\boldsymbol{\beta}_3=(-\frac{1}{\sqrt{3}},\frac{1}{\sqrt{3}},\frac{1}{\sqrt{3}})^{\mathrm{T}},
\end{aligned}$$

则 $\boldsymbol{\gamma}_1,\boldsymbol{\gamma}_2,\boldsymbol{\gamma}_3$ 是与 $\boldsymbol{\alpha}_1,\boldsymbol{\alpha}_2,\boldsymbol{\alpha}_3$ 等价的标准正交向量组.

前面我们已经知道， $\boldsymbol{R}^n$ 的每一个非零子空间都有基，由上面的讨论有

命题 4.7.1 $\boldsymbol{R}^n$ 的每一个非零子空间都有标准正交基.

4.7.4 正交阵

设 $\boldsymbol{\alpha}_1,\cdots,\boldsymbol{\alpha}_n$ 是一组 n 维向量，记 $\boldsymbol{A}=(\boldsymbol{\alpha}_1\ \cdots\ \boldsymbol{\alpha}_n)$. 如果 $\boldsymbol{\alpha}_1,\cdots,\boldsymbol{\alpha}_n$ 是 $\boldsymbol{R}^n$ 的一个基，则 $\boldsymbol{A}$ 是一个可逆阵. 如果 $\boldsymbol{\alpha}_1,\cdots,\boldsymbol{\alpha}_n$ 是 $\boldsymbol{R}^n$ 的一个标准正交基，则 $\boldsymbol{A}$ 显然也是一个可逆阵. 不仅如此，由于 $\boldsymbol{\alpha}_1,\cdots,\boldsymbol{\alpha}_n$ 标准正交，故

$$(\boldsymbol{\alpha}_i,\boldsymbol{\alpha}_j)=\boldsymbol{\alpha}_i^{\mathrm{T}}\boldsymbol{\alpha}_j=\begin{cases}1, & i=j\\0, & i\neq j\end{cases}.$$

于是

$$\begin{pmatrix}\boldsymbol{\alpha}_1^{\mathrm{T}}\boldsymbol{\alpha}_1 & \boldsymbol{\alpha}_1^{\mathrm{T}}\boldsymbol{\alpha}_2 & \cdots & \boldsymbol{\alpha}_1^{\mathrm{T}}\boldsymbol{\alpha}_n\\ \boldsymbol{\alpha}_2^{\mathrm{T}}\boldsymbol{\alpha}_1 & \boldsymbol{\alpha}_2^{\mathrm{T}}\boldsymbol{\alpha}_2 & \cdots & \boldsymbol{\alpha}_2^{\mathrm{T}}\boldsymbol{\alpha}_n\\ \vdots & \vdots & & \vdots\\ \boldsymbol{\alpha}_n^{\mathrm{T}}\boldsymbol{\alpha}_1 & \boldsymbol{\alpha}_n^{\mathrm{T}}\boldsymbol{\alpha}_2 & \cdots & \boldsymbol{\alpha}_n^{\mathrm{T}}\boldsymbol{\alpha}_n\end{pmatrix}=\begin{pmatrix}1 & 0 & \cdots & 0\\ 0 & 1 & \cdots & 0\\ \vdots & \vdots & & \vdots\\ 0 & 0 & \cdots & 1\end{pmatrix},$$

即
$$\boldsymbol{A}^{\mathrm{T}}\boldsymbol{A}=\begin{pmatrix}\boldsymbol{\alpha}_1^{\mathrm{T}}\\\boldsymbol{\alpha}_2^{\mathrm{T}}\\\vdots\\\boldsymbol{\alpha}_n^{\mathrm{T}}\end{pmatrix}(\boldsymbol{\alpha}_1\ \boldsymbol{\alpha}_2\ \cdots\ \boldsymbol{\alpha}_n)=\boldsymbol{E}.$$

定义 4.7.5 如果 n 阶实矩阵 $\boldsymbol{A}$ 满足 $\boldsymbol{A}^{\mathrm{T}}\boldsymbol{A}=\boldsymbol{E}$, 则称 $\boldsymbol{A}$ 为正交矩阵，简称正交阵.

将上面的分析总结为下面的定理.

定理 4.7.3 设 $\boldsymbol{A}$ 是一个 n 阶实矩阵，则以下结论等价:

(1) $\boldsymbol{A}$ 的列向量组是一个标准正交向量组;

(2) $\boldsymbol{A}$ 是正交阵;

(3) $\boldsymbol{A}^{\mathrm{T}}\boldsymbol{A}=\boldsymbol{E}$;

(4) $\boldsymbol{A}^{\mathrm{T}}=\boldsymbol{A}^{-1}$;

(5) $\boldsymbol{A}\boldsymbol{A}^{\mathrm{T}}=\boldsymbol{E}$;

(6) $\boldsymbol{A}^{\mathrm{T}}$ 是正交阵;

(7) $\boldsymbol{A}$ 的行向量组是一个标准正交向量组.

例如,
$$\boldsymbol{E}_n,\quad \begin{pmatrix}\cos\theta & \sin\theta\\ -\sin\theta & \cos\theta\end{pmatrix},\quad \begin{pmatrix}\frac{2}{3} & \frac{2}{3} & \frac{1}{3}\\ \frac{2}{3} & -\frac{1}{3} & -\frac{2}{3}\\ -\frac{1}{3} & \frac{2}{3} & -\frac{2}{3}\end{pmatrix}$$
均为正交阵.

练习 4.7

1. 设 $\boldsymbol{\alpha}=(1,2,-1)^{\mathrm{T}},\boldsymbol{\beta}=(-1,0,1)^{\mathrm{T}},\boldsymbol{\gamma}=(0,-1,2)^{\mathrm{T}}$, 求 $(\boldsymbol{\alpha},\boldsymbol{\beta})$, $|\boldsymbol{\gamma}|$ 以及向量 $\boldsymbol{\beta}$ 和 $\boldsymbol{\gamma}$ 的夹角.

2. 将向量组 $\boldsymbol{\alpha}_1=\begin{pmatrix}1\\1\\1\end{pmatrix},\boldsymbol{\alpha}_2=\begin{pmatrix}1\\2\\3\end{pmatrix},\boldsymbol{\alpha}_3=\begin{pmatrix}1\\4\\9\end{pmatrix}$ 正交化，再单位化.

3. 若 $\boldsymbol{A},\boldsymbol{B}$ 是正交阵，证明 $\boldsymbol{AB}$ 也为正交阵.

4. 判断下列矩阵是否为正交阵.

(1) $\begin{pmatrix}-\frac{1}{2} & \frac{\sqrt{3}}{2}\\ \frac{\sqrt{3}}{2} & \frac{1}{2}\end{pmatrix}$; (2) $\begin{pmatrix}1 & -\frac{1}{2} & \frac{1}{3}\\ -\frac{1}{2} & 1 & \frac{1}{2}\\ \frac{1}{3} & \frac{1}{2} & -1\end{pmatrix}$.

5. 若 $\boldsymbol{\xi}_1,\boldsymbol{\xi}_2,\boldsymbol{\xi}_3$ 是 $\boldsymbol{R}^3$ 的一组标准正交基. 证明 $\boldsymbol{\eta}_1=\frac{2}{3}\boldsymbol{\xi}_1+\frac{2}{3}\boldsymbol{\xi}_2-\frac{1}{3}\boldsymbol{\xi}_3$, $\boldsymbol{\eta}_2=\frac{2}{3}\boldsymbol{\xi}_1-\frac{1}{3}\boldsymbol{\xi}_2+\frac{2}{3}\boldsymbol{\xi}_3$, $\boldsymbol{\eta}_3=\frac{1}{3}\boldsymbol{\xi}_1-\frac{2}{3}\boldsymbol{\xi}_2-\frac{2}{3}\boldsymbol{\xi}_3$ 也是 $\boldsymbol{R}^3$ 的一个标准正交基.

习　题　4

1. 设 $\boldsymbol{\alpha}_1=(1+\lambda,1,1)^{\mathrm{T}}$, $\boldsymbol{\alpha}_2=(1,1+\lambda,1)^{\mathrm{T}}$, $\boldsymbol{\alpha}_3=(1,1,1+\lambda)^{\mathrm{T}}$,$\boldsymbol{\beta}=(0,\lambda,\lambda^2)^{\mathrm{T}}$. 问 λ 为何值时,

(1) $\boldsymbol{\beta}$ 不能由 $\boldsymbol{\alpha}_1, \boldsymbol{\alpha}_2, \boldsymbol{\alpha}_3$ 线性表示;

(2) $\boldsymbol{\beta}$ 能由 $\boldsymbol{\alpha}_1, \boldsymbol{\alpha}_2, \boldsymbol{\alpha}_3$ 线性表示且表示式唯一;

(3) $\boldsymbol{\beta}$ 能由 $\boldsymbol{\alpha}_1, \boldsymbol{\alpha}_2, \boldsymbol{\alpha}_3$ 线性表示，但表示式不唯一.

2. 设向量组 $\boldsymbol{\alpha}_1,\boldsymbol{\alpha}_2,\boldsymbol{\alpha}_3$ 线性无关， $\boldsymbol{\beta}_1=\boldsymbol{\alpha}_1-\boldsymbol{\alpha}_2+\boldsymbol{\alpha}_3$, $\boldsymbol{\beta}_2=\boldsymbol{\alpha}_1-\boldsymbol{\alpha}_2-\boldsymbol{\alpha}_3$, $\boldsymbol{\beta}_3=-\boldsymbol{\alpha}_1+2\boldsymbol{\alpha}_2+\boldsymbol{\alpha}_3$. 证明向量组 $\boldsymbol{\beta}_1,\boldsymbol{\beta}_2,\boldsymbol{\beta}_3$ 线性无关.

3. 设 $\boldsymbol{\alpha}_1,\cdots,\boldsymbol{\alpha}_r$ 为 n 维向量， $\boldsymbol{A}$ 为 n 阶方阵. 证明：若 $\boldsymbol{A}$ 可逆， $\boldsymbol{\alpha}_1,\cdots,\boldsymbol{\alpha}_r$ 线性无关，则 $\boldsymbol{A}\boldsymbol{\alpha}_1,\cdots,\boldsymbol{A}\boldsymbol{\alpha}_r$ 线性无关.

4. 设 n 元非齐次线性方程组 $\boldsymbol{Ax}=\boldsymbol{b}$ 的系数矩阵 $\boldsymbol{A}$ 的秩为 $n-1$, $\boldsymbol{\beta}_1,\boldsymbol{\beta}_2$ 为 $\boldsymbol{Ax}=\boldsymbol{b}$ 的两个不同的解，证明 $\boldsymbol{Ax}=\boldsymbol{b}$ 的通解为 $\boldsymbol{x}=k(\boldsymbol{\beta}_1-\boldsymbol{\beta}_2)+\frac{1}{2}(\boldsymbol{\beta}_1+\boldsymbol{\beta}_2)$, k 为任意常数.

5. 求齐次线性方程组

$$\begin{cases} x_1+2x_2-x_3=0, \\ 2x_1+4x_2-2x_3=0 \end{cases}$$

的解空间的一个标准正交基.

6.* 若两个向量组有相同的秩，且其中一个可由另一个线性表示. 证明这两个向量组等价.

7.* 设 $\boldsymbol{A},\boldsymbol{B}$ 均为 $m\times n$ 矩阵. 证明秩 $(\boldsymbol{A}+\boldsymbol{B})\leqslant$ 秩 $\boldsymbol{A}+$ 秩 $\boldsymbol{B}$.

8.* 设向量组 $\boldsymbol{\alpha}_1,\cdots,\boldsymbol{\alpha}_s(s\geqslant 2)$ 线性无关，又向量组 $\boldsymbol{\beta}_1=\boldsymbol{\alpha}_1+\boldsymbol{\alpha}_2$, $\boldsymbol{\beta}_2=\boldsymbol{\alpha}_2+\boldsymbol{\alpha}_3,\cdots,\boldsymbol{\beta}_{s-1}=\boldsymbol{\alpha}_{s-1}+\boldsymbol{\alpha}_s$, $\boldsymbol{\beta}_s=\boldsymbol{\alpha}_s+\boldsymbol{\alpha}_1$. 试讨论 $\boldsymbol{\beta}_1,\cdots,\boldsymbol{\beta}_s$ 的线性相关性.

9.* 设矩阵 $\boldsymbol{A}=(\boldsymbol{\alpha}_1\ \boldsymbol{\alpha}_2\ \boldsymbol{\alpha}_3\ \boldsymbol{\alpha}_4)$, $\boldsymbol{\alpha}_1,\boldsymbol{\alpha}_2,\boldsymbol{\alpha}_3$ 线性无关， $\boldsymbol{\alpha}_4=3\boldsymbol{\alpha}_1-\boldsymbol{\alpha}_2$, 向量 $\boldsymbol{\beta}=\boldsymbol{\alpha}_1+2\boldsymbol{\alpha}_2-\boldsymbol{\alpha}_3+\boldsymbol{\alpha}_4$, 求方程组 $\boldsymbol{Ax}=\boldsymbol{\beta}$ 的通解.

10.* 设四元齐次线性方程组 (I) $\begin{cases} x_1+x_2=0 \\ x_3-x_4=0 \end{cases}$, 又设另一四元齐次线性方程组 (II) 的通解为 $k_1(0,1,1,0)^{\mathrm{T}}+k_2(-1,0,0,1)^{\mathrm{T}}$, k_1,k_2 为任意常数. 求

(1) (I) 的一个基础解系;

(2) (I) 与 (II) 有无非零公共解？若有求出全部非零公共解，若无，说明理由;

(3) 作出一个齐次线性方程组，使它与 (II) 同解.

11.* 设

$$\boldsymbol{\alpha}=\begin{pmatrix}a_1\\a_2\\a_3\end{pmatrix},\boldsymbol{\beta}=\begin{pmatrix}b_1\\b_2\\b_3\end{pmatrix},\boldsymbol{\gamma}=\begin{pmatrix}c_1\\c_2\\c_3\end{pmatrix}.$$

证明三直线 $l_i: a_1x+b_1y+c_1=0({a_i}^2+{b_i}^2\neq 0)$，$i=1,2,3$ 相交于一点的充分必要条件是：$\boldsymbol{\alpha},\boldsymbol{\beta}$ 线性无关，$\boldsymbol{\alpha},\boldsymbol{\beta},\boldsymbol{\gamma}$ 线性相关.

12.* 设 $\boldsymbol{A}$ 为 n 阶正交矩阵，$\boldsymbol{\alpha}_1,\cdots,\boldsymbol{\alpha}_n$ 为 $\boldsymbol{R}^n$ 的一组标准正交基，证明 $\boldsymbol{A}\boldsymbol{\alpha}_1,\cdots,\boldsymbol{A}\boldsymbol{\alpha}_n$ 也是 $\boldsymbol{R}^n$ 的标准正交基.

第 5 章　二次型

在前面几章，我们已经彻底解决了一次方程组的问题. 现在我们将目光转向二次方程. 一个 n 元二次方程的一般形式为

$$\begin{aligned}a_{11}x_1^2+a_{12}x_1x_2+a_{13}x_1x_3+\cdots+a_{1n}x_1x_n&\\+a_{22}x_2^2+a_{23}x_2x_3+\cdots+a_{2n}x_2x_n&\\+\cdots&\\+a_{nn}x_n^2&\\+b_1x_1+b_2x_2+\cdots+b_nx_n&=c.\end{aligned}$$

我们先来看一个例子. 在平面解析几何中 $2x^2+3y^2+4xy+4x+6y-1=0$ 确定一条曲线，我们做一个变换，将曲线方程化简，以便研究这条曲线的性质. 由于 $2x^2+3y^2+4xy=2(x+y)^2+y^2$，故令 $\begin{cases}x_1=x+y,\\y_1=y,\end{cases}$ 即 $\begin{cases}x=x_1-y_1,\\y=y_1,\end{cases}$ 也即 $\begin{pmatrix}x\\y\end{pmatrix}=\begin{pmatrix}1&1\\0&1\end{pmatrix}\begin{pmatrix}x_1\\y_1\end{pmatrix}$，则曲线方程化为 $2x_1^2+y_1^2+4(x_1-y_1)+6y_1-1=0$，即 $2x_1^2+y_1^2+4x_1+2y_1-1=0$. 再令 $x_2=x_1+1,y_2=y_1+1$，这是一个平移变换，则曲线方程可化为 $2x_2^2+y_2^2=4$. 这是一个椭圆，我们可以很方便地研究它的一些性质. 这个椭圆较原来的方程 $2x^2+3y^2+4xy+4x+6y=1$ 所表示的曲线已经有了改变. 但由于我们做的是可逆变换，即 x,y 和 x_2,y_2 可以相互表示，所以曲线的一部分性质会得到保持. 这样，我们可以通过研究椭圆的性质，得到原曲线的一部分性质. 当然，我们希望所做的变换对曲线的本质属性改变得越少越好.

类似地，如果能按照某种规则将每一个 n 元二次方程的非常数项都化成平方和的形式，那么研究它的性质会容易一些. 在一个 n 元二次方程中，如果所有的二次项都已化成平方和形式

$$a'_{11}x_1^2+a'_{22}x_2^2+\cdots+a'_{nn}x_n^2+b'_1x_1+b'_2x_2+\cdots+b'_nx_n=c',$$

那么用配方法很容易将上式化为平方和形式. 因此，在研究 n 元二次方程的化简问题时，我们可以先不考虑一次项和常数项，只考虑其中的二次项. 本章讨论将二次方程的二次项化为平方和形式的各种方法及其相关知识.

5.1　二次型及其基本问题

5.1.1　二次型及二次型的矩阵的定义

定义 5.1.1　称二次齐次多项式

$$\begin{aligned} f(x_1,x_2,\cdots,x_n)=a_{11}x_1^2&+2a_{12}x_1x_2+2a_{13}x_1x_3+\cdots+2a_{1n}x_1x_n\\ &+a_{22}x_2^2+2a_{23}x_2x_3+\cdots+2a_{2n}x_2x_n\\ &+\cdots\\ &+a_{nn}x_n^2 \end{aligned}$$

为关于 $x_1,x_2,\cdots,x_n$ 的一个 n 元二次型. 当它的各项系数均为实数时称为实二次型, 否则称为复二次型.

这里我们只讨论实二次型. 若取 $a_{ji}=a_{ij}(i<j,\ i,j=1,2,\cdots,n)$, 则上面的二次型可表示为

$$\begin{aligned} f(x_1,x_2,\cdots,x_n)&=a_{11}x_1^2+a_{12}x_1x_2+\cdots+a_{1n}x_1x_n\\ &\quad+a_{21}x_2x_1+a_{22}x_2^2+\cdots+a_{2n}x_2x_n\\ &\quad+\cdots\\ &\quad+a_{n1}x_nx_1+a_{n2}x_nx_2+\cdots+a_{nn}x_n^2\\ &=\sum_{i,j=1}^{n}a_{ij}x_ix_j. \end{aligned}$$

令 $\boldsymbol{A}=\begin{pmatrix} a_{11} & a_{12} & \cdots & a_{1n}\\ a_{21} & a_{22} & \cdots & a_{2n}\\ \vdots & \vdots & & \vdots\\ a_{n1} & a_{n2} & \cdots & a_{nn}\end{pmatrix},\boldsymbol{x}=\begin{pmatrix} x_1\\ x_2\\ \vdots\\ x_n\end{pmatrix}$, 则 $\boldsymbol{A}$ 为一个实对称阵, 且上面的二次型可用矩阵表示为

$$f(x_1,x_2,\cdots,x_n)=(\,x_1\quad x_2\quad\cdots\quad x_n\,)\begin{pmatrix} a_{11} & a_{12} & \cdots & a_{1n}\\ a_{21} & a_{22} & \cdots & a_{2n}\\ \vdots & \vdots & & \vdots\\ a_{n1} & a_{n2} & \cdots & a_{nn}\end{pmatrix}\begin{pmatrix} x_1\\ x_2\\ \vdots\\ x_n\end{pmatrix}=\boldsymbol{x}^{\mathrm{T}}\boldsymbol{A}\boldsymbol{x}.$$

对称阵 $\boldsymbol{A}$ 与二次型 $f(x_1,x_2,\cdots,x_n)$ 是一一对应的, 称 $\boldsymbol{A}$ 为二次型 $f(x_1,x_2,\cdots,x_n)$ 的矩阵, 称 $\boldsymbol{A}$ 的秩为二次型 $f(x_1,x_2,\cdots,x_n)$ 的秩.

例 5.1.1　求二次型 $f(x_1,x_2,x_3)=x_1^2+4x_1x_2+2x_2^2-3x_2x_3-x_3^2$ 的矩阵.

解 二次型 $f(x_1,x_2,x_3)$ 的矩阵为 $\boldsymbol{A}=\begin{pmatrix}1 & 2 & 0\\ 2 & 2 & -\frac{3}{2}\\ 0 & -\frac{3}{2} & -1\end{pmatrix}$.

5.1.2 二次型理论的基本问题

定义 5.1.2 设 $x_1,x_2,\cdots,x_n$ 和 $y_1,y_2,\cdots,y_n$ 是两组变量，称

$$\begin{cases}x_1=c_{11}y_1+c_{12}y_2+\cdots+c_{1n}y_n,\\ x_2=c_{21}y_1+c_{22}y_2+\cdots+c_{2n}y_n,\\ \cdots\ \cdots\ \cdots\ \cdots\\ x_n=c_{n1}y_1+c_{n2}y_2+\cdots+c_{nn}y_n,\end{cases}$$

为一个线性变换. 其矩阵表示为

$$\boldsymbol{x}=\boldsymbol{C}\boldsymbol{y},\boldsymbol{x}=\begin{pmatrix}x_1\\ x_2\\ \vdots\\ x_n\end{pmatrix},\boldsymbol{C}=\begin{pmatrix}c_{11} & c_{12} & \cdots & c_{1n}\\ c_{21} & c_{22} & \cdots & c_{2n}\\ \vdots & \vdots & & \vdots\\ c_{n1} & c_{n2} & \cdots & c_{nn}\end{pmatrix},\boldsymbol{y}=\begin{pmatrix}y_1\\ y_2\\ \vdots\\ y_n\end{pmatrix}.$$

如果 $\boldsymbol{C}$ 为可逆阵，则称 $\boldsymbol{x}=\boldsymbol{C}\boldsymbol{y}$ 为一个可逆的线性变换，简称可逆变换；如果 $\boldsymbol{C}$ 为正交阵，则称 $\boldsymbol{x}=\boldsymbol{C}\boldsymbol{y}$ 为一个正交的线性变换，简称正交变换.

如果二次型 $f(x_1,\cdots,x_n)$ 通过可逆的线性变换 $\boldsymbol{x}=\boldsymbol{C}\boldsymbol{y}$ 化为如下形式

$$a_1{y_1}^2+a_2{y_2}^2+\cdots+a_n{y_n}^2,$$

则称上式为二次型 $f(x_1,\cdots,x_n)$ 的 **标准形**. 二次型理论的基本问题是寻找可逆的线性变换将二次型化成标准形.

设二次型 $f(x_1,\cdots,x_n)=\boldsymbol{x}^{\mathrm{T}}\boldsymbol{A}\boldsymbol{x}$ 经可逆的线性变换 $\boldsymbol{x}=\boldsymbol{C}\boldsymbol{y}$ 化成二次型

$$g(y_1,\cdots,y_n)=(\boldsymbol{C}\boldsymbol{y})^{\mathrm{T}}\boldsymbol{A}(\boldsymbol{C}\boldsymbol{y})=\boldsymbol{y}^{\mathrm{T}}(\boldsymbol{C}^{\mathrm{T}}\boldsymbol{A}\boldsymbol{C})\boldsymbol{y}$$

由于 $\boldsymbol{C}^{\mathrm{T}}\boldsymbol{A}\boldsymbol{C}$ 也为对称阵，故新二次型 $g(y_1,\cdots,y_n)$ 的阵为 $\boldsymbol{C}^{\mathrm{T}}\boldsymbol{A}\boldsymbol{C}$.

定义 5.1.3 设 $\boldsymbol{A},\boldsymbol{B}$ 均为 n 阶矩阵，如果存在一个可逆阵 $\boldsymbol{C}$ 使得 $\boldsymbol{C}^{\mathrm{T}}\boldsymbol{A}\boldsymbol{C}=\boldsymbol{B}$, 则称 $\boldsymbol{A}$ 与 $\boldsymbol{B}$ 是合同的.

易证，合同是同阶方阵间的一种等价关系，它具有自反性、对称性和传递性. 二次型 $f(\boldsymbol{x}_1,\cdots,\boldsymbol{x}_n)=\boldsymbol{x}^{\mathrm{T}}\boldsymbol{A}\boldsymbol{x}$ 经可逆的线性变换 $\boldsymbol{x}=\boldsymbol{C}\boldsymbol{y}$ 变换后，原二次型的矩阵 $\boldsymbol{A}$ 与新二次型的矩阵 $\boldsymbol{C}^{\mathrm{T}}\boldsymbol{A}\boldsymbol{C}$ 是合同的，并且由于秩 $\boldsymbol{A}=$ 秩 $(\boldsymbol{C}^{\mathrm{T}}\boldsymbol{A}\boldsymbol{C})$, 所以 **可逆的线性变换不改变二次型的秩**.

设二次型 $f(x_1,\cdots,x_n)=\boldsymbol{x}^{\mathrm{T}}\boldsymbol{A}\boldsymbol{x}$ 经可逆的线性变换 $\boldsymbol{x}=\boldsymbol{C}\boldsymbol{y}$ 化为标准形

$$\begin{aligned} & d_1y_1^2+d_2y_2^2+\cdots+d_ny_n^2 \\ =& (y_1 \quad y_2 \quad \cdots \quad y_n)\begin{pmatrix} d_1 & & & \\ & d_2 & & \\ & & \ddots & \\ & & & d_n \end{pmatrix}\begin{pmatrix} y_1 \\ y_2 \\ \vdots \\ y_n \end{pmatrix} \\ =& \boldsymbol{y}^{\mathrm{T}}(\boldsymbol{C}^{\mathrm{T}}\boldsymbol{A}\boldsymbol{C})\boldsymbol{y}. \end{aligned}$$

因此，二次型的基本问题也可以表述为：对于 n 阶对称阵 $\boldsymbol{A}$, 寻求可逆矩阵 $\boldsymbol{C}$, 使 $\boldsymbol{C}^{\mathrm{T}}\boldsymbol{A}\boldsymbol{C}$ 为对角阵.

练习 5.1

1. 写出下列二次型的矩阵.

(1) $f(x_1,x_2,x_3)=2x_1^2-x_2^2+x_3^2+4x_1x_2-3x_1x_3+6x_2x_3$;

(2) $f(x_1,x_2,x_3,x_4)=x_1^2+2x_2^2-x_4^2+2x_1x_2-4x_2x_3+6x_3x_4$.

2. 用矩阵乘积形式表示下列二次型.

(1) $f(x_1,x_2,x_3)=x_1^2-x_2^2+x_3^2+6x_1x_2+2x_2x_3$;

(2) $f(x_1,x_2,x_3)=x_1x_2+x_2x_3+x_3x_1$.

3. 写出二次型 $f(\boldsymbol{x})=\boldsymbol{x}^{\mathrm{T}}\begin{pmatrix} 1 & 2 & 3 \\ 2 & 4 & 6 \\ 7 & 0 & 1 \end{pmatrix}\boldsymbol{x}$ 的矩阵.

5.2 用配方法化二次型为标准形

拉格朗日配方法 (简称配方法) 是将二次型化成标准形的一种最直接的方法. 配方法的一般理论我们不做介绍，只通过如下的例题来说明这种方法.

例 5.2.1 用配方法化二次型 $f(x_1,x_2,x_3)=x_1^2-x_2^2-2x_3^2+2x_1x_2-2x_1x_3+6x_2x_3$ 为标准形，并写出所用的可逆线性变换.

解 (二次型中如果含有 ${x_1}^2$, 先集中所有含 x_1 的项，按 x_1 配成完全平方，然后按此法对其他变量配方，直至都配成平方项.)

由于

$$\begin{aligned} f(x_1,x_2,x_3) &= (x_1^2+2x_1x_2-2x_1x_3)-x_2^2-2x_3^2+6x_2x_3 \\ &= (x_1+x_2-x_3)^2-2x_2^2-3x_3^2+8x_2x_3 \\ &= (x_1+x_2-x_3)^2-2(x_2^2-4x_2x_3)-3x_3^2 \\ &= (x_1+x_2-x_3)^2-2(x_2-2x_3)^2+5x_3^2, \end{aligned}$$

故令

$$\begin{cases} y_1 = x_1 + x_2 - x_3, \\ y_2 = x_2 - 2x_3, \\ y_3 = x_3, \end{cases}$$

即

$$\begin{pmatrix} y_1 \\ y_2 \\ y_3 \end{pmatrix} = \begin{pmatrix} 1 & 1 & -1 \\ 0 & 1 & -2 \\ 0 & 0 & 1 \end{pmatrix} \begin{pmatrix} x_1 \\ x_2 \\ x_3 \end{pmatrix},$$

也即

$$\begin{pmatrix} x_1 \\ x_2 \\ x_3 \end{pmatrix} = \begin{pmatrix} 1 & -1 & -1 \\ 0 & 1 & 2 \\ 0 & 0 & 1 \end{pmatrix} \begin{pmatrix} y_1 \\ y_2 \\ y_3 \end{pmatrix},$$

则二次型 $f(x_1, x_2, x_3)$ 化为

$$y_1^2 - 2y_2^2 + 5y_3^2.$$

例 5.2.2 用配方法化二次型

$$f(x_1, x_2, x_3, x_4) = 4x_1x_2 - 2x_1x_3 - 2x_1x_4 - 2x_2x_3 - 2x_2x_4 + 4x_3x_4$$

为标准形，并求所用的可逆线性变换.

解 由于 $f(x_1, x_2, x_3, x_4)$ 中不含平方项，含 x_1x_2 乘积项，故令

$$\begin{cases} x_1 = y_1 + y_2, \\ x_2 = y_1 - y_2, \\ x_3 = y_3, \\ x_4 = y_4, \end{cases}$$

即

$$\begin{pmatrix} x_1 \\ x_2 \\ x_3 \\ x_4 \end{pmatrix} = \begin{pmatrix} 1 & 1 & 0 & 0 \\ 1 & -1 & 0 & 0 \\ 0 & 0 & 1 & 0 \\ 0 & 0 & 0 & 1 \end{pmatrix} \begin{pmatrix} y_1 \\ y_2 \\ y_3 \\ y_4 \end{pmatrix},$$

则二次型 $f(x_1, x_2, x_3, x_4)$ 化为

$$\begin{aligned} &4y_1^2 - 4y_1y_3 - 4y_1y_4 - 4y_2^2 + 4y_3y_4 \\ =&4(y_1 - \frac{1}{2}y_3 - \frac{1}{2}y_4)^2 - 4y_2^2 - y_3^2 - y_4^2 + 2y_3y_4 \\ =&4(y_1 - \frac{1}{2}y_3 - \frac{1}{2}y_4)^2 - 4y_2^2 - (y_3 - y_4)^2. \end{aligned}$$

再令

$$\begin{cases} z_1 = y_1 \quad -\frac{1}{2}y_3 - \frac{1}{2}y_4, \\ z_2 = \quad y_2, \\ z_3 = \quad\quad y_3 \; -y_4, \\ z_4 = \quad\quad\quad y_4, \end{cases}$$

即

$$\begin{pmatrix} z_1 \\ z_2 \\ z_3 \\ z_4 \end{pmatrix} = \begin{pmatrix} 1 & 0 & -\frac{1}{2} & -\frac{1}{2} \\ 0 & 1 & 0 & 0 \\ 0 & 0 & 1 & -1 \\ 0 & 0 & 0 & 1 \end{pmatrix} \begin{pmatrix} y_1 \\ y_2 \\ y_3 \\ y_4 \end{pmatrix},$$

则二次型化为

$$4z_1^2 - 4z_2^2 - z_3^2.$$

所用的可逆线性变换为

$$\begin{pmatrix} x_1 \\ x_2 \\ x_3 \\ x_4 \end{pmatrix} = \begin{pmatrix} 1 & 1 & 0 & 0 \\ 1 & -1 & 0 & 0 \\ 0 & 0 & 1 & 0 \\ 0 & 0 & 0 & 1 \end{pmatrix} \begin{pmatrix} 1 & 0 & -\frac{1}{2} & -\frac{1}{2} \\ 0 & 1 & 0 & 0 \\ 0 & 0 & 1 & -1 \\ 0 & 0 & 0 & 1 \end{pmatrix}^{-1} \begin{pmatrix} z_1 \\ z_2 \\ z_3 \\ z_4 \end{pmatrix}$$

$$= \begin{pmatrix} 1 & 1 & \frac{1}{2} & 1 \\ 1 & -1 & \frac{1}{2} & 1 \\ 0 & 0 & 1 & 1 \\ 0 & 0 & 0 & 1 \end{pmatrix} \begin{pmatrix} z_1 \\ z_2 \\ z_3 \\ z_4 \end{pmatrix}.$$

练习 5.2

1. 用配方法将下列二次型化成标准形，并写出所用的可逆线性变换.

(1) $f(x_1, x_2, x_3) = {x_1}^2 + {x_2}^2 + 4{x_3}^2 + 4x_1x_2 + 2x_1x_3 + 2x_2x_3$;

(2) $f(x_1, x_2, x_3) = 2x_1x_2 + 2x_1x_3 - 6x_2x_3$.

5.3　特征值和特征向量

二次型的标准形不是唯一的, 与所做的线性变换有关. 例如, 二次型 $f(x_1, x_2) = 4x_1^2 + 9x_2^2$ 已经是标准形了，但如果令 $\boldsymbol{x} = \mathrm{diag}(\frac{1}{2}, \frac{1}{3})\boldsymbol{y}$, 则 $f(x_1, x_2)$ 又可化为标准形 $y_1^2 + y_2^2$. $4x_1^2 + 9x_2^2 = 1$ 代表一个椭圆，而 $y_1^2 + y_2^2 = 1$ 则表示一个圆，图形的几何形状显然是不同的. 这说明，如果二次型 $f(x_1, \cdots, x_n)$ 经可逆的线性变换 $\boldsymbol{x} = \boldsymbol{C}\boldsymbol{y}$ 化成了新二次型 $g(y_1, \cdots, y_n)$, 尽管我们可以通过 $g(y_1, \cdots, y_n) = c$ 的一

些性质来研究 $f(x_1,\cdots,x_n)=c$ 的一些对应性质，但有一些性质可能已经改变，即可能 $g(y_1,\cdots,y_n)=c$ 的某些性质已不再对应 $f(x_1,\cdots,x_n)=c$ 的性质，我们希望这种改变越少越好. 对平面上的一个椭圆做拉伸和旋转两种变换，显然拉伸比旋转对椭圆的本质特性改变得更多. 所以，我们应从线性变换入手，去寻求更好的可逆线性变换. 我们之前曾介绍一种特殊的可逆阵 —— 正交阵，设 $\boldsymbol{A}$ 为一个 n 阶正交阵，$\boldsymbol{x},\boldsymbol{y}\in\boldsymbol{R}^n$, 由于

$$(\boldsymbol{A}\boldsymbol{x},\boldsymbol{A}\boldsymbol{y})=(\boldsymbol{A}\boldsymbol{x})^{\mathrm{T}}(\boldsymbol{A}\boldsymbol{y})=\boldsymbol{x}^{\mathrm{T}}\boldsymbol{A}^{\mathrm{T}}\boldsymbol{A}\boldsymbol{y}=\boldsymbol{x}^{\mathrm{T}}\boldsymbol{y}=(\boldsymbol{x},\boldsymbol{y}),$$

即正交变换不改变向量的内积，从而不改变向量的长度及向量间的夹角，因此正交变换不改变几何图形的大小和形状. 那么，能否找到将二次型化为标准形的正交变换呢？换句话说，对 n 阶实对称阵 $\boldsymbol{A}$, 能否找到正交阵 $\boldsymbol{Q}$, 使得 $\boldsymbol{Q}^{\mathrm{T}}\boldsymbol{A}\boldsymbol{Q}$ 为对角阵呢？

如果存在正交阵 $\boldsymbol{Q}$ 使得 $\boldsymbol{Q}^{\mathrm{T}}\boldsymbol{A}\boldsymbol{Q}$ 为对角阵，即

$$\boldsymbol{Q}^{\mathrm{T}}\boldsymbol{A}\boldsymbol{Q}=\boldsymbol{Q}^{-1}\boldsymbol{A}\boldsymbol{Q}=\begin{pmatrix} d_1 & 0 & \cdots & 0\\ 0 & d_2 & \cdots & 0\\ \vdots & \vdots & & \vdots\\ 0 & 0 & \cdots & d_n\end{pmatrix},$$

记 $\boldsymbol{Q}=(\boldsymbol{q}_1\ \ \boldsymbol{q}_2\ \ \cdots\ \ \boldsymbol{q}_n)$, 则 $\boldsymbol{q}_1,\boldsymbol{q}_2,\cdots,\boldsymbol{q}_n$ 为一个标准正交向量组，且

$$\boldsymbol{A}(\boldsymbol{q}_1\ \ \boldsymbol{q}_2\ \ \cdots\ \ \boldsymbol{q}_n)=(\boldsymbol{q}_1\ \ \boldsymbol{q}_2\ \ \cdots\ \ \boldsymbol{q}_n)\begin{pmatrix} d_1 & 0 & \cdots & 0\\ 0 & d_2 & \cdots & 0\\ \vdots & \vdots & & \vdots\\ 0 & 0 & \cdots & d_n\end{pmatrix},$$

即 $\boldsymbol{A}\boldsymbol{q}_i=d_i\boldsymbol{q}_i,\ i=1,\cdots,n$. 由此，我们引入特征值与特征向量.

5.3.1 特征值和特征向量的定义

定义 5.3.1 设 $\boldsymbol{A}$ 为 n 阶方阵，如果存在数 λ 和非零向量 $\boldsymbol{\alpha}$ 使得

$$\boldsymbol{A}\boldsymbol{\alpha}=\lambda\boldsymbol{\alpha},$$

则称 λ 是矩阵 $\boldsymbol{A}$ 的一个 **特征值**(或特征根), $\boldsymbol{\alpha}$ 为 $\boldsymbol{A}$ 的属于 (或对应于) 特征值 λ 的一个 **特征向量**.

按照上面的定义，如果 λ 是矩阵 $\boldsymbol{A}$ 的一个特征值， $\boldsymbol{\alpha}$ 为 $\boldsymbol{A}$ 的属于特征值 λ 的一个特征向量的话，那么对任意的非零常数 k 都有

$$\boldsymbol{A}(k\boldsymbol{\alpha})=k(\boldsymbol{A}\boldsymbol{\alpha})=k(\lambda\boldsymbol{\alpha})=\lambda(k\boldsymbol{\alpha})$$

即 $k\boldsymbol{\alpha}$ 也是 $\boldsymbol{A}$ 的属于特征值 λ 的特征向量，所以 $\boldsymbol{A}$ 的一个特征值对应着无穷多个特征向量.

5.3.2　特征值和特征向量的求法

对于一个给定的 n 阶阵 $\boldsymbol{A}$, 如何来求它的特征值和特征向量呢？如果 λ_0 是矩阵 $\boldsymbol{A}$ 的一个特征值，则存在非零向量 $\boldsymbol{\alpha}$ 使得 $\boldsymbol{A\alpha}=\lambda_0\boldsymbol{\alpha}$, 即 $(\lambda_0\boldsymbol{E}-\boldsymbol{A})\boldsymbol{\alpha}=0$, 也即 $\boldsymbol{\alpha}$ 为方程组 $(\lambda_0\boldsymbol{E}-\boldsymbol{A})\boldsymbol{x}=\boldsymbol{0}$ 的一个非零解，于是 $|\lambda_0\boldsymbol{E}-\boldsymbol{A}|=0$. 反之，如果 $|\lambda_0\boldsymbol{E}-\boldsymbol{A}|=0$, 则齐次线性方程组 $(\lambda_0\boldsymbol{E}-\boldsymbol{A})\boldsymbol{x}=\boldsymbol{0}$ 有非零解. 设 $\boldsymbol{\alpha}$ 是任一非零解，则 $(\lambda_0\boldsymbol{E}-\boldsymbol{A})\boldsymbol{\alpha}=\boldsymbol{0}$, 即 $\boldsymbol{A\alpha}=\lambda_0\boldsymbol{\alpha}$, 于是 λ_0 是 $\boldsymbol{A}$ 的特征值， $\boldsymbol{\alpha}$ 是 $\boldsymbol{A}$ 的属于特征值 λ_0 的特征向量.

称

$$|\lambda\boldsymbol{E}-\boldsymbol{A}|=\begin{vmatrix}\lambda-a_{11} & -a_{12} & \cdots & -a_{1n}\\ -a_{21} & \lambda-a_{22} & \cdots & -a_{2n}\\ \vdots & \vdots & & \vdots\\ -a_{n1} & -a_{n2} & \cdots & \lambda-a_{nn}\end{vmatrix}$$

为矩阵 $\boldsymbol{A}$ 的特征多项式. 称 n 次方程

$$|\lambda\boldsymbol{E}-\boldsymbol{A}|=0$$

为矩阵 $\boldsymbol{A}$ 的特征方程. 按以下步骤可求 n 阶矩阵 $\boldsymbol{A}$ 的特征值和特征向量:

(1) 计算 $\boldsymbol{A}$ 的特征多项式 $|\lambda\boldsymbol{E}-\boldsymbol{A}|$;

(2) 求出 $\boldsymbol{A}$ 的特征方程 $|\lambda\boldsymbol{E}-\boldsymbol{A}|=0$ 的全部根，它们是 $\boldsymbol{A}$ 的全部特征值;

(3) 对于 $\boldsymbol{A}$ 的每一个特征值 λ_0, 求出齐次线性方程组 $(\lambda_0\boldsymbol{E}-\boldsymbol{A})\boldsymbol{x}=\boldsymbol{0}$ 的基础解系 $\boldsymbol{\xi}_1,\cdots,\boldsymbol{\xi}_k$, 则得 $\boldsymbol{A}$ 的属于特征值 λ_0 的全部特征向量为

$$c_1\boldsymbol{\xi}_1+c_2\boldsymbol{\xi}_2+\cdots+c_k\boldsymbol{\xi}_k,\quad c_1,c_2,\cdots,c_k\text{为不全为 0 的任意常数}.$$

例 5.3.1　求矩阵

$$\boldsymbol{A}=\begin{pmatrix}2 & 2 & -1\\ 0 & -3 & 0\\ 5 & 2 & -4\end{pmatrix}$$

的特征值与特征向量.

解　先求 $\boldsymbol{A}$ 的特征多项式

$$|\lambda\boldsymbol{E}-\boldsymbol{A}|=\begin{vmatrix}\lambda-2 & -2 & 1\\ 0 & \lambda+3 & 0\\ -5 & -2 & \lambda+4\end{vmatrix}=(\lambda+3)^2(\lambda-1),$$

所以 $\boldsymbol{A}$ 的特征值 $\lambda_1=-3,\lambda_2=-3,\lambda_3=1$.

对于特征值 $\lambda_1=\lambda_2=-3$, 解方程组 $(-3\boldsymbol{E}-\boldsymbol{A})\boldsymbol{x}=\boldsymbol{0}$, 即

$$\begin{pmatrix}-5 & -2 & 1\\ 0 & 0 & 0\\ -5 & -2 & 1\end{pmatrix}\begin{pmatrix}x_1\\ x_2\\ x_3\end{pmatrix}=\begin{pmatrix}0\\ 0\\ 0\end{pmatrix},$$

得其基础解系为 $\boldsymbol{\xi}_1=\begin{pmatrix}-\dfrac{2}{5}\\ 1\\ 0\end{pmatrix},\boldsymbol{\xi}_2=\begin{pmatrix}\dfrac{1}{5}\\ 0\\ 1\end{pmatrix}$, 所以 $\boldsymbol{A}$ 的属于特征值 $\lambda_1=\lambda_2=-3$ 的全部特征向量为

$$c_1\boldsymbol{\xi}_1+c_2\boldsymbol{\xi}_2=c_1\begin{pmatrix}-\dfrac{2}{5}\\ 1\\ 0\end{pmatrix}+c_2\begin{pmatrix}\dfrac{1}{5}\\ 0\\ 1\end{pmatrix},c_1,c_2\text{为不同时为 0 的任意常数.}$$

对于特征值 $\lambda_3=1$, 解方程组 $(\boldsymbol{E}-\boldsymbol{A})\boldsymbol{x}=\boldsymbol{0}$, 即

$$\begin{pmatrix}-1 & -2 & 1\\ 0 & 4 & 0\\ -5 & -2 & 5\end{pmatrix}\begin{pmatrix}x_1\\ x_2\\ x_3\end{pmatrix}=\begin{pmatrix}0\\ 0\\ 0\end{pmatrix},$$

得其基础解系为 $\boldsymbol{\xi}_3=(1,0,1)^{\mathrm{T}}$, 所以 $\boldsymbol{A}$ 的属于特征值 $\lambda_3=1$ 的全部特征向量为

$$c_3\boldsymbol{\xi}_3=c_3(1,0,1)^{\mathrm{T}},c_3\text{为任意的非零常数.}$$

5.3.3 特征值和特征向量的性质

性质 5.3.1 设 $\lambda_1,\lambda_2,\cdots,\lambda_n$ 为 n 阶矩阵 $\boldsymbol{A}=(a_{ij})_{n\times n}$ 的全部特征值, 则

(1) $a_{11}+a_{22}+\cdots+a_{nn}=\lambda_1+\lambda_2+\cdots+\lambda_n$;

(2) $|\boldsymbol{A}|=\lambda_1\lambda_2\cdots\lambda_n$.

证明 由于 $\lambda_1,\lambda_2,\cdots,\lambda_n$ 为 $\boldsymbol{A}$ 的特征方程 $|\lambda\boldsymbol{E}-\boldsymbol{A}|=0$ 的全部解, 所以根据多项式理论有

$$\begin{aligned}|\lambda\boldsymbol{E}-\boldsymbol{A}|=&(\lambda-\lambda_1)(\lambda-\lambda_2)\cdots(\lambda-\lambda_n)\\ =&\lambda^n-(\lambda_1+\lambda_2+\cdots+\lambda_n)\lambda^{n-1}+\cdots+(-1)^n\lambda_1\lambda_2\cdots\lambda_n.\end{aligned}$$

而另一方面又有

$$\begin{aligned}|\lambda\boldsymbol{E}-\boldsymbol{A}|=&\begin{vmatrix}\lambda-a_{11} & -a_{12} & \cdots & -a_{1n}\\ -a_{21} & \lambda-a_{22} & \cdots & -a_{2n}\\ \vdots & \vdots & & \vdots\\ -a_{n1} & -a_{n2} & \cdots & \lambda-a_{nn}\end{vmatrix}\\ =&\lambda^n-(a_{11}+a_{22}+\cdots+a_{nn})\lambda^{n-1}+\cdots+(-1)^n|\boldsymbol{A}|.\end{aligned}$$

故 $a_{11}+a_{22}+\cdots+a_{nn}=\lambda_1+\lambda_2+\cdots+\lambda_n$, $|\boldsymbol{A}|=\lambda_1\lambda_2\cdots\lambda_n$.

称一个方阵 $\boldsymbol{A}=(a_{ij})_{n\times n}$ 的主对角线上所有元素的和 $a_{11}+a_{22}+\cdots+a_{nn}$ 为 $\boldsymbol{A}$ 的**迹**，记作 $\mathrm{tr}(\boldsymbol{A})$. 由上面的命题可知，矩阵 $\boldsymbol{A}$ 的全部特征值之和为 $\boldsymbol{A}$ 的迹.

推论 5.3.1 设 $\boldsymbol{A}$ 为 n 阶矩阵，则 $\boldsymbol{A}$ 是可逆阵的充分必要条件是 $\boldsymbol{A}$ 的特征值都不为零.

例 5.3.2 设 λ 是方阵 $\boldsymbol{A}$ 的一个特征值，证明:

(1) $k\lambda$ 是 $k\boldsymbol{A}$ 的一个特征值;

(2) λ^k 是 $\boldsymbol{A}^k$ 的一个特征值 (k 为正整数);

(3) 若 $\boldsymbol{A}$ 是可逆矩阵，则 $\dfrac{1}{\lambda}$ 是 $\boldsymbol{A}^{-1}$ 的一个特征值;

(4) 设 $f(x)=a_0+a_1x+\cdots+a_mx^m$, 则 $f(\lambda)=a_0+a_1\lambda+\cdots+a_m\lambda^m$ 是 $f(\boldsymbol{A})=a_0\boldsymbol{E}+a_1\boldsymbol{A}+\cdots+a_m\boldsymbol{A}^m$ 的一个特征值;

(5) 设 $\lambda=3$ 是方阵 A 的一个特征值，求 $f(\boldsymbol{A})=2\boldsymbol{A}^2+\boldsymbol{A}-3\boldsymbol{E}$ 的一个特征值;

(6) 设 $1,2,3$ 是 3 阶方阵 $\boldsymbol{A}$ 的全部特征值，求 $|\boldsymbol{A}|$ 和 $|\boldsymbol{A}^2-4\boldsymbol{E}|$.

证明 由于 λ 是方阵 $\boldsymbol{A}$ 的一个特征值，故有非零向量 $\boldsymbol{x}$ 使得 $\boldsymbol{A}\boldsymbol{x}=\lambda\boldsymbol{x}$.

(1) $(k\boldsymbol{A})\boldsymbol{x}=k(\boldsymbol{A}\boldsymbol{x})=(k\lambda)\boldsymbol{x}$, 所以 $k\lambda$ 是 $k\boldsymbol{A}$ 的一个特征值.

(2) $\boldsymbol{A}^k\boldsymbol{x}=\boldsymbol{A}^{k-1}(\boldsymbol{A}\boldsymbol{x})=\lambda\boldsymbol{A}^{k-1}\boldsymbol{x}=\cdots=\lambda^k\boldsymbol{x}$, 所以 λ^k 是 $\boldsymbol{A}^k$ 的一个特征值.

(3) 用 $\boldsymbol{A}^{-1}$ 左乘 $\boldsymbol{A}\boldsymbol{x}=\lambda\boldsymbol{x}$ 的两端得 $\boldsymbol{x}=\lambda\boldsymbol{A}^{-1}\boldsymbol{x}$. 由于 $\boldsymbol{A}$ 为可逆矩阵，故 $\lambda\neq 0$, 于是 $\boldsymbol{A}^{-1}\boldsymbol{x}=\dfrac{1}{\lambda}\boldsymbol{x}$, 即 $\dfrac{1}{\lambda}$ 是 $\boldsymbol{A}^{-1}$ 的一个特征值.

(4) 由 (1) 和 (2) 得

$$\begin{aligned}
f(\boldsymbol{A})\boldsymbol{x}&=(a_0\boldsymbol{E}+a_1\boldsymbol{A}+\cdots+a_m\boldsymbol{A}^m)\boldsymbol{x}\\
&=a_0\boldsymbol{x}+a_1\lambda\boldsymbol{x}+\cdots+a_m\lambda^m\boldsymbol{x}\\
&=(a_0+a_1\lambda+\cdots+a_m\lambda^m)\boldsymbol{x}\\
&=f(\lambda)\boldsymbol{x},
\end{aligned}$$

所以 $f(\lambda)$ 是 $f(\boldsymbol{A})$ 的一个特征值.

(5) 因为 $\lambda=3$ 是方阵 $\boldsymbol{A}$ 的一个特征值，由 (4) 知

$$f(3)=2\times 3^2+1\times 3-3=18$$

是 $f(\boldsymbol{A})=2\boldsymbol{A}^2+\boldsymbol{A}-3\boldsymbol{E}$ 的一个特征值.

(6) 因为 $1,2,3$ 是 3 阶方阵 $\boldsymbol{A}$ 的全部特征值，所以 $|\boldsymbol{A}|=1\times 2\times 3=6$, 且 $-3,0,5$ 为 $\boldsymbol{A}^2-4\boldsymbol{E}$ 的全部特征值，因此 $|\boldsymbol{A}^2-4\boldsymbol{E}|=0$.

定理 5.3.1 设 $\lambda_1,\lambda_2,\cdots,\lambda_m$ 是矩阵 $\boldsymbol{A}$ 的 m 个互异特征值，$\boldsymbol{\alpha}_1,\boldsymbol{\alpha}_2,\cdots,\boldsymbol{\alpha}_m$ 分别为 $\boldsymbol{A}$ 的属于特征值 $\lambda_1,\lambda_2,\cdots,\lambda_m$ 的特征向量，则 $\boldsymbol{\alpha}_1,\boldsymbol{\alpha}_2,\cdots,\boldsymbol{\alpha}_m$ 线性无关.

证明 * 令 $k_1\boldsymbol{\alpha}_1+\cdots+k_m\boldsymbol{\alpha}_m=\mathbf{0}$, 用 $\boldsymbol{A}$ 左乘其两边，由于 $\boldsymbol{A}\boldsymbol{\alpha}_i=\lambda_i\boldsymbol{\alpha}_i(i=1,\cdots,m)$, 故

$$k_1\lambda_1\boldsymbol{\alpha}_1+\cdots+k_m\lambda_m\boldsymbol{\alpha}_m=\mathbf{0}.$$

连续用 $\boldsymbol{A}$ 左乘上式两边得

$$\begin{cases}k_1\boldsymbol{\alpha}_1+\cdots+k_m\boldsymbol{\alpha}_m=\mathbf{0},\\ k_1\lambda_1\boldsymbol{\alpha}_1+\cdots+k_m\lambda_m\boldsymbol{\alpha}_m=\mathbf{0},\\ \cdots\ \cdots\ \cdots\ \cdots\\ k_1{\lambda_1}^{m-1}\boldsymbol{\alpha}_1+\cdots+k_m{\lambda_m}^{m-1}\boldsymbol{\alpha}_m=\mathbf{0},\end{cases}$$

将其改写成矩阵形式

$$(\,k_1\boldsymbol{\alpha}_1\quad k_2\boldsymbol{\alpha}_2\quad\cdots\quad k_m\boldsymbol{\alpha}_m\,)\,\boldsymbol{C}=\mathbf{0},\tag{5.1}$$

其中

$$\boldsymbol{C}=\begin{pmatrix}1&\lambda_1&\cdots&{\lambda_1}^{m-1}\\1&\lambda_2&\cdots&{\lambda_2}^{m-1}\\\vdots&\vdots&&\vdots\\1&\lambda_m&\cdots&{\lambda_m}^{m-1}\end{pmatrix}.$$

由于 $\lambda_1,\lambda_2,\cdots,\lambda_m$ 互不相同，故 $\boldsymbol{C}$ 可逆. 在式 (5.1) 两边右乘 $\boldsymbol{C}^{-1}$ 得 $k_i\boldsymbol{\alpha}_i=\mathbf{0}$, 从而 $k_i=0,\ i=1,\cdots,n$. 因此 $\boldsymbol{\alpha}_1,\boldsymbol{\alpha}_2,\cdots,\boldsymbol{\alpha}_m$ 线性无关.

上面的定理可简述为： **矩阵的属于不同特征值的特征向量是线性无关的**. 类似地可得到一个更一般的结果：

定理 5.3.2 设 $\lambda_1,\cdots,\lambda_m$ 是矩阵 $\boldsymbol{A}$ 的 m 个互异特征值， $\boldsymbol{\alpha}_{i1},\cdots,\boldsymbol{\alpha}_{it_i}$ 为 $\boldsymbol{A}$ 的对应于特征值 λ_i 的线性无关的特征向量， $i=1,\cdots,m$, 则向量组

$$\boldsymbol{\alpha}_{11},\cdots,\boldsymbol{\alpha}_{1t_1},\cdots,\boldsymbol{\alpha}_{m1},\cdots,\boldsymbol{\alpha}_{mt_m}$$

线性无关.

例 5.3.3 设 λ_1,λ_2 是矩阵 $\boldsymbol{A}$ 的两个不同的特征值， $\boldsymbol{\alpha}_1,\boldsymbol{\alpha}_2$ 分别是 $\boldsymbol{A}$ 的属于特征值 λ_1,λ_2 的特征向量，证明 $\boldsymbol{\alpha}_1+\boldsymbol{\alpha}_2$ 不是 $\boldsymbol{A}$ 的特征向量.

证明 由 $\boldsymbol{\alpha}_1,\boldsymbol{\alpha}_2$ 分别是 $\boldsymbol{A}$ 的属于特征值 λ_1,λ_2 的特征向量知 $\boldsymbol{A}\boldsymbol{\alpha}_1=\lambda_1\boldsymbol{\alpha}_1$, $\boldsymbol{A}\boldsymbol{\alpha}_2=\lambda_2\boldsymbol{\alpha}_2$, 从而 $\boldsymbol{A}(\boldsymbol{\alpha}_1+\boldsymbol{\alpha}_2)=\lambda_1\boldsymbol{\alpha}_1+\lambda_2\boldsymbol{\alpha}_2$. 如果 $\boldsymbol{\alpha}_1+\boldsymbol{\alpha}_2$ 是 $\boldsymbol{A}$ 的特征向量，则存在数 λ 使得 $\boldsymbol{A}(\boldsymbol{\alpha}_1+\boldsymbol{\alpha}_2)=\lambda(\boldsymbol{\alpha}_1+\boldsymbol{\alpha}_2)$. 于是 $\lambda(\boldsymbol{\alpha}_1+\boldsymbol{\alpha}_2)=\lambda_1\boldsymbol{\alpha}_1+\lambda_2\boldsymbol{\alpha}_2$, 即 $(\lambda-\lambda_1)\boldsymbol{\alpha}_1+(\lambda-\lambda_2)\boldsymbol{\alpha}_2=\mathbf{0}$. 由定理 5.3.1 知 $\boldsymbol{\alpha}_1,\boldsymbol{\alpha}_2$ 线性无关, 故 $\lambda-\lambda_1=\lambda-\lambda_2=0$, 即 $\lambda_1=\lambda_2$, 与已知矛盾. 因此 $\boldsymbol{\alpha}_1+\boldsymbol{\alpha}_2$ 不是 $\boldsymbol{A}$ 的特征向量.

练习 5.3

1. 设 $\boldsymbol{A}$ 为 n 阶矩阵. 证明 $\boldsymbol{A}^{\mathrm{T}}$ 与 $\boldsymbol{A}$ 的特征值相同.

2. 求下列矩阵的特征值与特征向量.

(1) $\begin{pmatrix} 2 & 1 & 1 \\ 0 & 2 & 0 \\ 0 & -1 & 1 \end{pmatrix}$; (2) $\begin{pmatrix} 0 & 0 & 0 & 1 \\ 0 & 0 & 1 & 0 \\ 0 & 1 & 0 & 0 \\ 1 & 0 & 0 & 0 \end{pmatrix}$.

3. 证明立方幂等矩阵 ($\boldsymbol{A}^3=\boldsymbol{A}$) 的特征值为 -1 或 0 或 1.

4. 已知 3 阶矩阵 $\boldsymbol{A}$ 的特征值为 $1,-1,2$, 求 $|\boldsymbol{A}|,|\boldsymbol{A}^*|,|\boldsymbol{A}^3-2\boldsymbol{A}+\boldsymbol{E}|,|\boldsymbol{A}^*+\boldsymbol{A}+2\boldsymbol{E}|$.

5.4 矩阵相似于对角阵的条件

由上节知，能否找到将二次型化为标准形的正交变换，就看对 n 阶实对称阵 $\boldsymbol{A}$, 能否找到正交阵 $\boldsymbol{Q}$ 使得 $\boldsymbol{Q}^{-1}\boldsymbol{A}\boldsymbol{Q}$ 为对角阵了. 由此，我们引入矩阵的相似.

5.4.1 矩阵相似的定义和性质

定义 5.4.1 设 $\boldsymbol{A},\boldsymbol{B}$ 都是 n 阶矩阵. 如果存在可逆矩阵 $\boldsymbol{P}$ 使得 $\boldsymbol{P}^{-1}\boldsymbol{A}\boldsymbol{P}=\boldsymbol{B}$, 则称矩阵 $\boldsymbol{A}$ 与 $\boldsymbol{B}$ 是相似的，或 $\boldsymbol{A}$ 相似于 $\boldsymbol{B}$, 记作 $\boldsymbol{A}\sim\boldsymbol{B}$.

称由 $\boldsymbol{A}$ 到 $\boldsymbol{P}^{-1}\boldsymbol{A}\boldsymbol{P}$ 的变换为对 $\boldsymbol{A}$ 进行相似变换，称可逆矩阵 $\boldsymbol{P}$ 为将 $\boldsymbol{A}$ 变成 $\boldsymbol{P}^{-1}\boldsymbol{A}\boldsymbol{P}$ 的相似变换矩阵. 如果上面定义中的 $\boldsymbol{P}$ 是一个正交阵，我们也说 $\boldsymbol{A}$ 正交相似于 $\boldsymbol{B}$. 相似也是同阶方阵间的一种等价关系，具有自反性、对称性与传递性. 显然，当 $\boldsymbol{A}$ 与 $\boldsymbol{B}$ 相似时，它们的秩是相同的. 相似还满足下面的运算性质:

(1) $\boldsymbol{P}^{-1}\boldsymbol{A}\boldsymbol{P}+\boldsymbol{P}^{-1}\boldsymbol{B}\boldsymbol{P}=\boldsymbol{P}^{-1}(\boldsymbol{A}+\boldsymbol{B})\boldsymbol{P}$;

(2) $(\boldsymbol{P}^{-1}\boldsymbol{A}\boldsymbol{P})(\boldsymbol{P}^{-1}\boldsymbol{B}\boldsymbol{P})=\boldsymbol{P}^{-1}\boldsymbol{A}\boldsymbol{B}\boldsymbol{P}$;

(3) $(\boldsymbol{P}^{-1}\boldsymbol{A}\boldsymbol{P})^s=\boldsymbol{P}^{-1}\boldsymbol{A}^s\boldsymbol{P}$, s 是自然数;

(4) 若 $\boldsymbol{A}$ 可逆，则 $(\boldsymbol{P}^{-1}\boldsymbol{A}\boldsymbol{P})^{-1}=\boldsymbol{P}^{-1}\boldsymbol{A}^{-1}\boldsymbol{P}$;

(5) $\boldsymbol{P}^{-1}(\lambda\boldsymbol{A})\boldsymbol{P}=\lambda\boldsymbol{P}^{-1}\boldsymbol{A}\boldsymbol{P}$, λ 是一个数.

命题 5.4.1 如果 n 阶矩阵 $\boldsymbol{A}$ 与 $\boldsymbol{B}$ 相似，则 $\boldsymbol{A}$ 与 $\boldsymbol{B}$ 的特征多项式相同，从而 $\boldsymbol{A}$ 与 $\boldsymbol{B}$ 的特征值也相同.

证明 由已知存在可逆阵 $\boldsymbol{P}$ 使得 $\boldsymbol{P}^{-1}\boldsymbol{A}\boldsymbol{P}=\boldsymbol{B}$, 于是

$$\begin{aligned}|\lambda\boldsymbol{E}-\boldsymbol{B}|&=|\lambda\boldsymbol{E}-\boldsymbol{P}^{-1}\boldsymbol{A}\boldsymbol{P}|=|\lambda\boldsymbol{P}^{-1}\boldsymbol{P}-\boldsymbol{P}^{-1}\boldsymbol{A}\boldsymbol{P}|=|\boldsymbol{P}^{-1}(\lambda\boldsymbol{E}-\boldsymbol{A})\boldsymbol{P}|\\&=|\boldsymbol{P}^{-1}||\lambda\boldsymbol{E}-\boldsymbol{A}||\boldsymbol{P}|=|\lambda\boldsymbol{E}-\boldsymbol{A}|,\end{aligned}$$

即 $\boldsymbol{A}$ 与 $\boldsymbol{B}$ 的特征多项式相同，从而 $\boldsymbol{A}$ 与 $\boldsymbol{B}$ 的特征值也相同.

推论 5.4.1 如果 n 阶矩阵 $\boldsymbol{A}$ 与 $\boldsymbol{B}$ 相似，则 $\boldsymbol{A}$ 与 $\boldsymbol{B}$ 有相同的行列式，也有相同的迹.

5.4.2 矩阵与对角阵相似的条件

如前所述，当 $\boldsymbol{A}$ 与 $\boldsymbol{B}$ 相似时，$\boldsymbol{A}$ 与 $\boldsymbol{B}$ 有很多相同的性质. 在与 $\boldsymbol{A}$ 相似的众多矩阵中寻找一个最简单的矩阵，作为这一类的代表，只要了解这个最简单的矩阵的性质，就可以了解 $\boldsymbol{A}$ 的很多相应性质. 最简单的方阵首推数量矩阵 $k\boldsymbol{E}$ 这一类，与 $k\boldsymbol{E}$ 相似的矩阵仍为这类矩阵，除此之外，最简单的一类方阵是对角阵. 下面我们就来研究，对于一般的 n 阶方阵 $\boldsymbol{A}$，如何判断是否存在可逆阵 $\boldsymbol{P}$ 使得 $\boldsymbol{P}^{-1}\boldsymbol{AP}$ 为对角阵，以及如果存在，如何求出矩阵 $\boldsymbol{P}$ 等问题.

定理 5.4.2 n 阶矩阵 $\boldsymbol{A}$ 与对角阵相似 (即可对角化) 的充分必要条件是 $\boldsymbol{A}$ 有 n 个线性无关的特征向量.

证明 必要性 设 $\boldsymbol{A}$ 相似于对角阵，即存在可逆阵 $\boldsymbol{P}$ 使得

$$\boldsymbol{P}^{-1}\boldsymbol{AP}=\begin{pmatrix}\lambda_1&&&\\&\lambda_2&&\\&&\ddots&\\&&&\lambda_n\end{pmatrix}.$$

将 $\boldsymbol{P}$ 按列分块得 $\boldsymbol{P}=(\boldsymbol{p}_1\quad\boldsymbol{p}_2\quad\cdots\quad\boldsymbol{p}_n)$，于是

$$\boldsymbol{A}(\boldsymbol{p}_1\quad\boldsymbol{p}_2\quad\cdots\quad\boldsymbol{p}_n)=(\boldsymbol{p}_1\quad\boldsymbol{p}_2\quad\cdots\quad\boldsymbol{p}_n)\begin{pmatrix}\lambda_1&&&\\&\lambda_2&&\\&&\ddots&\\&&&\lambda_n\end{pmatrix},$$

即 $\boldsymbol{Ap}_i=\lambda_i\boldsymbol{p}_i, i=1,2,\cdots,n$.

由 $\boldsymbol{P}$ 可逆知 $\boldsymbol{p}_i\neq\boldsymbol{0}$，故 λ_i 是 $\boldsymbol{A}$ 的一个特征值，$\boldsymbol{p}_i$ 是 $\boldsymbol{A}$ 的属于特征值 λ_i 的一个特征向量，$i=1,2,\cdots,n$. 由 $\boldsymbol{P}$ 可逆还知 $\boldsymbol{p}_1,\boldsymbol{p}_2,\cdots,\boldsymbol{p}_n$ 线性无关，从而 $\boldsymbol{A}$ 有 n 个线性无关的特征向量 $\boldsymbol{p}_1,\boldsymbol{p}_2,\cdots,\boldsymbol{p}_n$.

充分性 如果 $\boldsymbol{A}$ 有 n 个线性无关的特征向量 $\boldsymbol{p}_1,\boldsymbol{p}_2,\cdots,\boldsymbol{p}_n$，设它们分别为 $\boldsymbol{A}$ 的属于特征值 $\lambda_1,\lambda_2,\cdots,\lambda_n$ 的特征向量，则

$$\boldsymbol{Ap}_1=\lambda_1\boldsymbol{p}_1,\boldsymbol{Ap}_2=\lambda_2\boldsymbol{p}_2,\cdots,\boldsymbol{Ap}_n=\lambda_n\boldsymbol{p}_n,$$

即

$$\boldsymbol{A}(\boldsymbol{p}_1\quad\boldsymbol{p}_2\quad\cdots\quad\boldsymbol{p}_n)=(\boldsymbol{p}_1\quad\boldsymbol{p}_2\quad\cdots\quad\boldsymbol{p}_n)\begin{pmatrix}\lambda_1&&&\\&\lambda_2&&\\&&\ddots&\\&&&\lambda_n\end{pmatrix}.$$

记 $\boldsymbol{P}=(\boldsymbol{p}_1\quad \boldsymbol{p}_2\quad \cdots\quad \boldsymbol{p}_n)$, 则 $\boldsymbol{P}$ 可逆, 且

$$\boldsymbol{AP}=\boldsymbol{P}\begin{pmatrix}\lambda_1 & & & \\ & \lambda_2 & & \\ & & \ddots & \\ & & & \lambda_n\end{pmatrix}, \text{即 } \boldsymbol{P}^{-1}\boldsymbol{AP}=\begin{pmatrix}\lambda_1 & & & \\ & \lambda_2 & & \\ & & \ddots & \\ & & & \lambda_n\end{pmatrix}.$$

推论 5.4.2 如果 n 阶矩阵 $\boldsymbol{A}$ 有 n 个互异特征值, 则 $\boldsymbol{A}$ 与对角阵相似.

从上面定理的证明过程可以看出

推论 5.4.3 设 $\boldsymbol{A}$ 为 n 阶矩阵, $\lambda_1,\lambda_2,\cdots,\lambda_k$ 是 $\boldsymbol{A}$ 的全部互异特征值, 其重数依次为 $n_1,\cdots,n_k$, 则 $\boldsymbol{A}$ 能与对角矩阵相似的充分必要条件是 $\boldsymbol{A}$ 的任一 n_i 重特征值 λ_i 有 n_i 个线性无关的特征向量, $i=1,2,\cdots,k$.

设 $\boldsymbol{A}$ 为 n 阶矩阵, 如果 $\boldsymbol{A}$ 与对角阵相似, 我们可以按以下步骤求出可逆阵 $\boldsymbol{P}$ 使得 $\boldsymbol{P}^{-1}\boldsymbol{AP}$ 为对角阵:

(1) 求出 $\boldsymbol{A}$ 的全部互异特征值 $\lambda_1,\lambda_2,\cdots,\lambda_k$, 相应的重数为 $n_1,n_2,\cdots,n_k$;

(2) 对每一特征值 λ_i, 求出齐次线性方程组 $(\lambda_i\boldsymbol{E}-\boldsymbol{A})\boldsymbol{x}=\boldsymbol{0}$ 的基础解系: $\boldsymbol{p}_{i1},\cdots,\boldsymbol{p}_{in_i}$;

(3) 令 $\boldsymbol{P}=(\boldsymbol{p}_{11}\cdots\boldsymbol{p}_{1n_1}\cdots\boldsymbol{p}_{k1}\cdots\boldsymbol{p}_{kn_k})$, 则 $\boldsymbol{P}$ 可逆, 且

$$\boldsymbol{P}^{-1}\boldsymbol{AP}=\begin{pmatrix}\lambda_1 & & & & & \\ & \ddots & & & & \\ & & \lambda_1 & & & \\ & & & \ddots & & \\ & & & & \lambda_k & \\ & & & & & \ddots \\ & & & & & & \lambda_k\end{pmatrix}.$$

例 5.4.1 判断下列矩阵 $\boldsymbol{A}$ 是否可以对角化. 若可以, 求出可逆阵 $\boldsymbol{P}$ 使 $\boldsymbol{P}^{-1}\boldsymbol{AP}$ 为对角阵.

$$(1)\ \boldsymbol{A}=\begin{pmatrix}2&4&0&0\\0&2&0&0\\0&0&3&4\\0&0&7&6\end{pmatrix};\qquad (2)\ \boldsymbol{A}=\begin{pmatrix}-2&1&1\\0&2&0\\-4&1&3\end{pmatrix}.$$

解 (1) 由于

$$|\lambda \boldsymbol{E}-\boldsymbol{A}|=\begin{vmatrix}\lambda-2 & -4 & 0 & 0\\ 0 & \lambda-2 & 0 & 0\\ 0 & 0 & \lambda-3 & -4\\ 0 & 0 & -7 & \lambda-6\end{vmatrix}=(\lambda-2)^2(\lambda+1)(\lambda-10),$$

故 $\lambda_1=\lambda_2=2,\lambda_3=-1,\lambda_4=10$.

当 $\lambda_1=\lambda_2$=2 时，解线性方程组 $(2\boldsymbol{E}-\boldsymbol{A})x=0$, 由于秩 $(2\boldsymbol{E}-\boldsymbol{A})=3$, 所以基础解系中只含一个向量，即 $\boldsymbol{A}$ 的属于特征值 2 的线性无关的特征向量只有一个，因此 $\boldsymbol{A}$ 不能对角化.

(2)

$$|\lambda \boldsymbol{E}-\boldsymbol{A}|=\begin{vmatrix}\lambda+2 & -1 & -1\\ 0 & \lambda-2 & 0\\ 4 & -1 & \lambda-3\end{vmatrix}=(\lambda-2)^2(\lambda+1),$$

故 $\lambda_1=\lambda_2=2,\lambda_3=-1$.

当 $\lambda_1=\lambda_2=2$ 时，解线性方程组 $(2\boldsymbol{E}-\boldsymbol{A})x=0$, 求其基础解系得

$$\boldsymbol{p}_1=\begin{pmatrix}1\\4\\0\end{pmatrix},\quad \boldsymbol{p}_2=\begin{pmatrix}1\\0\\4\end{pmatrix}.$$

当 $\lambda_3=-1$ 时，解线性方程组 $(-\boldsymbol{E}-\boldsymbol{A})x=0$, 求其基础解系得

$$\boldsymbol{p}_3=\begin{pmatrix}1\\0\\1\end{pmatrix}.$$

令 $\boldsymbol{P}=\begin{pmatrix}1 & 1 & 1\\ 4 & 0 & 0\\ 0 & 4 & 1\end{pmatrix}$, 则 $\boldsymbol{P}^{-1}\boldsymbol{A}\boldsymbol{P}=\begin{pmatrix}2 & 0 & 0\\ 0 & 2 & 0\\ 0 & 0 & -1\end{pmatrix}$.

例 5.4.2 已知 3 阶矩阵 $\boldsymbol{A}$ 的 3 个特征值为 $-1,-1,2$. $\boldsymbol{p}_1=(1,-2,1)^{\mathrm{T}},\boldsymbol{p}_2=(-1,3,-1)^{\mathrm{T}}$ 为 $\boldsymbol{A}$ 的属于特征值 -1 的两个特征向量， $\boldsymbol{p}_3=(2,-4,1)^{\mathrm{T}}$ 为 $\boldsymbol{A}$ 的属于特征值 2 的一个特征向量，求矩阵 $\boldsymbol{A}$.

解 显然，特征向量 $\boldsymbol{p}_1,\boldsymbol{p}_2$ 线性无关，它们属于特征值 -1, 而特征向量 $\boldsymbol{p}_3$ 属于特征值 2, 所以 $\boldsymbol{p}_1,\boldsymbol{p}_2,\boldsymbol{p}_3$ 线性无关. 令 $\boldsymbol{P}=(\boldsymbol{p}_1\ \boldsymbol{p}_2\ \boldsymbol{p}_3)$, 则 $\boldsymbol{P}$ 可逆，且

$$\boldsymbol{P}^{-1}\boldsymbol{A}\boldsymbol{P}=\begin{pmatrix}-1 & 0 & 0\\ 0 & -1 & 0\\ 0 & 0 & 2\end{pmatrix}.$$

于是

$$A = P\begin{pmatrix} -1 & & \\ & -1 & \\ & & 2 \end{pmatrix}P^{-1} = \begin{pmatrix} 5 & 0 & -6 \\ -12 & -1 & 12 \\ 3 & 0 & -4 \end{pmatrix}.$$

练习 5.4

1. 举例说明特征多项式相同的两个矩阵未必相似.

2. 判断下列矩阵是否可对角化. 若可对角化, 求可逆阵 P 使 $P^{-1}AP$ 为对角阵.

(1) $A = \begin{pmatrix} 1 & 1 \\ -1 & 3 \end{pmatrix}$; (2) $A = \begin{pmatrix} -2 & 3 & 2 \\ 0 & 1 & 2 \\ 0 & 1 & 0 \end{pmatrix}$;

(3) $A = \begin{pmatrix} 2 & -1 & 2 \\ 5 & -3 & 3 \\ -1 & 0 & -2 \end{pmatrix}$; (4) $A = \begin{pmatrix} 1 & 3 & 6 \\ -3 & -5 & -6 \\ 3 & 3 & 4 \end{pmatrix}$.

3. 设 $A = \begin{pmatrix} 2 & 1 & 1 \\ 0 & 2 & 0 \\ 0 & -1 & 1 \end{pmatrix}$, 求 A^n(n 为正整数).

4. 如果 $A = \begin{pmatrix} 3 & 3 & 4 \\ 0 & 2 & 0 \\ 1 & x & 6 \end{pmatrix}$ 与对角矩阵相似, 求 x.

5. 已知 3 阶矩阵 A 的特征值为 0, 1,2, 对应的特征向量分别为

$$\alpha_1 = \begin{pmatrix} 1 \\ 0 \\ 1 \end{pmatrix}, \alpha_2 = \begin{pmatrix} 1 \\ 1 \\ 1 \end{pmatrix}, \alpha_3 = \begin{pmatrix} 0 \\ 1 \\ 1 \end{pmatrix}$$

求 A.

5.5 实对称阵的正交对角化

从本章第四节开始部分的分析可以看出, n 阶实对称阵 A 正交相似于对角阵的充要条件是 A 有 n 个标准正交的特征向量. 对于一个 n 阶矩阵 A, 属于不同特征值的特征向量是线性无关的, 而对于实对称阵还不止如此.

定理 5.5.1 实对称阵的属于不同特征值的特征向量相互正交.

证明 * 设 A 是实对称阵, α_1, α_2 分别是 A 的属于不同特征值 λ_1, λ_2 的特征向量. 于是,

$$A\boldsymbol{\alpha}_1=\lambda_1\boldsymbol{\alpha}_1, A\boldsymbol{\alpha}_2=\lambda_2\boldsymbol{\alpha}_2,$$

从而 $\boldsymbol{\alpha}_1^{\mathrm{T}}A\boldsymbol{\alpha}_2=\lambda_2\boldsymbol{\alpha}_1^{\mathrm{T}}\boldsymbol{\alpha}_2$. 由 A 是对称阵又得

$$\boldsymbol{\alpha}_1^{\mathrm{T}}A\boldsymbol{\alpha}_2=\boldsymbol{\alpha}_1^{\mathrm{T}}A^{\mathrm{T}}\boldsymbol{\alpha}_2=(A\boldsymbol{\alpha}_1)^{\mathrm{T}}\boldsymbol{\alpha}_2=(\lambda_1\boldsymbol{\alpha}_1)^{\mathrm{T}}\boldsymbol{\alpha}_2=\lambda_1\boldsymbol{\alpha}_1^{\mathrm{T}}\boldsymbol{\alpha}_2,$$

所以 $\lambda_1\boldsymbol{\alpha}_1^{\mathrm{T}}\boldsymbol{\alpha}_2=\lambda_2\boldsymbol{\alpha}_1^{\mathrm{T}}\boldsymbol{\alpha}_2$, 即 $(\lambda_1-\lambda_2)\boldsymbol{\alpha}_1^{\mathrm{T}}\boldsymbol{\alpha}_2=0$. 由 $\lambda_1\neq\lambda_2$ 得 $\boldsymbol{\alpha}_1^{\mathrm{T}}\boldsymbol{\alpha}_2=0$, 所以 $(\boldsymbol{\alpha}_1,\boldsymbol{\alpha}_2)=0$, 即 $\boldsymbol{\alpha}_1,\boldsymbol{\alpha}_2$ 正交.

我们不加证明地给出下面的定理 (感兴趣的读者, 可以参阅参考文献 [1]).

定理 5.5.2 设 A 为 n 阶实对称阵, 则存在正交阵 Q 使得

$$Q^{-1}AQ=\begin{pmatrix}\lambda_1 & & & \\ & \lambda_2 & & \\ & & \ddots & \\ & & & \lambda_n\end{pmatrix},$$

其中实数 $\lambda_1,\lambda_2,\cdots,\lambda_n$ 为 A 的全部特征值.

结合对一般矩阵进行对角化的方法, 我们可以按下述步骤将 n 阶实对称阵 A 正交对角化:

(1) 求出 A 的全部互异特征值 $\lambda_1,\cdots,\lambda_k$;

(2) 对于每个特征值 λ_i, 求出齐次线性方程组 $(\lambda_i E-A)x=\mathbf{0}$ 的基础解系 $p_{i1},\cdots,p_{in_i}$, 将 $p_{i1},\cdots,p_{in_i}$ 施密特正交化, 再单位化得 $q_{i1},\cdots,q_{in_i}$, $i=1,2,\cdots,k$;

(3) 令 $Q=(q_{11}\ \cdots\ q_{1n_1}\ \cdots\ q_{k1}\ \cdots\ q_{kn_k})$, 则

$$Q^{-1}AQ=Q^{\mathrm{T}}AQ=\begin{pmatrix}\lambda_1 & & & & & \\ & \ddots & & & & \\ & & \lambda_1 & & & \\ & & & \ddots & & \\ & & & & \lambda_k & \\ & & & & & \ddots \\ & & & & & & \lambda_k\end{pmatrix}.$$

例 5.5.1 设 $A=\begin{pmatrix}1 & 2 & -2\\ 2 & 1 & -2\\ -2 & -2 & 1\end{pmatrix}$, 求一个正交阵 P 使 $P^{\mathrm{T}}AP=\Lambda$ 为对角阵.

解 $\boldsymbol{A}$ 的特征多项式为

$$|\lambda \boldsymbol{E}-\boldsymbol{A}|=\begin{vmatrix}\lambda-1 & -2 & 2\\ -2 & \lambda-1 & 2\\ 2 & 2 & \lambda-1\end{vmatrix}=(\lambda+1)^2(\lambda-5),$$

所以 $\boldsymbol{A}$ 的特征值 $\lambda_1=\lambda_2=-1, \lambda_3=5$.

对于特征值 $\lambda_1=\lambda_2=-1$, 解方程组 $(-\boldsymbol{E}-\boldsymbol{A})\boldsymbol{x}=\boldsymbol{0}$, 求其基础解系得

$$\boldsymbol{\alpha}_1=\begin{pmatrix}-1\\1\\0\end{pmatrix}, \boldsymbol{\alpha}_2=\begin{pmatrix}1\\0\\1\end{pmatrix},$$

将其正交化得

$$\boldsymbol{\beta}_1=\boldsymbol{\alpha}_1=\begin{pmatrix}-1\\1\\0\end{pmatrix},\ \boldsymbol{\beta}_2=\boldsymbol{\alpha}_2-\frac{(\boldsymbol{\alpha}_2,\boldsymbol{\beta}_1)}{(\boldsymbol{\beta}_1,\boldsymbol{\beta}_1)}\boldsymbol{\beta}_1=\begin{pmatrix}\frac{1}{2}\\\frac{1}{2}\\1\end{pmatrix},$$

再将其单位化得

$$\boldsymbol{\gamma}_1=\frac{1}{|\boldsymbol{\beta}_1|}\boldsymbol{\beta}_1=\begin{pmatrix}-\frac{1}{\sqrt{2}}\\\frac{1}{\sqrt{2}}\\0\end{pmatrix}, \boldsymbol{\gamma}_2=\frac{1}{|\boldsymbol{\beta}_2|}\boldsymbol{\beta}_2=\begin{pmatrix}\frac{1}{\sqrt{6}}\\\frac{1}{\sqrt{6}}\\\frac{2}{\sqrt{6}}\end{pmatrix}.$$

对于特征值 $\lambda_3=5$, 解方程组 $(5\boldsymbol{E}-\boldsymbol{A})\boldsymbol{x}=\boldsymbol{0}$, 求其基础解系得 $\boldsymbol{\alpha}_3=\begin{pmatrix}-1\\-1\\1\end{pmatrix}$,

将其单位化得 $\boldsymbol{\gamma}_3=\frac{1}{|\boldsymbol{\alpha}_3|}\boldsymbol{\alpha}_3=\begin{pmatrix}-\frac{1}{\sqrt{3}}\\-\frac{1}{\sqrt{3}}\\\frac{1}{\sqrt{3}}\end{pmatrix}$.

令

$$\boldsymbol{P}=(\boldsymbol{\gamma}_1\quad\boldsymbol{\gamma}_2\quad\boldsymbol{\gamma}_3)=\begin{pmatrix}-\frac{1}{\sqrt{2}} & \frac{1}{\sqrt{6}} & -\frac{1}{\sqrt{3}}\\ \frac{1}{\sqrt{2}} & \frac{1}{\sqrt{6}} & -\frac{1}{\sqrt{3}}\\ 0 & \frac{2}{\sqrt{6}} & \frac{1}{\sqrt{3}}\end{pmatrix}$$

则 $\boldsymbol{P}$ 是一个正交阵，且有

$$\boldsymbol{P}^{-1}\boldsymbol{A}\boldsymbol{P}=\begin{pmatrix}-1&0&0\\0&-1&0\\0&0&5\end{pmatrix}.$$

练习 5.5

1. 对下列实对称阵，求正交阵 $\boldsymbol{Q}$ 使 $\boldsymbol{Q}^{\mathrm{T}}\boldsymbol{A}\boldsymbol{Q}$ 为对角阵.

(1) $\boldsymbol{A}=\begin{pmatrix}0&0&1\\0&0&0\\1&0&0\end{pmatrix}$;　　(2) $\boldsymbol{A}=\begin{pmatrix}2&1&1\\1&2&1\\1&1&2\end{pmatrix}$.

2. 设 3 阶实对称阵 $\boldsymbol{A}$ 的特征值为 $\lambda_1=-1,\lambda_2=\lambda_3=2$, 对应于特征值 $\lambda_1=-1$ 的特征向量为 $\boldsymbol{\alpha}_1=\begin{pmatrix}1\\0\\1\end{pmatrix}$.

(1) 求 $\boldsymbol{A}$ 的对应于特征值 $\lambda_2=\lambda_3=2$ 的特征向量;

(2) 求 $\boldsymbol{A}$.

5.6 用正交变换化二次型为标准形

既然实对称阵可以正交对角化，我们就可以用正交变换将二次型化为标准形.

定理 5.6.1 设 $f(x_1,x_2,\cdots,x_n)=\sum\limits_{i,j=1}^{n}a_{ij}x_ix_j=\boldsymbol{x}^{\mathrm{T}}\boldsymbol{A}\boldsymbol{x}$ 为一个 n 元二次型，其中 $\boldsymbol{A}$ 为一个 n 阶实对称阵，则

(1) 存在正交变换 $\boldsymbol{x}=\boldsymbol{Q}\boldsymbol{y}$ 将 $f(x_1,x_2,\cdots,x_n)$ 化成标准形

$$\lambda_1y_1^2+\lambda_2y_2^2+\cdots+\lambda_ny_n^2,$$

其中 $\lambda_1,\lambda_2,\cdots,\lambda_n$ 是矩阵 $\boldsymbol{A}$ 的全部特征值.

(2) 存在可逆的线性变换 $\boldsymbol{x}=\boldsymbol{C}\boldsymbol{z}$ 将 $f(x_1,x_2,\cdots,x_n)$ 化成

$$z_1^2+\cdots+z_p^2-z_{p+1}^2-\cdots-z_{p+q}^2$$

其中 p 和 q 分别为 $\boldsymbol{A}$ 的正、负特征值的个数. 称上式为 $f(x_1,x_2,\cdots,x_n)$ 的 **规范形**.

证明 (1) 由于 $\boldsymbol{A}$ 为实对称阵，故存在正交阵 $\boldsymbol{Q}$ 使得

$$\boldsymbol{Q}^T\boldsymbol{A}\boldsymbol{Q}=\begin{pmatrix}\lambda_1&&&\\&\lambda_2&&\\&&\ddots&\\&&&\lambda_n\end{pmatrix},$$

其中 $\lambda_1, \lambda_2, \cdots, \lambda_n$ 为 $\boldsymbol{A}$ 的全部特征值. 令 $\boldsymbol{x} = \boldsymbol{Q}\boldsymbol{y}$, 则 $f(x_1, x_2, \cdots, x_n)$ 化为

$$\begin{aligned}(\boldsymbol{Q}\boldsymbol{y})^{\mathrm{T}}\boldsymbol{A}(\boldsymbol{Q}\boldsymbol{y}) &= \boldsymbol{y}^{\mathrm{T}}(\boldsymbol{Q}^{\mathrm{T}}\boldsymbol{A}\boldsymbol{Q})\boldsymbol{y}\\ &= (y_1 \quad y_2 \quad \cdots \quad y_n)\begin{pmatrix}\lambda_1 & & & \\ & \lambda_2 & & \\ & & \ddots & \\ & & & \lambda_n\end{pmatrix}\begin{pmatrix}y_1\\ y_2\\ \vdots\\ y_n\end{pmatrix}\\ &= \lambda_1 y_1^2 + \lambda_2 y_2^2 + \cdots + \lambda_n y_n^2.\end{aligned}$$

(2) 不妨设 $\lambda_1, \cdots, \lambda_p$ 均为正数, $\lambda_{p+1}, \cdots, \lambda_{p+q}$ 均为负数, 其余的特征值全为 0. 令

$$\boldsymbol{D} = \mathrm{diag}\left(\frac{1}{\sqrt{\lambda_1}}, \cdots, \frac{1}{\sqrt{\lambda_p}}, \frac{1}{\sqrt{-\lambda_{p+1}}}, \cdots, \frac{1}{\sqrt{-\lambda_{p+q}}}, 1, \cdots, 1\right),$$

则

$$\boldsymbol{D}^{\mathrm{T}}(\boldsymbol{Q}^{\mathrm{T}}\boldsymbol{A}\boldsymbol{Q})\boldsymbol{D} = \begin{pmatrix}\boldsymbol{E}_p & & \\ & -\boldsymbol{E}_q & \\ & & \boldsymbol{O}\end{pmatrix}.$$

再令 $\boldsymbol{y} = \boldsymbol{D}\boldsymbol{z}$, 即 $\boldsymbol{x} = (\boldsymbol{Q}\boldsymbol{D})\boldsymbol{z}$, 则 $f(x_1, x_2, \cdots, x_n)$ 可进一步化为

$$\begin{aligned}(\boldsymbol{D}\boldsymbol{z})^{\mathrm{T}}(\boldsymbol{Q}^{\mathrm{T}}\boldsymbol{A}\boldsymbol{Q})(\boldsymbol{D}\boldsymbol{z}) &= \boldsymbol{z}^{\mathrm{T}}[\boldsymbol{D}^{\mathrm{T}}(\boldsymbol{Q}^{\mathrm{T}}\boldsymbol{A}\boldsymbol{Q})\boldsymbol{D}]\boldsymbol{z}\\ &= (z_1 \quad z_2 \quad \cdots \quad z_n)\begin{pmatrix}\boldsymbol{E}_p & & \\ & -\boldsymbol{E}_q & \\ & & \boldsymbol{O}\end{pmatrix}\begin{pmatrix}z_1\\ z_2\\ \vdots\\ z_n\end{pmatrix}\\ &= z_1^2 + \cdots + z_p^2 - z_{p+1}^2 - \cdots - z_{p+q}^2.\end{aligned}$$

上面定理中的第二个结论也可以表述为

命题 5.6.1 设 $\boldsymbol{A}$ 为 n 阶实对称阵, 则存在可逆阵 $\boldsymbol{C}$ 使得

$$\boldsymbol{C}^{\mathrm{T}}\boldsymbol{A}\boldsymbol{C} = \begin{pmatrix}\boldsymbol{E}_p & & \\ & -\boldsymbol{E}_q & \\ & & \boldsymbol{O}\end{pmatrix},$$

其中 p 和 q 分别为 $\boldsymbol{A}$ 的正、负特征值的个数.

例 5.6.1 设 $f(x_1, x_2, x_3, x_4) = 4x_1x_2 - 2x_1x_3 - 2x_1x_4 - 2x_2x_3 - 2x_2x_4 + 4x_3x_4$,

(1) 求正交变换化 $f(x_1, x_2, x_3, x_4)$ 为标准形;

(2) 求可逆线性变换化 $f(x_1, x_2, x_3, x_4)$ 为规范形.

解 (1) 二次型 $f(x_1,x_2,x_3,x_4)$ 的矩阵为

$$\boldsymbol{A}=\begin{pmatrix}0&2&-1&-1\\2&0&-1&-1\\-1&-1&0&2\\-1&-1&2&0\end{pmatrix}.$$

$\boldsymbol{A}$ 的特征多项式为

$$|\lambda\boldsymbol{E}-\boldsymbol{A}|=\begin{vmatrix}\lambda&-2&1&1\\-2&\lambda&1&1\\1&1&\lambda&-2\\1&1&-2&\lambda\end{vmatrix}=\lambda(\lambda+2)^2(\lambda-4),$$

所以 $\boldsymbol{A}$ 的特征值为 $\lambda_1=4,\lambda_2=\lambda_3=-2,\lambda_4=0$.

对于特征值 $\lambda_1=4$, 解方程组 $(4\boldsymbol{E}-\boldsymbol{A})\boldsymbol{x}=\boldsymbol{0}$. 求其基础解系得 $\boldsymbol{\alpha}_1=(-1,-1,1,1)^{\mathrm{T}}$, 将其单位化得 $\boldsymbol{\gamma}_1=(-\frac{1}{2},-\frac{1}{2},\frac{1}{2},\frac{1}{2})^{\mathrm{T}}$.

对于特征值 $\lambda_2=\lambda_3=-2$, 解方程组 $(-2\boldsymbol{E}-\boldsymbol{A})\boldsymbol{x}=\boldsymbol{0}$, 求其基础解系得 $\boldsymbol{\alpha}_2=(-1,1,0,0)^{\mathrm{T}},\boldsymbol{\alpha}_3=(0,0,-1,1)^{\mathrm{T}}$, 由于它们已经正交，故将其单位化得 $\boldsymbol{\gamma}_2=(-\frac{1}{\sqrt{2}},\frac{1}{\sqrt{2}},0,0)^{\mathrm{T}},\boldsymbol{\gamma}_3=(0,0,-\frac{1}{\sqrt{2}},\frac{1}{\sqrt{2}})^{\mathrm{T}}$.

对于特征值 $\lambda_4=0$, 解方程组 $\boldsymbol{A}\boldsymbol{x}=\boldsymbol{0}$, 求其基础解系得 $\boldsymbol{\alpha}_4=(1,1,1,1)^{\mathrm{T}}$, 将其单位化得 $\boldsymbol{\gamma}_4=(\frac{1}{2},\frac{1}{2},\frac{1}{2},\frac{1}{2})^{\mathrm{T}}$.

令

$$\boldsymbol{Q}=(\boldsymbol{\gamma}_1\quad\boldsymbol{\gamma}_2\quad\boldsymbol{\gamma}_3\quad\boldsymbol{\gamma}_4)=\begin{pmatrix}-\frac{1}{2}&-\frac{1}{\sqrt{2}}&0&\frac{1}{2}\\-\frac{1}{2}&\frac{1}{\sqrt{2}}&0&\frac{1}{2}\\\frac{1}{2}&0&-\frac{1}{\sqrt{2}}&\frac{1}{2}\\\frac{1}{2}&0&\frac{1}{\sqrt{2}}&\frac{1}{2}\end{pmatrix},$$

则 $\boldsymbol{Q}$ 为正交阵，再令 $\boldsymbol{x}=\boldsymbol{Q}\boldsymbol{y}$, 即

$$\begin{pmatrix}x_1\\x_2\\x_3\\x_4\end{pmatrix}=\begin{pmatrix}-\frac{1}{2}&-\frac{1}{\sqrt{2}}&0&\frac{1}{2}\\-\frac{1}{2}&\frac{1}{\sqrt{2}}&0&\frac{1}{2}\\\frac{1}{2}&0&-\frac{1}{\sqrt{2}}&\frac{1}{2}\\\frac{1}{2}&0&\frac{1}{\sqrt{2}}&\frac{1}{2}\end{pmatrix}\begin{pmatrix}y_1\\y_2\\y_3\\y_4\end{pmatrix},$$

则二次型 $f(x_1,x_2,x_3,x_4)$ 化为标准形

$$4y_1^2-2y_2^2-2y_3^2.$$

(2) 令 $\boldsymbol{D}=\begin{pmatrix}\frac{1}{2} & & & \\ & \frac{1}{\sqrt{2}} & & \\ & & \frac{1}{\sqrt{2}} & \\ & & & 1\end{pmatrix}$, 再令 $\boldsymbol{x}=\boldsymbol{QDz}$, 即

$$\begin{pmatrix}x_1\\x_2\\x_3\\x_4\end{pmatrix}=\begin{pmatrix}-\frac{1}{4} & -\frac{1}{2} & 0 & \frac{1}{2}\\ -\frac{1}{4} & \frac{1}{2} & 0 & \frac{1}{2}\\ \frac{1}{4} & 0 & -\frac{1}{2} & \frac{1}{2}\\ \frac{1}{4} & 0 & \frac{1}{2} & \frac{1}{2}\end{pmatrix}\begin{pmatrix}z_1\\z_2\\z_3\\z_4\end{pmatrix},$$

则二次型 $f(x_1,x_2,x_3,x_4)$ 化为规范形

$$z_1^2-z_2^2-z_3^2.$$

练习 5.6

1. 求一个正交变换化下列二次型为标准形.

(1) $f(x_1,x_2,x_3)=2x_1^2+x_2^2-4x_1x_2-4x_2x_3$;

(2) $f(x_1,x_2,x_3)=x_1^2+x_2^2+x_3^2+6x_1x_2+6x_2x_3+6x_1x_3$.

5.7 正定二次型

5.7.1 二次型的正、负惯性指数

二次型的标准形不是唯一的, 但标准形中的正项个数和负项个数却是唯一的, 即

定理 5.7.1 *(惯性定理)* 设 n 元二次型 $f(x_1,\cdots,x_n)=\boldsymbol{x}^{\mathrm{T}}\boldsymbol{A}\boldsymbol{x}$ 可化为两个标准形

$$c_1y_1^2+\cdots+c_py_p^2-c_{p+1}y_{p+1}^2-\cdots-c_ry_r^2$$

和

$$d_1y_1^2+\cdots+d_sy_s^2-d_{s+1}y_{s+1}^2-\cdots-d_ry_r^2$$

其中 r 为 A 的秩, $c_i,d_i>0,i=1,\cdots,r$, 则 $p=s$.(证明参见参考文献 [2])

正因为如此, 也称二次型的标准形中正项的个数为二次型的 **正惯性指数**, 称二次型的标准形中负项的个数为二次型的 **负惯性指数**. 由定理 5.6.1 知它们分别等于

原二次型的矩阵的正特征值和负特征值个数. 如果二次型 $f(x_1,\cdots,x_n)$ 的正惯性指数为 p, 秩为 r, 则其规范形为

$$y_1^2+\cdots+y_p^2-y_{p+1}^2-\cdots-y_r^2.$$

5.7.2 正定二次型和正定阵

一般情况下，二次型的规范形中正项负项都可能有，但在经济学中，在工程技术各领域中应用较多的 n 元二次型是正惯性指数为 n 或负惯性指数为 n 的 n 元二次型，其规范形为

$$ {y_1}^2+{y_2}^2+\cdots+{y_n}^2 \quad 或 \quad -{z_1}^2-{z_2}^2-\cdots-{z_n}^2 $$

其矩阵的特征值都是正数或都是负数. 显然，这样的二次型只要 n 个变量取不全为零的数，那么它的值总是正的或总是负的.

定义 5.7.1 设二次型 $f(x_1,\cdots,x_n)$ 为一个 n 元实二次型，如果对于任何 $\boldsymbol{x}=(x_1\ \cdots\ x_n)^{\mathrm T}\neq\mathbf{0}$ 都有 $f(x_1,\cdots,x_n)>0$, 则称二次型 $f(x_1,\cdots,x_n)$ 为正定二次型；如果对任何 $\boldsymbol{x}=(x_1\ \cdots\ x_n)^{\mathrm T}\neq\mathbf{0}$ 都有 $f(x_1,\cdots,x_n)<0$, 则称二次型 $f(x_1,\cdots,x_n)$ 为负定二次型.

定义 5.7.2 如果二次型 $f(\boldsymbol{x})=\boldsymbol{x}^{\mathrm T}\boldsymbol{A}\boldsymbol{x}$ 为正定 (负定) 二次型，则称对称阵 $\boldsymbol{A}$ 为正定 (负定) 阵.

定理 5.7.2 设 $\boldsymbol{A}$ 为 n 阶实对称阵，则以下结论等价:

(1) 二次型 $f(x_1,\cdots,x_n)=\boldsymbol{x}^{\mathrm T}\boldsymbol{A}\boldsymbol{x}$ 是正定的；

(2) $\boldsymbol{A}$ 为正定阵；

(3) $\boldsymbol{A}$ 的特征值全为正数；

(4) $\boldsymbol{A}$ 合同于 $\boldsymbol{E}_n$;

(5) 存在可逆阵 $\boldsymbol{C}$ 使得 $\boldsymbol{A}=\boldsymbol{C}^{\mathrm T}\boldsymbol{C}$.

证明* (1) $\Longleftrightarrow$ (2) 显然；

(1) $\Longrightarrow$ (3) 设 λ 为 $\boldsymbol{A}$ 的任一特征值，则存在非零向量 $\boldsymbol{x}$ 使得 $\boldsymbol{A}\boldsymbol{x}=\lambda\boldsymbol{x}$, 于是 $f(x_1,\cdots,x_n)=\boldsymbol{x}^{\mathrm T}\boldsymbol{A}\boldsymbol{x}=\boldsymbol{x}^{\mathrm T}\lambda\boldsymbol{x}=\lambda\boldsymbol{x}^{\mathrm T}\boldsymbol{x}>0$. 又 $\boldsymbol{x}^{\mathrm T}\boldsymbol{x}=|\boldsymbol{x}|^2>0$, 故 $\lambda>0$;

(3) $\Longrightarrow$ (4) 由命题 5.6.1 显然；

(4) $\Longrightarrow$ (5) 显然；

(5) $\Longrightarrow$ (1) 任取非零向量 $\boldsymbol{x}$, 则

$$f(x_1,\cdots,x_n)=\boldsymbol{x}^{\mathrm T}\boldsymbol{A}\boldsymbol{x}=\boldsymbol{x}^{\mathrm T}\boldsymbol{C}^{\mathrm T}\boldsymbol{C}\boldsymbol{x}=(\boldsymbol{C}\boldsymbol{x})^{\mathrm T}(\boldsymbol{C}\boldsymbol{x})=(\boldsymbol{C}\boldsymbol{x},\ \boldsymbol{C}\boldsymbol{x})\geqslant 0.$$

如果 $(\boldsymbol{C}\boldsymbol{x},\ \boldsymbol{C}\boldsymbol{x})=0$, 则有 $\boldsymbol{C}\boldsymbol{x}=\mathbf{0}$, 再由 $\boldsymbol{C}$ 可逆知 $\boldsymbol{x}=\mathbf{0}$, 这与 $\boldsymbol{x}$ 为非零向量矛盾，故只有 $(\boldsymbol{C}\boldsymbol{x},\ \boldsymbol{C}\boldsymbol{x})>0$, 所以二次型 $f(x_1,\cdots,x_n)=\boldsymbol{x}^{\mathrm T}\boldsymbol{A}\boldsymbol{x}$ 是正定的.

类似于定理 5.7.2, 可以给出一个实对称阵为负定阵的充分必要条件.

设 $\boldsymbol{A}$ 为一个 n 阶正定阵, 则 $f(x_1,\cdots,x_n)=\boldsymbol{x}^{\mathrm{T}}\boldsymbol{A}\boldsymbol{x}$ 为一个正定二次型. 设 $c_1,\cdots,c_k(1\leqslant k\leqslant n)$ 为不全为零的一组实数, 则

$$
\begin{aligned}
&f(c_1,\cdots,c_k,0,\cdots,0)\\
&=\begin{pmatrix} c_1 & \cdots & c_k & 0 & \cdots & 0\end{pmatrix}\begin{pmatrix} a_{11} & \cdots & a_{1k} & \cdots & a_{1n}\\ \vdots & & \vdots & & \vdots\\ a_{k1} & \cdots & a_{kk} & \cdots & a_{kn}\\ \vdots & & \vdots & & \vdots\\ a_{n1} & \cdots & a_{nk} & \cdots & a_{nn}\end{pmatrix}\begin{pmatrix} c_1\\ \vdots\\ c_k\\ 0\\ \vdots\\ 0\end{pmatrix}\\
&=\begin{pmatrix} c_1 & \cdots & c_k\end{pmatrix}\begin{pmatrix} a_{11} & \cdots & a_{1k}\\ \vdots & & \vdots\\ a_{k1} & \cdots & a_{kk}\end{pmatrix}\begin{pmatrix} c_1\\ \vdots\\ c_k\end{pmatrix}>0,
\end{aligned}
$$

即二次型

$$
g(x_1,\cdots,x_k)=\begin{pmatrix} x_1 & \cdots & x_k\end{pmatrix}\begin{pmatrix} a_{11} & \cdots & a_{1k}\\ \vdots & & \vdots\\ a_{k1} & \cdots & a_{kk}\end{pmatrix}\begin{pmatrix} x_1\\ \vdots\\ x_k\end{pmatrix}
$$

为一个 k 元正定二次型. 于是

$$
\begin{pmatrix} a_{11} & \cdots & a_{1k}\\ \vdots & & \vdots\\ a_{k1} & \cdots & a_{kk}\end{pmatrix}
$$

为一个 k 阶正定阵. 我们称上面的矩阵为 $\boldsymbol{A}$ 的 k **阶顺序主子阵**, 称其行列式

$$
\boldsymbol{A}_k=\begin{vmatrix} a_{11} & a_{12} & \cdots & a_{1k}\\ a_{21} & a_{22} & \cdots & a_{2k}\\ \vdots & \vdots & & \vdots\\ a_{k1} & a_{k2} & \cdots & a_{kk}\end{vmatrix}
$$

为 $\boldsymbol{A}$ 的 k **阶顺序主子式**. 因此我们得到了一个结论: 如果 $\boldsymbol{A}$ 为一个 n 阶正定阵, 则 $\boldsymbol{A}$ 的各阶顺序主子阵均为正定阵. 另外, 我们还有

定理 5.7.3 设 $\boldsymbol{A}=(a_{ij})_{n\times n}$ 为实对称阵, 则 $\boldsymbol{A}$ 为正定阵的充分必要条件是 $\boldsymbol{A}$ 的各阶顺序主子式都是正的, 即

$$
a_{11}>0,\begin{vmatrix} a_{11} & a_{12}\\ a_{21} & a_{22}\end{vmatrix}>0,\cdots,\begin{vmatrix} a_{11} & a_{12} & \cdots & a_{1n}\\ a_{21} & a_{22} & \cdots & a_{2n}\\ \vdots & \vdots & & \vdots\\ a_{n1} & a_{n2} & \cdots & a_{nn}\end{vmatrix}>0.
$$

定理 5.7.3 的证明参见参考文献 [1].

例 5.7.1 判断矩阵 $\boldsymbol{A}=\begin{pmatrix}3&-1&1\\-1&4&0\\1&0&1\end{pmatrix}$ 是否为正定阵.

解 $\boldsymbol{A}$ 的各阶顺序主子式分别为

$$a_{11}=3>0,\begin{vmatrix}a_{11}&a_{12}\\a_{21}&a_{22}\end{vmatrix}=\begin{vmatrix}3&-1\\-1&4\end{vmatrix}=11>0,|\boldsymbol{A}|=7>0,$$

所以 $\boldsymbol{A}$ 为正定阵.

例 5.7.2 确定 t 的范围使二次型

$$f(x_1,x_2,x_3)=x_1^2+x_2^2+5x_3^2+2tx_1x_2-2x_1x_3+4x_2x_3$$

为正定二次型.

解 二次型 $f(x_1,x_2,x_3)$ 的矩阵为

$$\boldsymbol{A}=\begin{pmatrix}1&t&-1\\t&1&2\\-1&2&5\end{pmatrix}.$$

$\boldsymbol{A}$ 的各阶顺序主子式均为正，即

$$a_{11}=1,\begin{vmatrix}1&t\\t&1\end{vmatrix}=1-t^2>0,\begin{vmatrix}1&t&-1\\t&1&2\\-1&2&5\end{vmatrix}=-t(5t+4)>0$$

解上述不等式组得 $-\dfrac{4}{5}<t<0$.

例 5.7.3 * 设 $\boldsymbol{A}=(a_{ij})_{n\times n}$ 为实对称正定阵，求二次实值函数

$$f(x_1,\cdots,x_n)=\sum_{i,j=1}^{n}a_{ij}x_ix_j-2\sum_{i=1}^{n}b_ix_i$$

的极值.

解 令 $\boldsymbol{x}=(x_1\ \cdots\ x_n)^{\mathrm{T}}$, $\boldsymbol{b}=(b_1\ \cdots\ b_n)^{\mathrm{T}}$, 则 $f(x_1,\cdots,x_n)=\boldsymbol{x}^{\mathrm{T}}\boldsymbol{A}\boldsymbol{x}-2\boldsymbol{b}^{\mathrm{T}}\boldsymbol{x}$. 易知

$$f(x_1,\cdots,x_n)=(\boldsymbol{x}-\boldsymbol{A}^{-1}\boldsymbol{b})^{\mathrm{T}}\boldsymbol{A}(\boldsymbol{x}-\boldsymbol{A}^{-1}\boldsymbol{b})-\boldsymbol{b}^{\mathrm{T}}\boldsymbol{A}^{-1}\boldsymbol{b}.$$

由于 $\boldsymbol{A}$ 为正定阵, 故上式右端第一项只要 $\boldsymbol{x}\neq\boldsymbol{A}^{-1}\boldsymbol{b}$ 就是正数, 因此 $f(x_1,\cdots,x_n)$ 当 $\boldsymbol{x}=\boldsymbol{A}^{-1}\boldsymbol{b}$ 时取到最小值 $-\boldsymbol{b}^{\mathrm{T}}\boldsymbol{A}^{-1}\boldsymbol{b}$.

练习 5.7

1. 判断下列二次型是否正定.

(1) $f(x_1,x_2,x_3)=5x_1^2+6x_2^2+4x_3^2-4x_1x_3-8x_2x_3$;

(2) $f(x_1,x_2,x_3,x_4)=x_1^2+x_2^2+x_3^2+x_4^2+x_1x_2+4x_3x_4$.

2. 确定 λ 值的范围使下列二次型为正定二次型.

(1) $f(x_1,x_2,x_3)=x_1^2+2x_1x_2-2x_1x_3+\lambda x_2x_3+2x_2^2+5x_3^2$;

(2) $f(x_1,x_2,x_3)=x_1^2+x_2^2+\lambda x_3^2+2\lambda x_1x_2$;

(3) $f(x_1,x_2,x_3,x_4)=\lambda(x_1^2+x_2^2+x_3^2)+2x_1x_2-2x_2x_3+2x_1x_3+x_4^2$.

3.* 当 x_1,x_2,x_3 为何值时，实值函数

$$f(x_1,x_2,x_3)=x_1^2+2x_1x_2+2x_1x_3+2x_2^2+3x_3^2-8x_1+4x_2-2x_3$$

有最小值，最小值是多少？

5.8 三元二次方程所表示的曲面

本节用二次型的相关知识探讨三元二次方程所表示的曲面类型.

设有一个三元二次方程

$$a_{11}x^2+a_{12}xy+a_{13}xz+a_{21}yx+a_{22}y^2+a_{23}yz+a_{31}zx+a_{32}zy+a_{33}z^2+ax+by+cz+d=0, \tag{5.2}$$

其中 $a_{ij}=a_{ji},i,j=1,2,3$. 记 $\boldsymbol{A}=(a_{ij})_{3\times3}$, 则 $\boldsymbol{A}$ 是一个实对称阵，且方程 (5.2) 可写为

$$(x\quad y\quad z)\boldsymbol{A}\begin{pmatrix}x\\y\\z\end{pmatrix}+(a\quad b\quad c)\begin{pmatrix}x\\y\\z\end{pmatrix}+d=0. \tag{5.3}$$

若正交阵 $\boldsymbol{Q}$ 使得

$$\boldsymbol{Q}^{\mathrm{T}}\boldsymbol{A}\boldsymbol{Q}=\begin{pmatrix}\lambda_1&&\\&\lambda_2&\\&&\lambda_3\end{pmatrix},$$

其中 $\lambda_1,\lambda_2,\lambda_3$ 为 $\boldsymbol{A}$ 的全部特征值且不全为零，则正交变换

$$\begin{pmatrix}x\\y\\z\end{pmatrix}=\boldsymbol{Q}\begin{pmatrix}x_1\\y_1\\z_1\end{pmatrix}$$

将方程 (5.3) 变为

$$\lambda_1x_1^2+\lambda_2y_1^2+\lambda_3z_1^2+a_1x_1+b_1y_1+c_1z_1+d=0. \tag{5.4}$$

接下来，我们可以将方程 (5.4) 左侧根据 x_1, y_1, z_1 分别单独配方，即做一个平移变换，进一步将方程 (5.4) 化简. 因为正交变换和平移变换都不改变几何图形的大小和形状，所以我们可以根据方程 (5.4) 化简后的方程来研究方程 (5.2) 所表示的图形.

以下按 $\lambda_1, \lambda_2, \lambda_3$ 的不同情况分别讨论.

I. $\lambda_1, \lambda_2, \lambda_3$ 都不为 0 时，方程 (5.4) 经过配方可化为

$$\lambda_1 x_2^2 + \lambda_2 y_2^2 + \lambda_3 z_2^2 = d_2. \tag{5.5}$$

不失一般性，我们只需考虑 $d_2 = 1$ 或 0 的情形，下同.

$d_2 = 1$ 时，方程 (5.5) 可变为 $\lambda_1 x_2^2 + \lambda_2 y_2^2 + \lambda_3 z_2^2 = 1$.

1. $\lambda_1, \lambda_2, \lambda_3 > 0$, 表示一个椭球面. 特别地 $\lambda_1 = \lambda_2 \neq \lambda_3$ 时[1], 表示一个旋转椭球面. $\lambda_1 = \lambda_2 = \lambda_3$ 时，表示一个球面;

2. $\lambda_1, \lambda_2 > 0, \lambda_3 < 0$ 时，表示一个单叶双曲面. 特别地，$\lambda_1 = \lambda_2$ 时，表示一个单叶旋转双曲面.

3. $\lambda_1 > 0, \lambda_2, \lambda_3 < 0$ 时，表示一个双叶双曲面. 特别地，$\lambda_2 = \lambda_3$ 时，表示一个双叶旋转双曲面.

4. $\lambda_1, \lambda_2, \lambda_3 < 0$ 时，不表示任何一个图形，也可以称它表示一个虚椭球面.

$d_2 = 0$ 时，方程 (5.5) 可变为 $\lambda_1 x_2^2 + \lambda_2 y_2^2 + \lambda_3 z_2^2 = 0$.

5. $\lambda_1, \lambda_2, \lambda_3$ 同号时，表示一个点.

6. $\lambda_1, \lambda_2, \lambda_3$ 不同号时，表示一个椭圆锥面. 特别地，$\lambda_1, \lambda_2, \lambda_3$ 中有两个数相等时，表示圆锥面.

II. λ_1, λ_2 都不为 0 且 $\lambda_3 = 0$ 时，方程 (5.4) 经过配方可化为

$$\lambda_1 x_2^2 + \lambda_2 y_2^2 + c_2 z_2 = d_2. \tag{5.6}$$

7. $d_2 = 1$ 且 $c_2 \neq 0$ 时，方程 (5.6) 可变为 $\lambda_1 x_2^2 + \lambda_2 y_2^2 = -c_2(z_2 - \dfrac{1}{c_2})$.

(1) $\lambda_1 \lambda_2 > 0$ 时，表示一个椭圆抛物面. 特别地，$\lambda_1 = \lambda_2$ 时，表示一个旋转抛物面;

(2) $\lambda_1 \lambda_2 < 0$ 时，表示一个双曲抛物面.

8. $d_2 = 1$ 且 $c_2 = 0$ 时，方程 (5.6) 可变为 $\lambda_1 x_2^2 + \lambda_2 y_2^2 = 1$.

(1) $\lambda_1 > 0, \lambda_2 > 0$ 时，表示一个椭圆柱面. 特别地，$\lambda_1 = \lambda_2$ 时，表示一个圆柱面;

(2) $\lambda_1 > 0, \lambda_2 < 0$ 时，表示一个双曲柱面;

---

[1] $\lambda_1, \lambda_2, \lambda_3$ 中恰有两个数相等，并不一定是 $\lambda_1 = \lambda_2 \neq \lambda_3$, 还可能是 $\lambda_2 = \lambda_3 \neq \lambda_1$ 或 $\lambda_1 = \lambda_3 \neq \lambda_2$, 但这两种情况的讨论与第一种情况类似. 所以，不失一般性我们可以设 $\lambda_1 = \lambda_2 \neq \lambda_3$. 以下同此.

(3) $\lambda_1<0,\lambda_2<0$ 时，表示一个虚椭圆柱面.

9. $d_2=0$ 且 $c_2\neq 0$ 时，方程 (5.6) 可变为 $\lambda_1x_2^2+\lambda_2y_2^2=-c_2z_2$, 类似于情形 7.

10. $d_2=0$ 且 $c_2=0$ 时，方程 (5.6) 可变为 $\lambda_1x_2^2+\lambda_2y_2^2=0$.

(1) $\lambda_1\lambda_2>0$ 时， $x_2=y_2=0$, 表示一条直线；

(2) $\lambda_1\lambda_2<0$ 时，表示两个相交平面.

III. λ_1 不为 0 且 $\lambda_2=\lambda_3=0$ 时，方程 (5.4) 经过配方可化为

$$\lambda_1x_2^2+b_2y_2+c_2z_2=d_2. \tag{5.7}$$

11. b_2,c_2 皆不为 0 时，

$$\begin{pmatrix}\dfrac{b_2}{\sqrt{b_2^2+c_2^2}} & \dfrac{c_2}{\sqrt{b_2^2+c_2^2}}\\ -\dfrac{c_2}{\sqrt{b_2^2+c_2^2}} & \dfrac{b_2}{\sqrt{b_2^2+c_2^2}}\end{pmatrix}$$

为一个正交阵. 对方程 (5.7) 做正交变换

$$\begin{pmatrix}x_3\\y_3\\z_3\end{pmatrix}=\begin{pmatrix}1 & 0 & 0\\ 0 & \dfrac{b_2}{\sqrt{b_2^2+c_2^2}} & \dfrac{c_2}{\sqrt{b_2^2+c_2^2}}\\ 0 & -\dfrac{c_2}{\sqrt{b_2^2+c_2^2}} & \dfrac{b_2}{\sqrt{b_2^2+c_2^2}}\end{pmatrix}\begin{pmatrix}x_2\\y_2\\z_2\end{pmatrix},$$

即

$$\begin{pmatrix}x_2\\y_2\\z_2\end{pmatrix}=\begin{pmatrix}1 & 0 & 0\\ 0 & \dfrac{b_2}{\sqrt{b_2^2+c_2^2}} & \dfrac{c_2}{\sqrt{b_2^2+c_2^2}}\\ 0 & -\dfrac{c_2}{\sqrt{b_2^2+c_2^2}} & \dfrac{b_2}{\sqrt{b_2^2+c_2^2}}\end{pmatrix}^{-1}\begin{pmatrix}x_3\\y_3\\z_3\end{pmatrix},$$

可将其化为 $\lambda_1x_3^2+b_3y_3=d_2$, 即

$$\lambda_1x_3^2=-b_3\left(y_2-\frac{d_2}{b_3}\right), \tag{5.8}$$

其中 $b_3=\sqrt{b_2^2+c_2^2}\neq 0$. 此时，方程 (5.8) 表示一个抛物柱面.

12. $b_2\neq 0,c_2=0$ 时，方程 (5.7) 可变为 $\lambda_1x_2^2=-b_2(y_2-\dfrac{d_2}{b_2})$, 表示一个抛物柱面.

13. $b_2=c_2=0$ 时，方程 (5.7) 变为 $\lambda_1x_2^2=d_2$.

(1) $d_2=1,\lambda_1>0$ 时，表示两个平行平面；

(2) $d_2=1,\lambda_1<0$ 时，表示两个虚平行平面；

(3) $d_2=0$ 时，表示一个平面.

例 5.8.1 * 已知二次型 $f(x,y)$ 可经正交变换

$$\begin{pmatrix}x\\y\end{pmatrix}=\frac{1}{5}\begin{pmatrix}-3 & 4\\ 4 & 3\end{pmatrix}\begin{pmatrix}x_1\\y_1\end{pmatrix} \tag{5.9}$$

化为标准形 $3x_1^2+y_1^2$. 试问

(1) $f(x,y)=1$ 表示何种曲线？

(2) $f(x,y)-2x+6y-5=0$ 表示何种曲线？该曲线是否有中心、对称轴？如果有，都在何处？

解 (1) 此时 $f(x,y)=1$ 与 $3x_1^2+y_1^2=1$ 表示的曲线形状相同，是一个椭圆.

(2) 由已知得正交变换 (5.9) 将 $f(x,y)-2x+6y-5=0$ 化为

$$\begin{aligned}&3x_1^2+y_1^2-2(-\frac{3}{5}x_1+\frac{4}{5}y_1)+6(\frac{4}{5}x_1+\frac{3}{5}y_1)-5\\=&3x_1^2+y_1^2+6x_1+2y_1-5\\=&3(x_1+1)^2+(y_1+1)^2-9,\end{aligned}$$

即 $f(x,y)-2x+6y+12z-5=0$ 与 $3(x_1+1)^2+(y_1+1)^2=9$ 表示的曲线形状相同，是一个椭圆. 它有中心、对称轴，中心在点 $(x_1,y_1)=(-1,-1)$ 处，对称轴为直线 $x_1=-1$ 和 $y_1=-1$. 由方程 (5.9) 即得所求对称中心在原坐标系的点 $(-\frac{1}{5},-\frac{7}{5})$ 处；对称轴是原坐标系下的直线 $3x-4y-5=0$ 和 $4x+3y+5=0$.

例 5.8.2 * 已知二次型 $f(x,y,z)$ 可经正交变换

$$\begin{pmatrix}x\\y\\z\end{pmatrix}=\frac{1}{3}\begin{pmatrix}1&2&2\\2&1&-2\\-2&2&-1\end{pmatrix}\begin{pmatrix}x_1\\y_1\\z_1\end{pmatrix}\tag{5.10}$$

化为标准形 $x_1^2+y_1^2-z_1^2$. 试问

(1) $f(x,y,z)=1$ 表示何种曲面？

(2) $f(x,y,z)=0$ 表示何种曲面？

(3) $f(x,y,z)+6x-6y+12z+30=0$ 表示何种曲面？该曲面是否有对称中心？如果有，对称中心在何处？

解 (1) 此时 $f(x,y,z)=1$ 与 $x_1^2+y_1^2-z_1^2=1$ 表示的曲面形状相同，是一个单叶旋转双曲面.

(2) 此时 $f(x,y,z)=0$ 与 $x_1^2+y_1^2=z_1^2$ 表示的曲面形状相同，是圆锥面.

(3) 由已知得正交变换 (5.10) 将 $f(x,y,z)+6x-6y+12z+30$ 化为

$$\begin{aligned}&x_1^2+y_1^2-z_1^2+6(\frac{1}{3}x_1+\frac{2}{3}y_1+\frac{2}{3}z_1)-6(\frac{2}{3}x_1+\frac{1}{3}y_1-\frac{2}{3}z_1)\\&+12(-\frac{2}{3}x_1+\frac{2}{3}y_1-\frac{1}{3}z_1)+30\\=&\ x_1^2+y_1^2-z_1^2-10x_1+10y_1+4z_1+30\end{aligned}$$

$$= (x_1-5)^2+(y_1+5)^2-(z_1-2)^2-16,$$

即 $f(x,y,z)+6x-6y+12z+30=0$ 与 $(x_1-5)^2+(y_1+5)^2-(z_1-2)^2=16$ 表示的曲面形状相同，是一个单叶旋转双曲面. 它有对称中心，在点 $(x_1,y_1,z_1)=(5,-5,2)$ 处，由式 (5.10) 即得对称中心在原坐标系的点 $(-\dfrac{1}{3},\dfrac{1}{3},-\dfrac{22}{3})$ 处.

练习 5.8

1.* 已知二次型 $f(x_1,x_2,x_3)$ 可经正交变换

$$\begin{pmatrix} x \\ y \\ z \end{pmatrix} = \boldsymbol{Q}\begin{pmatrix} x_1 \\ y_1 \\ z_1 \end{pmatrix}$$

化为标准形 $x_1^2+2y_1^2+3z_1^2$, 其中 $\boldsymbol{Q}=\begin{pmatrix} 1 & 0 & 0 \\ 0 & \dfrac{1}{2} & \dfrac{\sqrt{3}}{2} \\ 0 & \dfrac{\sqrt{3}}{2} & -\dfrac{1}{2} \end{pmatrix}$. 试问

(1) $f(x,y,z)=1$ 表示什么曲面？

(2) $f(x,y,z)=0$ 表示什么曲面？

(3) $f(x,y,z)+2x-4\sqrt{3}y+12z+3=0$ 表示什么曲面？该曲面是否有对称中心？如果有，对称中心在何处？

习 题 5

1. 设 $\boldsymbol{A}$ 为 n 阶可逆矩阵， λ_0 为 $\boldsymbol{A}$ 的特征值，证明 $\dfrac{|\boldsymbol{A}|}{\lambda_0}$ 为 $\boldsymbol{A}^*$ 的特征值.

2. 已知 $\boldsymbol{A}$ 为 3 阶矩阵， $\boldsymbol{A}\boldsymbol{\alpha}_i=i\boldsymbol{\alpha}_i, i=1,2,3$, 其中

$$\boldsymbol{\alpha}_1=\begin{pmatrix} 1 \\ 2 \\ 2 \end{pmatrix},\boldsymbol{\alpha}_2=\begin{pmatrix} 2 \\ -2 \\ 1 \end{pmatrix},\boldsymbol{\alpha}_3=\begin{pmatrix} -2 \\ -1 \\ 2 \end{pmatrix}$$

求 A.

3. 求 x,y 使 $\begin{pmatrix} x & 1 \\ 1 & 1 \end{pmatrix}$ 与 $\begin{pmatrix} -1 & 0 \\ 0 & y \end{pmatrix}$ 相似.

4. 设 λ_1,λ_2 是 n 阶矩阵 $\boldsymbol{A}$ 的两个不同的特征值，$\boldsymbol{\alpha}_1,\boldsymbol{\alpha}_2$ 是相应的特征向量，试证明对于任意的数 $c_1\neq 0$ 及 $c_2\neq 0$, $c_1\boldsymbol{\alpha}_1+c_2\boldsymbol{\alpha}_2$ 均不是 $\boldsymbol{A}$ 的特征向量.

5. 设 $\boldsymbol{x}$ 是 n 维列向量， $\boldsymbol{x}^{\mathrm{T}}\boldsymbol{x}=1$. 令 $\boldsymbol{H}=\boldsymbol{E}-2\boldsymbol{x}\boldsymbol{x}^{\mathrm{T}}$, 证明 $\boldsymbol{H}$ 是正交阵.

6. 二次型 $f(x_1,x_2,x_3)=2x_1^2+3x_2^2+3x_3^2+2ax_2x_3(a>0)$ 通过正交变换化为标准形 $f(x_1,x_2,x_3)=y_1^2+2y_2^2+5y_3^2$. 求 a 及所做的正交变换.

7. 设 $\boldsymbol{A},\boldsymbol{B}$ 为 n 阶实对称正定矩阵，证明 $\boldsymbol{A}+\boldsymbol{B}$ 也为实对称正定矩阵.

8. 设 $\boldsymbol{A}$ 为实对称阵，且 $\boldsymbol{A}^3-5\boldsymbol{A}^2+7\boldsymbol{A}-3\boldsymbol{E}=O$, 问 $\boldsymbol{A}$ 是否为实对称正定矩阵.

9. 二次型 $f(x_1,\cdots,x_n)=(x_1+a_1x_2)^2+(x_2+a_2x_3)^2+\cdots+(x_{n-1}+a_{n-1}x_n)^2+(x_n+a_nx_1)^2$, 其中 $a_1,\cdots,a_n$ 为常数. 当 $a_1,\cdots,a_n$ 满足什么条件时, 二次型 $f(x_1,\cdots,x_n)$ 为正定二次型.

第 6 章 习题参考答案及提示

练习 1.1

1. $+, -$.

2. (1) -17; (2) 0; (3) $(-1)^{\frac{(n-1)(n-2)}{2}}n!$; (4) -2.

练习 1.2

1. (1) -24; (2) $6(n-3)!$; (3) $(a^2-b^2)^2$; (4) $(-1)^{\frac{n(n-1)}{2}}(b-a)^{n-1}[b+(n-1)a]$.

练习 1.3

1. (1) x^5+y^5; (2) $\prod\limits_{i=0}^{n}a_i-\sum\limits_{k=1}^{n}\dfrac{a_1a_2\cdots a_n}{a_k}$; (3) -12; (4) $\prod\limits_{1\leqslant j<i\leqslant n}(x_i-x_j)$.

练习 1.4

1. (1) $x=3, y=-1$; (2) $x=-\dfrac{5}{4}, y=\dfrac{3}{4}, z=\dfrac{1}{4}$.

习题 1

1. (1) 3, $\dfrac{(n-1)(n-2)}{2}$, 6, $\dfrac{n(n-1)}{2}$; (2) 48; (3) 0或1; (4) 0, 0; (5) 186; (6) 4; (7) 0或1.

2. (1) $(-m)^{n-1}(a_1+\cdots+a_n-m)$; (2) $(-1)^{n-1}(n-1)x^{n-2}$;

(3) $x_1\cdots x_n+a_1x_2\cdots x_n+\cdots+a_1\cdots a_{n-1}x_n+a_1\cdots a_n$;

(4) 利用递推关系 $\boldsymbol{D}_n-\boldsymbol{D}_{n-1}=-a_n(\boldsymbol{D}_{n-1}-\boldsymbol{D}_{n-2})=(-1)^n\prod_{i=1}^{n}a_i$.

练习 2.1

1. (1) $\begin{pmatrix}1&2&0&3\\0&1&-2&4\\0&0&0&0\end{pmatrix}$, $\begin{pmatrix}1&0&4&-5\\0&1&-2&4\\0&0&0&0\end{pmatrix}$, $\begin{pmatrix}1&0&0&0\\0&1&0&0\\0&0&0&0\end{pmatrix}$;

(2) $\begin{pmatrix}1&1&2&1&0\\0&-3&0&0&1\\0&0&0&-4&0\\0&0&0&0&0\end{pmatrix}$, $\begin{pmatrix}1&0&2&0&\frac{1}{3}\\0&1&0&0&-\frac{1}{3}\\0&0&0&1&0\\0&0&0&0&0\end{pmatrix}$, $\begin{pmatrix}1&0&0&0&0\\0&1&0&0&0\\0&0&1&0&0\\0&0&0&0&0\end{pmatrix}$.

练习 2.2

1. (1) 对； (2) 错； (3) 错； (4) 错； (5) 对； (6) 错； (7) 错； (8) 错； (9) 对； (10) 错； (11) 对.

2. (1) $\begin{pmatrix} 15 & 10 & 17 \\ 31 & 20 & 35 \\ 47 & 30 & 53 \end{pmatrix}$; (2) $\begin{pmatrix} 19 & 14 & 34 \end{pmatrix}$.

3. $\boldsymbol{AB}=38$, $\boldsymbol{BA}=\begin{pmatrix} 6 & 15 & 27 \\ 2 & 5 & 9 \\ 6 & 15 & 27 \end{pmatrix}$, $(\boldsymbol{AB})^5=38^5$, $(\boldsymbol{BA})^5=38^4\begin{pmatrix} 6 & 15 & 27 \\ 2 & 5 & 9 \\ 6 & 15 & 27 \end{pmatrix}$.

4. $\boldsymbol{A}+\boldsymbol{B}=\begin{pmatrix} 2 & 5 & 12 \\ 6 & 8 & 7 \\ 1 & 1 & 14 \end{pmatrix}$, $3\boldsymbol{B}=\begin{pmatrix} 3 & 9 & 27 \\ 18 & 12 & 6 \\ 3 & 3 & 24 \end{pmatrix}$, $\boldsymbol{AC}=\begin{pmatrix} 2 & 8 & 33 \\ 0 & 12 & 57 \\ 0 & 0 & 30 \end{pmatrix}$.

5. $\begin{pmatrix} 10 & 19 \\ 38 & 48 \end{pmatrix}$.

练习 2.3

1. (1) $-\frac{1}{2}\begin{pmatrix} 4 & -2 \\ -3 & 1 \end{pmatrix}$; (2) $\begin{pmatrix} 1 & 0 & 0 \\ -2 & 1 & 0 \\ 7 & -2 & 1 \end{pmatrix}$; (3) $\begin{pmatrix} 0 & 0 & \frac{1}{4} \\ 0 & \frac{1}{3} & 0 \\ \frac{1}{2} & 0 & 0 \end{pmatrix}$.

2. $\boldsymbol{B}=\mathrm{diag}(3,2,1)$.

3. 直接验证 $(\boldsymbol{E}-\boldsymbol{A})(\boldsymbol{E}+\boldsymbol{A}+\boldsymbol{A}^2+\cdots+\boldsymbol{A}^{k-1})=\boldsymbol{E}$.

4. (1) 对； (2) 错； (3) 错； (4) 对.

5. $\boldsymbol{A}^{-1}=\frac{1}{2}(\boldsymbol{A}-\boldsymbol{E})$, $(\boldsymbol{A}+3\boldsymbol{E})^{-1}=-\frac{1}{10}(\boldsymbol{A}-4\boldsymbol{E})$.

练习 2.4

1. (1) 错； (2) 对； (3) 错； (4) 对； (5) 错； (6) 对； (7) 对； (8) 错.

2. $\begin{pmatrix} 3 & 0 & 0 & 0 & 0 \\ -2 & 1 & 0 & 0 & 0 \\ 1 & 2 & -4 & 22 & 52 \\ 1 & -3 & 0 & -14 & -59 \\ 1 & 4 & 0 & 4 & 44 \end{pmatrix}$.

3. $\boldsymbol{A}^{-1}=\begin{pmatrix} 1 & -2 & 0 \\ -\frac{1}{2} & \frac{3}{2} & 0 \\ 0 & 0 & \frac{1}{2} \end{pmatrix}$, $\boldsymbol{B}^{-1}=\begin{pmatrix} 1 & \frac{1}{2} & -\frac{9}{2} \\ 0 & -\frac{1}{2} & \frac{5}{2} \\ 0 & 0 & 1 \end{pmatrix}$.

练习 2.5

1. (1) $\begin{pmatrix}1&0&3a\\0&1&0\\0&0&1\end{pmatrix}$; (2) $\begin{pmatrix}0&0&1\\0&1&0\\1&0&0\end{pmatrix}$; (3) $\boldsymbol{E}_3$.

2. (1) $\begin{pmatrix}-2&1&0\\-\dfrac{13}{2}&3&-\dfrac{1}{2}\\-16&7&-1\end{pmatrix}$; (2) $\begin{pmatrix}\dfrac{1}{2}&-\dfrac{1}{4}&\dfrac{1}{8}\\0&\dfrac{1}{2}&-\dfrac{1}{4}\\0&0&\dfrac{1}{2}\end{pmatrix}$.

练习 2.6

1. (1) 2; (2) 3; (3) 3; (4) 3.

练习 2.7

1. (1) 无解; (2) $\begin{cases}x_1=-2x_2-x_4\\x_3=x_4\\x_2,x_4\text{任意}\end{cases}$; (3) $\begin{cases}x_1=7-8x_4\\x_2=-4+3x_4\\x_3=-1+x_4\\x_4\text{任意}\end{cases}$.

2. $a\neq 1$ 且 $a\neq -2$ 时有唯一解 $x_1=-\dfrac{a+1}{a+2},x_2=\dfrac{1}{a+2},x_3=\dfrac{(a+1)^2}{a+2}$; $a=1$ 时有无穷多解 $x_1=1-x_2-x_3,x_2,x_3$ 任意; $a=-2$ 时无解.

3. $\lambda=2$ 时无解; $\lambda\neq 2$ 时有无穷多解 $x_1=\dfrac{7\lambda-10}{\lambda-2}-3x_4,x_2=\dfrac{2-2\lambda}{\lambda-2},x_3=\dfrac{1}{\lambda-2}+x_4,x_4$ 任意.

4. (1) 对; (2) 错; (3) 对; (4) 对.

习题 2

1. (1) 2^k; (2) $-16,-32$; (3) 2^{n-1}; (4) $(-1)^{mn}2^m ab$; (5) $-\dfrac{1}{3}(\boldsymbol{A}+2\boldsymbol{E})$; (6) $\boldsymbol{P}_{ij}$; (7) $\begin{pmatrix}1&3&2\\4&6&5\\7&9&8\end{pmatrix}$; (8) $\boldsymbol{A}$; (9) $\boldsymbol{P}_1\boldsymbol{P}_2\boldsymbol{A}$.

2. 由 $\boldsymbol{A}+\boldsymbol{B}=\boldsymbol{AB}$ 可得 $(\boldsymbol{A}-\boldsymbol{E})(\boldsymbol{B}-\boldsymbol{E})=\boldsymbol{E}$.

3. $\boldsymbol{A}(\boldsymbol{A}+\boldsymbol{B})\boldsymbol{B}=\boldsymbol{B}+\boldsymbol{A}$, 在等式两侧取行列式.

4. 当 $a\neq 2$ 且 $a\neq 3$ 且 $a\neq 4$ 时无解; $a=2$ 或 $a=3$ 或 $a=4$ 时有解.

当 $a=2$ 时解为 $x_1=1,x_2=x_3=0$;

当 $a=3$ 时解为 $x_1=x_3=0,x_2=1$;

当 $a=4$ 时解为 $x_1=x_2=0,x_3=1$.

5. 当 $\lambda=1$ 且 $\mu\neq 1$ 时无解;

当 $\lambda\neq 1$ 时有唯一解 $x_1=\dfrac{1-\mu}{1-\lambda}, x_2=0, x_3=0, x_4=\dfrac{\mu-\lambda}{1-\lambda}$;

当 $\lambda=1$ 且 $\mu=1$ 时有无穷多解 $x_1=1-x_2-x_3-x_4$ 且 x_2,x_3,x_4 任意.

6. 由 $\boldsymbol{AA}^*=|\boldsymbol{A}|\boldsymbol{E}$ 知 $|\boldsymbol{A}||\boldsymbol{A}^*|=|\boldsymbol{A}|^n$.

(1) $|\boldsymbol{A}|\neq 0$ 时，显然有 $|\boldsymbol{A}^*|=|\boldsymbol{A}|^{n-1}$;

(2) $|\boldsymbol{A}|=0$ 时，如果 $|\boldsymbol{A}^*|\neq 0$, 则 $\boldsymbol{A}^*$ 可逆. 于是，$\boldsymbol{A}=\boldsymbol{AA}^*(\boldsymbol{A}^*)^{-1}=|\boldsymbol{A}|\boldsymbol{E}(\boldsymbol{A}^*)^{-1}=\boldsymbol{O}$, 从而 $\boldsymbol{A}^*=\boldsymbol{O}$, 这与 $\boldsymbol{A}^*$ 可逆矛盾，因此 $|\boldsymbol{A}^*|=0=|\boldsymbol{A}|^{n-1}$.

练习 3.1

略.

练习 3.2

1. $(4,8,9)$, $(5,10,40)$, $(11,22,19)$.

2. 模为 $3\sqrt{3}$, 方向余弦为 $-\dfrac{\sqrt{3}}{9}, \dfrac{\sqrt{3}}{9}, \dfrac{5\sqrt{3}}{9}$, 方向角为 $\arccos\left(-\dfrac{\sqrt{3}}{9}\right), \arccos\dfrac{\sqrt{3}}{9}, \arccos\dfrac{5\sqrt{3}}{9}$.

3. $\sqrt{6}, (\dfrac{1}{\sqrt{6}}, -\dfrac{1}{\sqrt{6}}, \dfrac{2}{\sqrt{6}})$.

4. $\dfrac{\pi}{4}$ 或 $\dfrac{3\pi}{4}$.

5. $3+\sqrt{43}+\sqrt{38}$.

练习 3.3

1. (1) -2, $(-13,-6,1)$, $\arccos\left(-\dfrac{2}{\sqrt{210}}\right)$;　(2) -6, $(26,12,-2)$.

2. (1) $4\sqrt{2}$, $4\sqrt{2}$;　(2) -12, $8\sqrt{2}$.

3. $\dfrac{\sqrt{141}}{2}$.

练习 3.4

1. (1) $x-4y+6z-1=0$;　(2) $2x+y-z-1=0$.

2. (1) $\dfrac{x-1}{2}=\dfrac{y-2}{2}=\dfrac{z-3}{3}$;　(2) $\dfrac{x-3}{1}=\dfrac{y-2}{2}=\dfrac{z-5}{3}$.

3. (1) $\sqrt{\dfrac{5}{7}}$;　(2) $\dfrac{10}{\sqrt{14}}$.

4. $\dfrac{x}{-4}=\dfrac{y+1}{3}=\dfrac{z+2}{1}$.

5. $\dfrac{x}{-4}+\dfrac{y}{-2}+\dfrac{z}{4}=1$.

练习 3.5

1. (1) $\frac{x+1}{2}=\frac{y}{3}=\frac{z-1}{4}$; (2) $\frac{x-1}{31}=\frac{y+1}{-52}=\frac{z-2}{37}$; (3) $\arccos\frac{2}{29}$.
2. (1) $-x+3y+z-1=0$; (2) $-x+y-2z+20=0$; (3) $\arccos\frac{2}{\sqrt{66}}$.
3. $\arcsin\sqrt{\frac{6}{7}}$.

练习 3.6

1. $(x-1)^2+(y-2)^2+(z-3)^2=27$.
2. (1) $y^2+z^2=3x^2$; (2) $x^2+3y^2+z^2=1$; (3) $3x^2+3y^2-4z^2=5$.
3. $3x^2+3z^2=16$.
4. $y^2=2x-9$.
5. (1) $\begin{cases} x=y=\frac{3}{\sqrt{2}}\cos\theta, \\ z=3\sin\theta; \end{cases}$ (2) $\begin{cases} x=1+\sqrt{3}\cos\theta, \\ y=\sqrt{3}\sin\theta, \\ z=0. \end{cases}$

练习 3.7

1. (1) 椭球面; (2) 单叶双曲面; (3) 双叶双曲面;
   (4) 单叶旋转双曲面; (5) 椭圆抛物面; (6) 双曲抛物面.

习题 3

1. $\pm(\frac{1}{\sqrt{5}},-\frac{2}{\sqrt{5}},0)$.
2. $3\sqrt{2}$.
3.* 3.
4. 5880 J.
5. $\sqrt{14}$, $\arccos\frac{3}{\sqrt{14}}$.
6. $\frac{x}{-2}=\frac{y-2}{1}=\frac{z-3}{3}$, $\begin{cases} x=-2t, \\ y=2+t, \quad t \text{ 为参数}. \\ z=3+3t, \end{cases}$
7. (1) 平行; (2) 相交.
8. (1) 平行; (2) 垂直; (3) 直线在平面上.
9. (1) 平行; (2) 异面.
10. $\frac{\pi}{4}$.
11. $\arcsin\frac{\sqrt{6}}{21}$.
12. (1) $\frac{\pi}{4}$; (2) $\arccos\frac{4\sqrt{2}}{7}$.

13. (1) $\dfrac{x-1}{1}=\dfrac{y+5}{\sqrt{2}}=\dfrac{z-3}{-1}$;　(2) $\dfrac{x-1}{1}=\dfrac{y}{1}=\dfrac{z+2}{2}$;

(3) $\dfrac{x-3}{1}=\dfrac{y}{-5}=\dfrac{z-1}{2}$.

练习 4.2

1. 能，$\boldsymbol{\beta}=2\boldsymbol{\alpha}_1+2\boldsymbol{\alpha}_2-\boldsymbol{\alpha}_3$.

练习 4.3

1. (1) 无关；(2) 无关；(3) 相关.
2. (1) $\lambda\neq\dfrac{2}{5}$; (2) $\lambda=-2$ 或 $\lambda=1$.
3. (1) 对；(2) 错；(3) 对；(4) 错；(5) 错.

练习 4.4

1. (1) $\boldsymbol{\alpha}_1,\boldsymbol{\alpha}_2,\boldsymbol{\alpha}_5$ 是一个极大无关组，$\boldsymbol{\alpha}_3=2\boldsymbol{\alpha}_1,\boldsymbol{\alpha}_4=3\boldsymbol{\alpha}_1+\boldsymbol{\alpha}_2$;
   (2) $\boldsymbol{\alpha}_1,\boldsymbol{\alpha}_2,\boldsymbol{\alpha}_3$ 为一个极大无关组，$\boldsymbol{\alpha}_4=2\boldsymbol{\alpha}_1+\boldsymbol{\alpha}_2-\boldsymbol{\alpha}_3$.

练习 4.5

1. (1) 构成子空间，维数为 1, $(1,0,-1)^{\mathrm{T}}$ 为一组基；
   (2) 不构成子空间；
   (3) 构成子空间，维数为 3, $(1,0,0)^{\mathrm{T}},(1,1,0)^{\mathrm{T}},(1,1,1)^{\mathrm{T}}$ 为一组基；
   (4) 构成子空间，维数为 2, $(1,1,0)^{\mathrm{T}},(1,1,1)^{\mathrm{T}}$ 为一组基.
2. $(16,7,1)$.
3. $\boldsymbol{\alpha}_1,\boldsymbol{\alpha}_2,\boldsymbol{\alpha}_4$ 为一组基，维数为 3.
4. (1) $\begin{pmatrix}0&1&0\\0&0&1\\1&0&0\end{pmatrix}$; (2) $\begin{pmatrix}1&1&1\\0&\frac{1}{2}&\frac{1}{2}\\0&0&\frac{1}{3}\end{pmatrix}$.
5. (1) $\begin{pmatrix}-20&-23&-11\\15&20&9\\2&4&2\end{pmatrix}$; (2) $(9,-6,0)$.

练习 4.6

1. (1) 基础解系：$\boldsymbol{\xi}_1=\begin{pmatrix}-\frac{1}{2}\\\frac{3}{2}\\1\\0\end{pmatrix},\boldsymbol{\xi}_2=\begin{pmatrix}0\\-1\\0\\1\end{pmatrix}$. 通解：$c_1\boldsymbol{\xi}_1+c_2\boldsymbol{\xi}_2$, c_1,c_2 为任意常数.

(2) 基础解系：$\boldsymbol{\xi}_1=\begin{pmatrix}2\\1\\0\\0\\0\end{pmatrix},\boldsymbol{\xi}_2=\begin{pmatrix}1\\0\\0\\1\\1\end{pmatrix}$. 通解：$c_1\boldsymbol{\xi}_1+c_2\boldsymbol{\xi}_2$, c_1,c_2 为任意常数.

2. (1) $c_1\begin{pmatrix}\frac{1}{7}\\\frac{5}{7}\\1\\0\end{pmatrix}+c_2\begin{pmatrix}\frac{1}{7}\\-\frac{9}{7}\\0\\1\end{pmatrix}+\begin{pmatrix}\frac{6}{7}\\-\frac{5}{7}\\0\\0\end{pmatrix}$, c_1,c_2 为任意常数;

(2) $c_1\begin{pmatrix}1\\-2\\1\\0\\0\end{pmatrix}+c_2\begin{pmatrix}1\\-2\\0\\1\\0\end{pmatrix}+c_3\begin{pmatrix}5\\-6\\0\\0\\1\end{pmatrix}+\begin{pmatrix}-3\\2\\0\\0\\0\end{pmatrix}$, c_1,c_2,c_3 为任意常数.

4. $\boldsymbol{\eta}_1+c(\boldsymbol{\eta}_2+\boldsymbol{\eta}_3-2\boldsymbol{\eta}_1)=\begin{pmatrix}1\\2\\3\\4\end{pmatrix}+c\begin{pmatrix}1\\0\\-1\\-2\end{pmatrix}$, c 为任意常数.

练习 4.7

1. $(\boldsymbol{\alpha},\boldsymbol{\beta})=-2$, $|\boldsymbol{\gamma}|=\sqrt{5}$, $\boldsymbol{\beta}$ 与 $\boldsymbol{\gamma}$ 夹角为 $\arccos\frac{2}{\sqrt{10}}$.

2. $\boldsymbol{\gamma}_1=\begin{pmatrix}\frac{1}{\sqrt{3}}\\\frac{1}{\sqrt{3}}\\\frac{1}{\sqrt{3}}\end{pmatrix},\boldsymbol{\gamma}_2=\begin{pmatrix}-\frac{1}{\sqrt{2}}\\0\\\frac{1}{\sqrt{2}}\end{pmatrix},\boldsymbol{\gamma}_3=\begin{pmatrix}\frac{1}{\sqrt{6}}\\-\frac{2}{\sqrt{6}}\\\frac{1}{\sqrt{6}}\end{pmatrix}$.

习题 4

1. (1) $\lambda=-3$; (2) $\lambda\neq 0$ 且 $\lambda\neq -3$; (3) $\lambda=0$.

5. 维数为 2, 标准正交基 $\begin{pmatrix}-\frac{2}{\sqrt{5}}\\\frac{1}{\sqrt{5}}\\0\end{pmatrix},\begin{pmatrix}\frac{1}{\sqrt{30}}\\\frac{2}{\sqrt{30}}\\\frac{5}{\sqrt{30}}\end{pmatrix}$.

6. 设向量组 I,II 的秩相同，且 I 可由 II 线性表示，又 $\boldsymbol{\alpha}_1,\cdots,\boldsymbol{\alpha}_r$ 是 I 的极大

无关组，$\boldsymbol{\beta}_1, \cdots, \boldsymbol{\beta}_r$ 是 II 的极大无关组，则 $\boldsymbol{\alpha}_1, \cdots, \boldsymbol{\alpha}_r$ 可由 $\boldsymbol{\beta}_1, \cdots, \boldsymbol{\beta}_r$ 线性表示，于是有 r 阶矩阵 $\boldsymbol{C}$ 使 $(\boldsymbol{\alpha}_1 \ \cdots \ \boldsymbol{\alpha}_r) = (\boldsymbol{\beta}_1 \ \cdots \ \boldsymbol{\beta}_r)\boldsymbol{C}$, 故 $r =$ 秩 $(\boldsymbol{\alpha}_1 \ \cdots \ \boldsymbol{\alpha}_r) \leqslant$ 秩 $\boldsymbol{C} \leqslant r$, 所以秩 $\boldsymbol{C} = r$, $\boldsymbol{C}$ 可逆，进而 $(\boldsymbol{\beta}_1 \ \cdots \ \boldsymbol{\beta}_r) = (\boldsymbol{\alpha}_1 \ \cdots \ \boldsymbol{\alpha}_r)C^{-1}$, 即 $\boldsymbol{\beta}_1, \cdots, \boldsymbol{\beta}_r$ 可由 $\boldsymbol{\alpha}_1, \cdots, \boldsymbol{\alpha}_r$ 线性表示，于是向量组 II 也可由向量组 I 线性表示，因此 I 与 II 等价.

7. 提示：设 $\boldsymbol{\alpha}_1, \cdots, \boldsymbol{\alpha}_r; \boldsymbol{\beta}_1, \cdots, \boldsymbol{\beta}_s$ 依次是 $\boldsymbol{A}, \boldsymbol{B}$ 的列向量组的极大无关组，则 $\boldsymbol{A}+\boldsymbol{B}$ 的列向量组可由 $\boldsymbol{\alpha}_1, \cdots, \boldsymbol{\alpha}_r, \boldsymbol{\beta}_1, \cdots, \boldsymbol{\beta}_s$ 线性表示.

8. s 为偶数时，线性相关；s 为奇数时，线性无关.

9. $c\begin{pmatrix} -3 \\ 1 \\ 0 \\ 1 \end{pmatrix} + \begin{pmatrix} 1 \\ 2 \\ -1 \\ 1 \end{pmatrix}$, c 为任意常数.

10. (1) $\begin{pmatrix} -1 \\ 1 \\ 0 \\ 0 \end{pmatrix}, \begin{pmatrix} 0 \\ 0 \\ 1 \\ 1 \end{pmatrix}$; (2) 有，$k\begin{pmatrix} -1 \\ 1 \\ 1 \\ 1 \end{pmatrix}, k \neq 0$; (3) $\begin{cases} x_2 - x_3 = 0 \\ x_1 + x_4 = 0 \end{cases}$.

11. 提示：三直线相交于一点 $\Longleftrightarrow \begin{cases} a_1x + b_1y = -c_1 \\ a_2x + b_2y = -c_2 \\ a_3x + b_3y = -c_3 \end{cases}$ 有唯一解.

练习 5.1

1. (1) $\boldsymbol{A} = \begin{pmatrix} 2 & 2 & -\frac{3}{2} \\ 2 & -1 & 3 \\ -\frac{3}{2} & 3 & 1 \end{pmatrix}$; (2) $\boldsymbol{A} = \begin{pmatrix} 1 & 1 & 0 & 0 \\ 1 & 2 & -2 & 0 \\ 0 & -2 & 0 & 3 \\ 0 & 0 & 3 & -1 \end{pmatrix}$.

2. (1) $f(x_1, x_2, x_3) = (x_1, x_2, x_3)\begin{pmatrix} 1 & 3 & 0 \\ 3 & -1 & 1 \\ 0 & 1 & 1 \end{pmatrix}\begin{pmatrix} x_1 \\ x_2 \\ x_3 \end{pmatrix}$;

(2) $f(x_1, x_2, x_3) = (x_1, x_2, x_3)\begin{pmatrix} 0 & \frac{1}{2} & \frac{1}{2} \\ \frac{1}{2} & 0 & \frac{1}{2} \\ \frac{1}{2} & \frac{1}{2} & 0 \end{pmatrix}\begin{pmatrix} x_1 \\ x_2 \\ x_3 \end{pmatrix}$.

3. $\boldsymbol{A} = \begin{pmatrix} 1 & 2 & 5 \\ 2 & 4 & 3 \\ 5 & 3 & 1 \end{pmatrix}$.

练习 5.2

1. (1) 标准形 $f(x_1,x_2,x_3)={y_1}^2-3{y_2}^2+\frac{10}{3}{y_3}^2$, 变换矩阵 $\boldsymbol{P}=\begin{pmatrix}1&-2&-\frac{1}{3}\\0&1&-\frac{1}{3}\\0&0&1\end{pmatrix}$;

(2) 标准形 $f(x_1,x_2,x_3)=2{z_1}^2-2{z_2}^2+6{z_3}^2$, 变换矩阵 $\boldsymbol{P}=\begin{pmatrix}1&1&3\\1&-1&-1\\0&0&1\end{pmatrix}$.

练习 5.3

1. (1) $\lambda_1=1$, 对应的全部特征向量为 $k_1\begin{pmatrix}-1\\0\\1\end{pmatrix}$, k_1 为非零的任意常数;

$\lambda_2=\lambda_3=2$, 对应的全部特征向量为 $k_2\begin{pmatrix}1\\0\\0\end{pmatrix}+k_3\begin{pmatrix}0\\-1\\1\end{pmatrix}$, k_2,k_3 为不全为 0 的任意常数.

(2) $\lambda_1=\lambda_2=-1$, 对应的全部特征向量为 $k_1\begin{pmatrix}0\\-1\\1\\0\end{pmatrix}+k_2\begin{pmatrix}-1\\0\\0\\1\end{pmatrix}$, k_1,k_2 为不全为 0 的任意常数; $\lambda_3=\lambda_4=1$, 对应的全部特征向量为 $k_3\begin{pmatrix}0\\1\\1\\0\end{pmatrix}+k_4\begin{pmatrix}1\\0\\0\\1\end{pmatrix}$, k_3,k_4 为不全为 0 的任意常数.

4. -2, 4, 0, 9.

练习 5.4

2. (1) 不能; (2) 能, $\boldsymbol{P}=\begin{pmatrix}1&-1&2\\0&-1&2\\0&1&1\end{pmatrix}$, $\boldsymbol{P}^{-1}\boldsymbol{A}\boldsymbol{P}=\begin{pmatrix}-2&&\\&-1&\\&&2\end{pmatrix}$;

(3) 不能; (4) 能, $\boldsymbol{P}=\begin{pmatrix}-1&-2&1\\1&0&1\\0&1&1\end{pmatrix}$, $\boldsymbol{P}^{-1}\boldsymbol{A}\boldsymbol{P}=\begin{pmatrix}-2&&\\&-2&\\&&4\end{pmatrix}$.

3. $\begin{pmatrix}2^n&1-2^n&2^n-1\\0&2^n&0\\0&2^n-1&1\end{pmatrix}$.

4. $x=3$.

5. $\boldsymbol{A}=\begin{pmatrix}1&1&-1\\-1&1&1\\-1&1&1\end{pmatrix}$.

练习 5.5

1. (1) $\boldsymbol{Q}=\begin{pmatrix}-\frac{1}{\sqrt{2}}&0&\frac{1}{\sqrt{2}}\\0&1&0\\\frac{1}{\sqrt{2}}&0&\frac{1}{\sqrt{2}}\end{pmatrix}$, $\boldsymbol{Q}^{-1}\boldsymbol{A}\boldsymbol{Q}=\begin{pmatrix}-1&&\\&0&\\&&1\end{pmatrix}$;

(2) $\boldsymbol{Q}=\begin{pmatrix}-\frac{1}{\sqrt{2}}&\frac{1}{\sqrt{6}}&\frac{1}{\sqrt{3}}\\\frac{1}{\sqrt{2}}&\frac{1}{\sqrt{6}}&\frac{1}{\sqrt{3}}\\0&-\frac{2}{\sqrt{6}}&\frac{1}{\sqrt{3}}\end{pmatrix}$, $\boldsymbol{Q}^{-1}\boldsymbol{A}\boldsymbol{Q}=\begin{pmatrix}1&&\\&1&\\&&4\end{pmatrix}$.

2. (1) $\boldsymbol{\alpha}_2=\begin{pmatrix}0\\1\\0\end{pmatrix}$, $\boldsymbol{\alpha}_3=\begin{pmatrix}-1\\0\\1\end{pmatrix}$; (2) $\boldsymbol{A}=\begin{pmatrix}\frac{1}{2}&0&-\frac{3}{2}\\0&2&0\\-\frac{3}{2}&0&\frac{1}{2}\end{pmatrix}$.

练习 5.6

1. (1) 正交变换 $\begin{pmatrix}x_1\\x_2\\x_3\end{pmatrix}=\begin{pmatrix}\frac{1}{3}&\frac{2}{3}&\frac{2}{3}\\\frac{2}{3}&\frac{1}{3}&-\frac{2}{3}\\\frac{2}{3}&-\frac{2}{3}&\frac{1}{3}\end{pmatrix}\begin{pmatrix}y_1\\y_2\\y_3\end{pmatrix}$, 标准形 $f(x_1,x_2,x_3)=-2{y_1}^2+{y_2}^2+4{y_3}^2$;

(2) 正交变换 $\begin{pmatrix}x_1\\x_2\\x_3\end{pmatrix}=\begin{pmatrix}-\frac{1}{\sqrt{2}}&-\frac{1}{\sqrt{6}}&\frac{1}{\sqrt{3}}\\\frac{1}{\sqrt{2}}&-\frac{1}{\sqrt{6}}&\frac{1}{\sqrt{3}}\\0&-\frac{2}{\sqrt{6}}&\frac{1}{\sqrt{3}}\end{pmatrix}\begin{pmatrix}y_1\\y_2\\y_3\end{pmatrix}$, 标准形 $f(x_1,x_2,x_3)=-2{y_1}^2-2{y_2}^2+7{y_3}^2$.

练习 5.7

1. (1) 是正定的； (2) 不是正定的.

2. (1) $-6<\lambda<2$; (2) $0<\lambda<1$; (3) $\lambda>2$.

3.* 当 $\begin{pmatrix}x_1\\x_2\\x_3\end{pmatrix}=\begin{pmatrix}6&-3&-2\\-3&2&1\\-2&1&1\end{pmatrix}\begin{pmatrix}4\\-2\\1\end{pmatrix}=\begin{pmatrix}28\\-15\\-9\end{pmatrix}$ 时， $f(x_1,x_2,x_3)$ 有最小值 -151.

练习 5.8

1.* (1) 椭球面； (2) 原点 $(0,0,0)$; (3) 椭球面，有，在点 $(-1,-\frac{\sqrt{3}}{4},-\frac{5}{2})$ 处.

习题 5

2. $\frac{1}{3}\begin{pmatrix} 7 & 0 & -2 \\ 0 & 5 & -2 \\ -2 & -2 & 6 \end{pmatrix}$.

3. $x=-\frac{1}{2}, y=\frac{3}{2}$.

6. $a=2$, 正交变换 $\boldsymbol{x}=\boldsymbol{P}\boldsymbol{y}$, $\boldsymbol{P}=\begin{pmatrix} 0 & 1 & 0 \\ \frac{1}{\sqrt{2}} & 0 & \frac{1}{\sqrt{2}} \\ -\frac{1}{\sqrt{2}} & 0 & \frac{1}{\sqrt{2}} \end{pmatrix}$.

7. 提示：证明 $f(x_1,\cdots,x_n)=\boldsymbol{x}^{\mathrm{T}}(\boldsymbol{A}+\boldsymbol{B})\boldsymbol{x}$ 正定.

8. 提示： $\boldsymbol{A}$ 的特征值 λ 满足 $\lambda^3-5\lambda^2+7\lambda-3=0$.

9. $f(\boldsymbol{x})$ 正定 $\Longleftrightarrow \forall\ \boldsymbol{x}=(x_1,\cdots,x_n)^{\mathrm{T}}\neq \boldsymbol{0}, f(x_1,\cdots,x_n)>0 \Longleftrightarrow$ 方程组 $x_1+a_1x_2=0,\cdots,x_n+a_nx_1=0$ 仅有零解 $\Longleftrightarrow a_1\cdots a_n\neq(-1)^n$.

参考书目

[1] 曹重光编．线性代数．赤峰：内蒙古科学技术出版社， 1999.

[2] 曹重光、于宪君、张显编．线性代数 (经管类)．北京：科学出版社， 2007.

[3] 李素娟编．线性代数．哈尔滨：哈尔滨出版社， 2003.

[4] 同济大学数学教研室编．高等数学 (上册、第四版)．北京：高等教育出版社， 2002.

[5] 北京大学数学系几何与代数教研室前代数小组编．高等代数 (第三版)．北京：高等教育出版社， 2003.

[6] 方德植编．解析几何．北京：高等教育出版社， 1986.

[7] 赵军生、聂大陆、邢志红、王艳涛编．高等数学 (上册)．北京：科学出版社， 2008.

[8] 陈庆华主编．高等数学．北京：高等教育出版社， 1999.

[9] 同济大学应用数学系编．线性代数及其应用．北京：高等教育出版社， 2004.

[10] (美) Bernard Kolman 著．应用线性代数．方世荣译，北京：晓园出版社，世界图书出版公司， 1992.

[11] 卢刚主编．线性代数 (第二版)．北京：高等教育出版社， 2004.